해저 광통신 시스템

Submarine Fiber Optic Communications System

이영선 · 유재덕 · 정재진 · 박홍태 · 김건우 공저

INFINITYBOOKS
인 피 니 티 북 스

책을 펴내면서

우리는 세계가 한 지붕인 이른바 지구촌 시대에 살고 있으며, 이러한 세계화 시대를 맞이하여 국가 간의 국제통신이 급격히 증가하고 있다.

1970년대 처음으로 저 손실 광섬유가 제작된 이후 매우 빠른 속도로 광통신 시스템 기술이 발전되어 전광통신망(All Optical Network) 시대를 앞두고 있다. 광증폭(EDFA) 기술 및 파장분할다중화(DWDM) 기술은 대륙간 장거리 해저 통신 및 해저 광케이블 용량을 증대하는데 결정적으로 기여하였다. 이러한 해저 광케이블 통신은 인공위성 통신보다 상대적으로 넓은 대역폭, 긴 수명, 보안성 등이 우수하여 현재 국제통신 트래픽의 98% 이상을 담당하고 있다.

저자들은 EAC(East Asia Crossing) 해저 시스템을 운영하는 팀원들로서 해저통신 분야를 처음 접했을 때 체계적으로 정리된 관련 서적이 없어서 해저통신 환경과 기술을 습득하는데 많은 어려움을 겪었다. 본서는 이러한 불편함을 덜어주고자 그 동안의 실무 경험을 통하여 습득한 기술지식을 바탕으로 서술되었다. 용어 및 표현 방법에 있어서 부족한 점이 많이 있으리라 생각하며 독자들의 아낌없는 조언과 충고를 바란다.

처음으로 해저 광통신 분야를 접하는 통신 기술자들, 국제통신분야 종사자들 및 해저통신에 대하여 알고자 하는 일반인들에게 조금이나마 도움이 되길 바라며, 본서를 출간하는데 세심한 도움을 주신 인피니트북스 채희만 사장님과 임직원 여러분께 깊은 감사를 드린다.

2008년 4월

충남 태안 신두리 해변에서

차 례

CHAPTER 1 해저 광케이블 통신 개요

CHAPTER 2 해저 시스템

CHAPTER 3 육상 시스템

CHAPTER 4 해저통신망 운용 및 유지보수

CHAPTER 5 해저케이블 건설

제 1 장

해저 광케이블 통신 개요

01 해저 광케이블 통신 개요

1.1 해저케이블 통신의 역사

해저케이블은 1851년 영국의 브레트 형제가 도버해협에 건설한 것이 세계 최초다. 영국의 도버와 프랑스의 칼레를 연결하는 도버해협 횡단 해저케이블을 건설함으로써 해저 전신케이블의 시대가 개막되었으며, 이후 19세기 중반부터 20세기 초반까지 52만Km 해저 전신케이블이 건설되어 효과적인 통신수단으로 활용되었다. 그러나 1901년 12월, 이탈리아의 마르코니가 영국과 캐나다 간 대서양 횡단 무선통신에 성공한 이래로 장거리통신은 해저케이블에서 장파 무선통신으로 바뀌었고, 또 단파 무선통신으로 발전되어, 대양 횡단 해저케이블은 더 이상 진척을 보지 못하고 해저 전신케이블의 시대가 끝나게 되었다. 당시에 단파 무선통신은 해저 전신케이블 통신에 비하여 보수의 용이성, 건설 비용의 경제성 등의 장점이 있었기 때문에 폭넓게 사용되었다.

그 후 제2차 세계대전이 끝난 후 각 국가 간의 활발한 문화교류와 무역활동이 재개되어 국제통신의 수요가 급증하였고, 당시의 무선통신이 가지고 있던 몇 가지 단점과 사용 가능한 주파수의 부족 등으로 인해 해저케이블의 연구가 재개되었다. 단파 무선통신은 불안정한 전리층을 이용하고 있기 때문에 자연현상의 영향을 받기 쉽고, 또한 수요 증가에 따른 주파수의 부족, 혼신 등의 문제점을 해결하기 위하여 동축 반송전화 방식을 해저케이블 통신에 적용하는 연구개발을 추진, 해저 동축케이블 전송방식을 실용화하였다. 해저 동축케이블 전송방식은 단파 무선통신에 비하여 잡음이 적고 음성 품질이 우수하여 세계 각지에 많은 해저 동축케이블이 포설되었다. 장거리 통신용으로서는 1956년에 전화 48회선을 전송할 수 있는 최초의 대서양 횡단 해저 동축케이블(TAT-1)이 건설되었고, 1964년에는 전화 138회선 용량의 태평양 횡단 해저 동축케이블(TPC-1)이 건설되었다. 이후 많은 해저 동축케이블이 대서양·태평양·지중해·남북미·유럽·아프리카·동남아시아 등지에서 건설되었고 1979년까지 건설된 주요 해저 동축케이블이 약 22만Km, 제공되는 전송용량은 전화회선(64Kbps)으로 환산해서 약 7만 5천 회선에 달했다.

그 후 급증하는 국제 통신량 수요를 감당하기 어렵고 컴퓨터와 결합한 디지털 통신방식이 도입됨에 따라 1970년 미국의 코닝(Corning) 사가 최초로 개발한 광섬유케이블을 육상케이블뿐만 아니라 해저케이블에 적용하려고 시도하였다. 1988년 대서양 횡단 해저 광케이블(TAT-8), 1989년 태평양 횡단 해저 광케이블(TPC-3/HAW-4)의 개통을 시작으로 해저 광케이블 시대가 열렸으며, 그 후 태평양 · 대서양 · 지중해 등 전세계 여러 지역에서 경쟁적으로 해저 광케이블 시스템이 새로이 건설되거나 수명이 다한 해저 동축케이블을 대체해 가고 있다.

한국 최초의 해저케이블은 1980년에 개통된 한 · 일 간 해저 동축케이블(JKC, Japan-Korea Cable)로서, 한국의 부산과 일본의 하마다 간 153해리 구간에 건설되었으며, 1조의 동축케이블에 4kHz 대역을 사용하여 2,700회선을 전송하는 방식이었다. 그 후 1988~1990년에는 서해 도서 간(인천~영종도 외 10개 지역)에 해저 광케이블을 건설하였고, 1990년 4월 제주~고흥 간의 144Km 구간에 해저 광케이블이 건설되었으며, 5월에는 한국과 홍콩, 일본을 연결하는 해저 광케이블(HJK, Hong Kong-Japan-Korea)이 개통되었다. HJK 시스템은 한국에서 건설한 최초의 국제 해저 광케이블로 총 길이가 4,565Km이었으며, 약 13년간 국제통신의 일익을 담당하다가 2004년 6월 30일 운용을 중단하였다. 1993년에는 무중계 방식의 울릉도~삼척(호산) 간 해저 광케이블이 개통되었다.

이처럼 해저 전신케이블을 시작으로 해저 동축케이블의 시대를 거쳐 해저 광케이블의 시대로 발전한 해저케이블 통신의 역사에 있어서, 우리나라도 1990년 최초의 국제 해저 광케이블인 HJK의 개통을 시발점으로 하여 국제 해저 광케이블 시대가 열리게 되었다. 이후 아시아를 중심으로 해저 광케이블 건설사업에 적극 참여하여 수십 Tbps 이상의 대용량을 확보하였고 초고속 인터넷의 대중화 이후 급증하는 인터넷 트래픽과 아시아의 산업 급성장에 따른 국제 트래픽의 소통 요구에 기업 및 일반 사용자들의 불편이 없도록 효과적인 기반시설을 제공할 수 있게 되었다.

1.2 해저 광케이블 통신의 특징

광섬유 전송기술의 연구개발은 1970년 미국 코닝 사에 의한 20dB/Km라는 당시로서는 획기적인 저손실 광섬유의 실현과 AT&T 벨 연구소에 의한 반도체 레이저의 실온 발진 성공을 계기로 급속하게 진전하여 육상으로 장거리 간선 전송로를 시작으로 전력회사나 교통기관의 구내통신 등의 폭넓은 분야로 실용화되도록 이루어졌다.

광섬유는 그 광대역성에 의해 대용량 디지털 전송로에 적용되고 있고, 특히 저손실성, 세경성 등의 특징이 있기 때문에 육상의 광섬유 전송기술을 기본으로 해저케이블 통신에 적용하여 일본, 미국, 영국 및 프랑스 등의 연구기관에서 1970년대 후반에 본격적으로 개시되었다. 해저 광섬유 케이블 통신에서 저손실, 광대역 등의 특징은 해저전송에 있어서 국제전송로의 회선당 가격의 저하, 디지털화 및 대용량화가 가능하므로 각광을 받고 있다.

해저 광케이블 전송기술로서 중계구간의 장거리화, 중계기의 고신뢰화 등의 최첨단 광섬유 전송기술 분야에 공헌하고 있다. 특히, 광섬유의 저손실화 및 고강도화, 접속부의 저손실화, 광 증폭 중계기의 집적회로화, 광소자의 고신뢰화 등에 대한 공헌이다. 현재 연구개발 및 상용화되고 있는 차세대의 해저 광케이블 전송기술로서는 코히런트 광통신기술이나 광증폭 기술과 같이 해저케이블 분야의 기술추구가 전송기술 향상에 공헌할 것으로 여겨진다.

이러한 해저 광케이블 통신을 위성통신과 비교하여 보면, 위성통신은 우주 공간을 이용하여 지구상의 어디에서나 통신로를 개설할 수 있어서 편리하지만 강우 감쇄, 태양 잡음 간섭 등 자연현상의 영향을 받기 때문에 전송품질이 나빠지는 경우가 있다. 반면에 해저 광케이블 통신은 유선이라서 자연현상의 영향을 덜 받으며, 전송거리가 짧아 전송지연이 적은 이점이 있다. 위성통신은 지상 36,000Km의 정지위성을 이용하는 경우 편도 약 250ms의 전파지연이 있으나 해저 광케이블 통신은 태평양 횡단의 경우에도 편도 약 50ms로 적다. 이러한 낮은 전송지연은 특히 컴퓨터 통신 등에서 통신효율을 향상시켜 통신품질을 크게 향상시킨다.

표 1.1 해저 광케이블 통신과 위성 통신의 비교

항 목	해저 광케이블 통신	위성 통신
시스템 수명	25년	7 ~ 12년
전송 용량	초고속	고속
전송 품질	양호 (저손실, 고신뢰도)	보통 (지연, 에코, 태양잡음)
서비스 제공방식	PTP, Ring, Mesh	Point to Multi-point
서비스 종류	인터넷, 데이타, 국제전용	고정/이동 위성통신, 저속데이터

항 목	해저 광케이블 통신	위성 통신
운용 유지보수	상대적으로 어려움	비교적 용이
국제통신 점유율	98% 이상	2% 이하

해저 광케이블 통신을 실현하는데 최대의 과제는 지상계의 통신 시스템보다 고신뢰도의 장치를 필요로 하는 것이다. 이는 해저케이블의 전송로는 깊은 수심의 해저에 포설되기 때문에 해저케이블이나 해저중계기의 수리가 어렵고 많은 비용이 들며, 동시에 해저케이블 고장시 트래픽 및 사업자의 매출 손실이 크기 때문이다. 이 때문에 시스템 수명을 25년으로 설계하여, 시스템 운용 중 부품 고장에 의한 고장건수를 3회 이하의 목표로 하고 있다. 이것은 길이 10,000Km의 시스템에서 중계기 간격이 50Km인 경우 중계기 1대당의 요구 고장률은 약 70Fits(1Fit는 10^9시간에 1회 고장나는 확률)가 된다. 즉 중계기는 1,700년에 1회밖에 고장이 나지 않을 정도의 높은 신뢰성으로 설계되고 있다. 이러한 신뢰성의 요구조건이 엄격함에도 불구하고 해저 광케이블 통신은 대용량, 고품질 및 용량대비 경제적이란 특징에 힘입어 꾸준히 발전하고 있다.

한편, 해저 광케이블 통신망은 복수의 광섬유를 수용하여 해중에서 분기하는 해저분기장치(BU, Branching Unit)의 개발로 종래의 PTP(Point to Point)형에서 PTMP(Point to MultiPoint) 및 환형(Ring)으로 망 구성이 가능하게 되어 경제적이고 유연한 구성이 가능하다.

1.3 한국 해저 광케이블 시스템 현황

1.3.1 국내 해저 광케이블 시스템

1988년부터 도서지방 유선화 계획의 일환으로 61개 섬 지역에 약 1,000Km의 해저 광케이블의 설치가 추진되었다. 서해 3개 도서(영종, 교동, 석모도)와 육지 간에 광케이블을 건설하였으며, 또한 울릉도 등 11개 섬과 육지 간을 연결하는 총 연장 384 Km의 해저 광케이블을 건설하였다. 1988년 12월에는 인천～영종도 간 해저 4.5Km에 국내에서 생산한 해저 광케이블을 연결하였고, 1990년에는 전남 고흥～제주 143Km 구간에 광케이블을 포설하였다. 이러한 해저 광케이블의 잇단 건설로 도서지역의 통신을 무선통신에서 유선통신으로 바꾸게 되었으며, 통화품질 고도화와 함께 비상시를 대비한 통신망의 이원화가 되었다.

| 표 1.2 | 국내 해저 광케이블 현황

케이블 명	구 간	총거리(Km)	용 량	사업자
서해 도서	영종도 등 7개 도서	180	90Mbps	KT
제1 제주–육지	제주 – 고흥	144	280M * 3	
제2 제주–육지	제주 – 고흥	191	2.5G * 2	
제3 제주–육지	제주 – 남해	236	2.5G * 2	
울릉 – 육지	울릉 – 호산	158	140Mbps	
제주 – 해남	제주(삼양) – 해남	102	10G * 16	한전

– 제1 제주–육지 해저케이블 1997년 운용 중단
– 서해 도서 해저케이블 일부 운용 중단 후, 실험용으로 활용 중

1.3.1.1 서해 도서 해저 광케이블(1988년~1990년)

1988년과 1989년에 서해 도서 10여 개 국사에 6심용 해저 광케이블을 포설하여 표준형 90Mbps 광통신으로 운용하고 있다. 국내에서 처음으로 1988년 11월 서해 3개 도서(인천-영종, 강화-석모, 강화-교동) 지역에 건설한 해저 광케이블은 총 연장거리가 9.2Km이다. 1989년에는 5개 구간(영종-시도, 시도-장봉도, 주문-볼음, 대부-선재, 선재-영흥)을 90Mbps 시스템 1대를 무중계 방식으로 설치하였으며, 1990년에는 3개 구간(석모-주문, 용유-덕적, 영흥-자월)에 무중계 방식으로 설치, 운용되고 있다.

1.3.1.2 제주~고흥 간 해저 광케이블(1990년 4월)

제주-고흥 간 해저 광케이블의 개통으로 제주도는 무선통신 방식과 함께 이원화된 통신망을 갖게 되었으며, 육지와의 통신이 더욱 원활하게 되어 본격적인 지역개발이 가능하게 되었다. 또한 우리나라는 21세기 정보사회를 대비하여 국제 및 국내통신망의 고도화에 적합한 고품질의 디지털 광통신망 기술을 확보하게 되었다. 총 사업비 210억 원을 투입하여 1989년 4월에 착공되었으며, 시스템은 SL-280M, 용량은 280Mbps 3대(12,096회선), 중계기는 2대, 최대 수심은 140m이다.

1.3.1.3 울릉~호산 간 해저 광케이블(1993년 12월)

1993년 6월 국내에서 두 번째로 울릉도와 강원도 삼척을 연결하는 해저 광케이블 건설공사가 착공돼 그 해 12월에 개통되었다. 총 146억 원을 투입한 이 공사는 길이 158Km로 해저 중계기를 사용하지 않는 무중계 방식으로 건설하였다. 이 건설공사는 물자공급과 시공이 턴키 방식으로 이루어졌는데 일본 NEC 사와 국내 협력업체인 금성통신공사 및 금성정보통신이 함께 건설에 참여해 시스템 설치 및 케이블 건설작업과 성능시험을 완료한 후 국내 시설과 연결해 시스템을 개통했다. 울릉~삼척 간 해저 광케이블이 완공됨에 따라 무선통신에만 의존하여 품질이 나빴던 육지~울릉 및 독도 간 통신소통을 획기적으로 개선하였다. 그 결과 지역주민들은 고품질의 정보통신서비스를 육지와 동일한 혜택으로 받게 되었고, 관광객의 전화이용 불편 해소는 물론 장기적으로는 울릉도 및 독도의 개발사업에도 크게 기여하였다. 시스템 용량은 140Mbps(2,016회선) 규모이다.

1.3.1.4 제주 성산포~경남 남해 간 해저 광케이블(2000년 6월)

제주 성산포와 경남 남해를 연결하는 제3 해저 광케이블이 2000년 6월 개통됐다. 1999년 12월 공사를 시작해서 개통한 제3 해저 광케이블은 제주 성산포와 경남 남해 간 236Km를 중계기 없이 연결해 6만 4,000여명이 동시에 통화할 수 있는 용량이다. 제주 성산포~경남 남해 해저 광케이블 준공으로 제주 지역의 초고속 인터넷 사용과 2002년 월드컵 통신수요를 충족할 수 있었다.

1.3.2 국제 해저 광케이블 시스템

우리나라의 국제 해저케이블의 역사를 살펴보면 먼저 한국-일본-중국 등을 연결하는 해저 전신케이블이 일제시대에 건설되었고, 사용도 일본에 의해 통제되어 공중통신용으로 극히 제한되었을 것으로 추정하고 있다. 따라서 우리나라 최초의 국제 해저케이블은 1980년 11월 28일 개통된 한국 부산과 일본 하마다를 연결하는 JKC (Japan-Korea Cable) 해저 동축케이블이라고 할 수 있다. 총 연장 거리 286Km, 용량이 36Mbps인 JKC 해저 동축케이블은 기술의 발전에 따라 1997년 6월 30일 운용을 중단하고 서울대학교에 기증되어 해저 학술 연구용으로 사용되고 있다.

| 표 1.3 | 한국에 육양된 국제 해저 광케이블 현황

통신사업자	케이블명	최대 용량	육양 지역	육양국가	시스템 방식	총거리 (Km)
데이콤크로싱	EAC	2.56Tbps (10G * 64 * 4p)	충남 태안	아시아 6개국	OA, SDH over DWDM	19,500
세종텔레콤	C2C	7.68Tbps (10G * 96 * 8p)	부산 해운대	아시아 6개국	OA, SDH over DWDM	17,000
서울국제전화 대한리치	FNAL /RNAL	3.84Tbps (10G * 64 * 6p)	부산 송정	한국-일본-대만-홍콩	OA, SDH over DWDM	9,778
KT	RJK	560Mbps * 2p	부산 송정	한국-일본-러시아	3R, PDH	1,762
	APCN	5Gbps * 2p	부산 송정	아시아 9개국	OA, SDH	12,083
	FEA	5Gbps * 2p	경남 거제	아시아-유럽 13개국	OA, SDH	28,000
	SMW-3	40Gbps (2.5G * 8 * 2p)	경남 거제	아시아-유럽 33개국	OA, SDH over WDM	39,000
	CUCN	80Gbps (2.5G * 8 * 4p)	부산 송정	한국-중국-일본-미국	OA, SDH over WDM	30,444
	APCN 2	2.56Tbps (10G * 64 * 4p)	부산 송정	아시아 8개국	OA, SDH over DWDM	19,118
	KJCN	2.88Tbps (10G * 24 * 12p)	부산 송정	한국-일본	무중계방식, SDH over DWDM	500
	TPE	2.56Tbps (10G * 64 * 4p)	경남 거제	한국-중국-대만-미국 ('08년 개통 예정)	OA, SDH over DWDM	18,000

- DWDM 해저시스템의 용량 산출 : 채널 속도 × 파장 수 × Fiber pair 수
- 3R : 재생중계기(Retiming, Regenerating, Reshaping), OA : 광증폭기(Optical Amplifier)

1.3.2.1 RJK (Russia-Japan-Korea)

북방 외교추진의 일환으로 한국 부산-러시아 나호드카-일본 나오에츠를 연결한 RJK 케이블은 1995년 1월 개통하여 운용 중에 있다. RJK 해저 광케이블은 열악한 상태에 있던 러시아의 통신기반 구축에도 일익을 담당하고 있으며, 국내기업이 많이 진출해 있는 극동지역과 소통이 원활해져 우리나라의 해외사업에 크게 기여하고 있다. 유일하게 남아 있는 재생중계기 시스템은 유사동기식 디지털 계위(PDH, Plesiochronous Digital Hierarchy) 시스템이다.

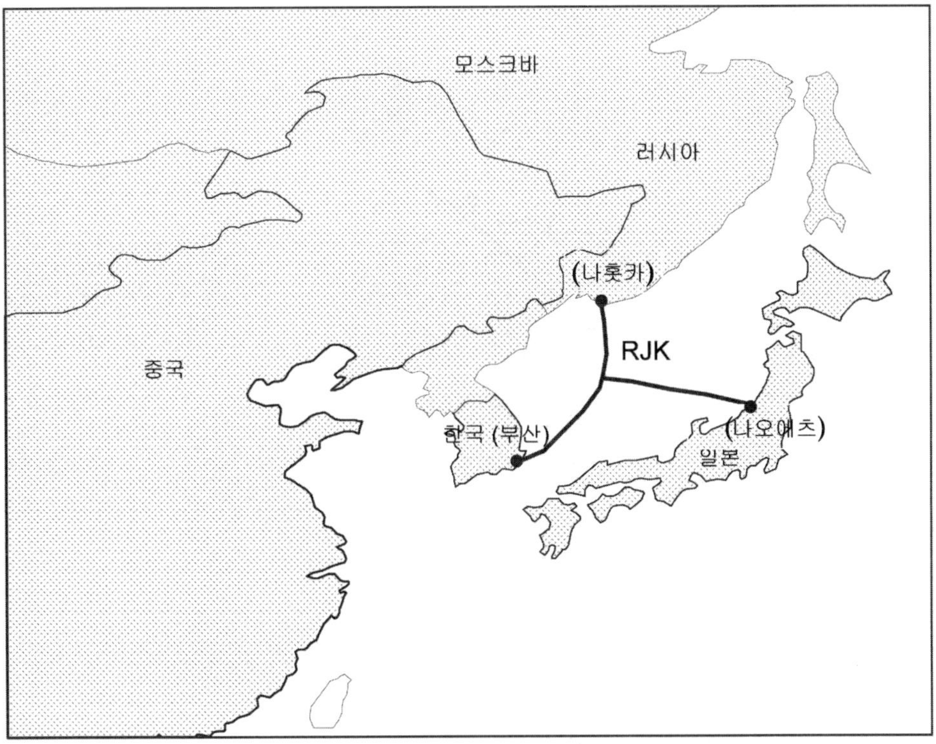

|그림 1.1| RJK 해저 광케이블 망

1.3.2.2 APCN (Asia Pacific Cable Network)

아시아의 주요 9개국(한국-일본-홍콩-대만-필리핀-말레이시아-인도네시아-태국-싱가폴)을 연결하는 총 연장 12,083Km의 광섬유 쌍(pair)당 5Gbps 용량을 가진 APCN 케이블이 1997년 2월 개통되어 아시아 태평양 지역에서 중요한 국제통신망의 역할을 하고 있으며, 특히 2000년 3월, 한국-일본, 한국-홍콩 구간 등 총 5개 구간의 용량을 10Gbps로 증속하여 운용 중에 있다.

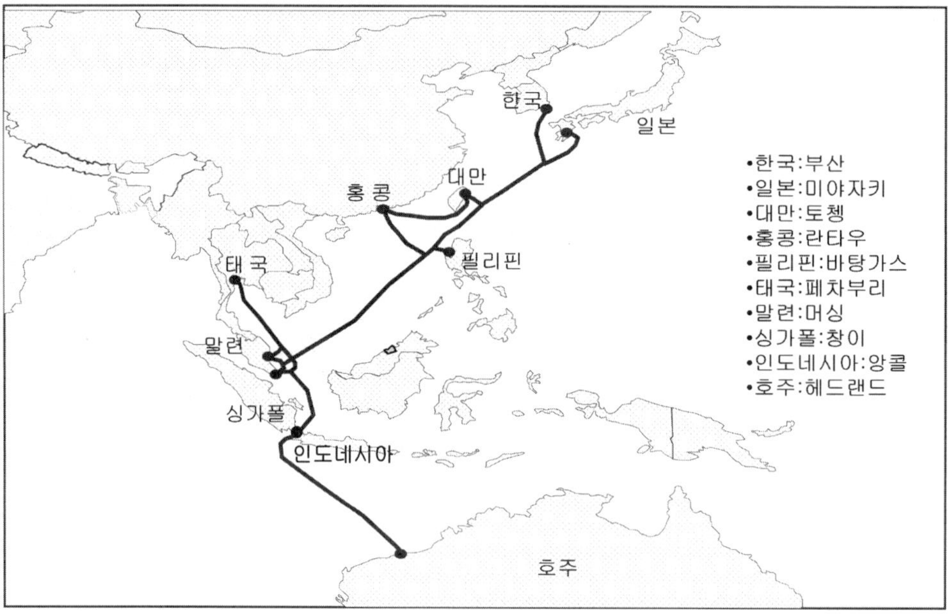

| 그림 1.2 | APCN 해저 광케이블 망

1.3.2.3 FEA (FLAG Europe-Asia Cable)

최초의 사설망으로 한국, 중동, 유럽 등 13개국을 연결하는 FEA 케이블이 경남 거제에 육양되어 1997년 4월 개통되었다. 아시아와 유럽을 연결하는 FEA 케이블은 우리나라에서 6번째로 개통된 국제 해저 광케이블로 총 연장 2만 8천Km, 10Gbps 용량을 갖고 있는 광케이블이다.

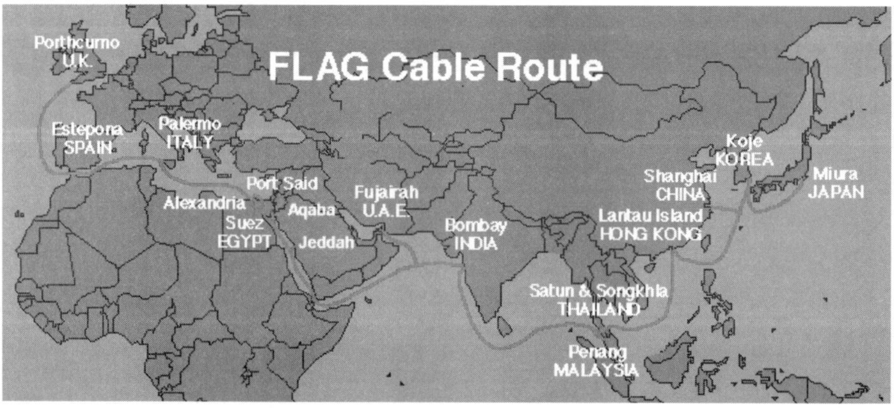

| 그림 1.3 | FEA 해저 광케이블 망

1.3.2.4 SMW-3 (South East Asia-Middle East-Western Europe 3)

우리나라에서 유럽까지 33개국을 연결하는 세계 최장의 해저 광케이블 시스템이며, 길이 39,000Km, 용량 40Gbps인 SMW-3 해저 광케이블이 거제에 육양, 2000년 3월 개통되었다. 이것은 한국에서 동남아를 거쳐 유럽의 거의 모든 국가를 하나의 케이블로 연결하는 해저케이블 망이다. 이 케이블은 우리나라를 비롯해 일본-중국-베트남-말레이시아-호주-사우디아라비아-이집트-이탈리아-프랑스-영국-벨기에-독일 등 아시아, 중동, 유럽지역 33개국을 연결하며, 파장분할다중화(WDM) 방식을 채택한 40Gbps의 용량으로 최장거리 해저케이블이다.

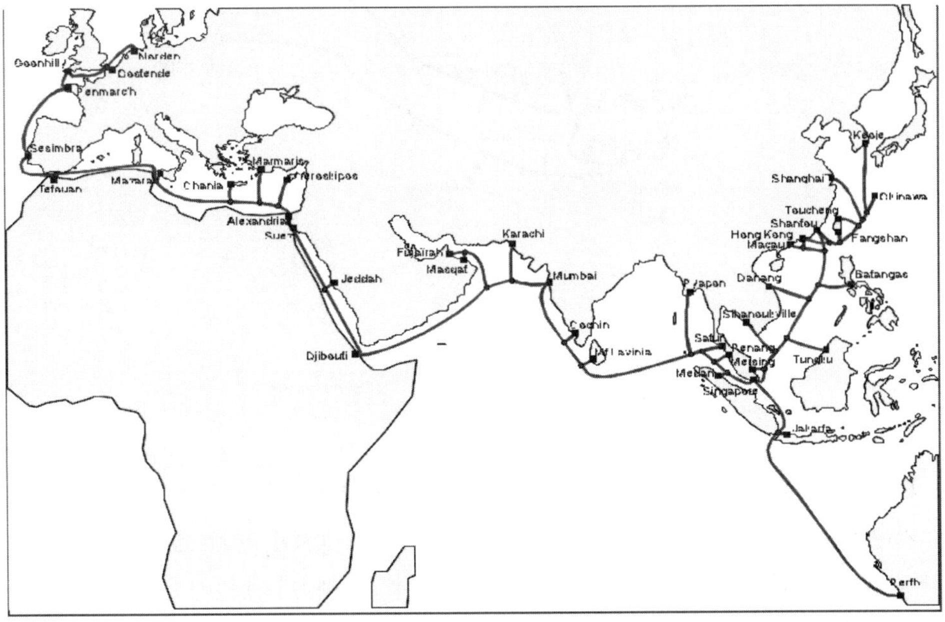

| 그림 1.4 | SMW-3 해저 광케이블망

1.3.2.5 CUCN (China-US Cable Network)

그 동안 우리나라에서 미국과 연결하려면 일본을 경유하였으나, CUCN은 우리나라에서 직접 미국을 연결한 최초의 태평양 횡단 케이블이다. 2000년 1월 개통하여, 2000년대의 인터넷, 디지털, 데이터 통신, 광대역 멀티미디어 서비스 등을 제공하고 있다. 해저케이블은 총 4개의 광섬유 쌍으로 구성되어 있으며, 광섬유 쌍당 20Gbps (2.5Gbps * 8개) 용량의 파장분할다중화(WDM) 시스템으로, 총 80Gbps 전송용량을 갖는 시스템이다. 총 연장 길이 30,444Km의 환형망으로 구성되어 케이블 고장시 시스템내 자동복구가 가능한 시스템이다.

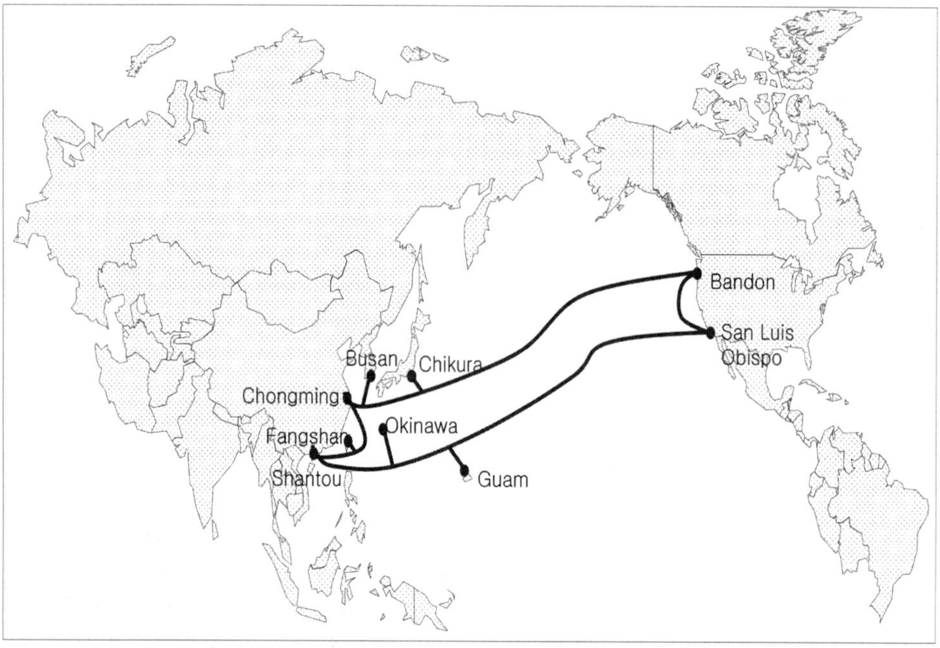

| 그림 1.5 | CUCN 해저 광케이블 망

1.3.2.6 APCN 2 (Asia Pacific Cable Network 2)

기존의 APCN 해저망으로는 증가하는 회선수요에 대처할 수가 없어 한국을 비롯한 아시아 8개국을 환형망으로 연결하여 2002년 2월에 개통한 시스템이다. 고밀도 파장분할다중화(DWDM) 방식을 적용해 해저케이블 광섬유 1쌍당 640Gbps 속도를 제공하고 총 4쌍으로 구성돼 전체 시스템 용량은 2.56Tbps이다.

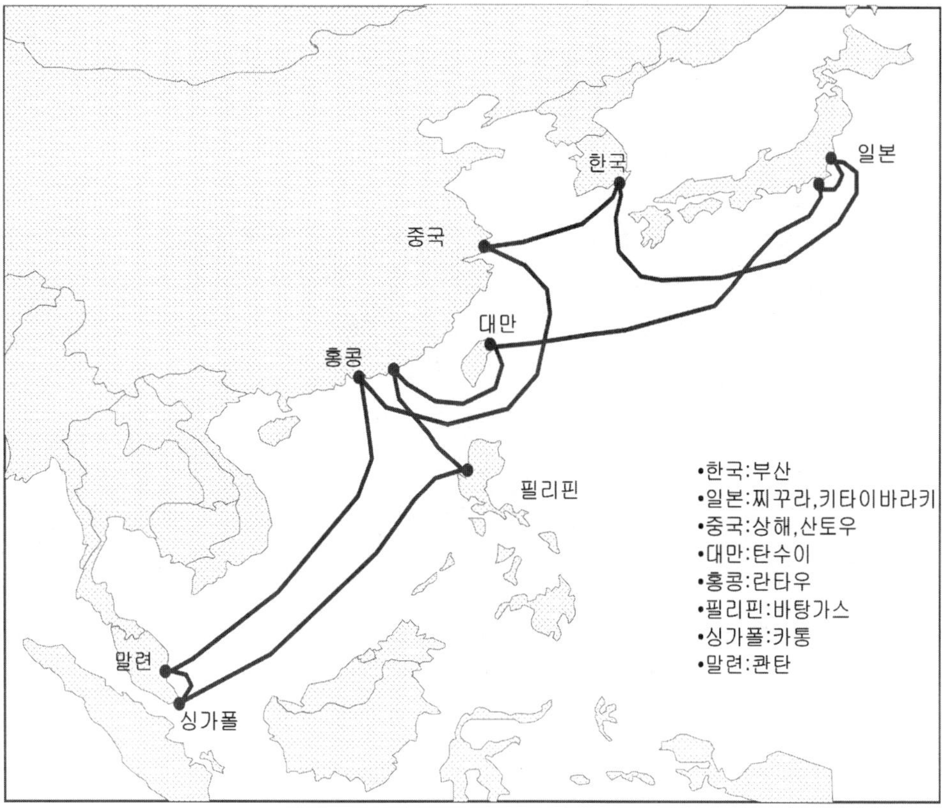

▌그림 1.6▐ APCN 2 해저 광케이블망

1.3.2.7 KJCN (Korea-Japan Cable Network)

KJCN 시스템은 2002년 한·일 월드컵에 대비하여 한국 부산과 일본의 후쿠오카, 키타큐슈를 연결하는 총 연장 500Km, 12개 광섬유 쌍으로 구성되었다. 1개 광섬유 쌍으로 240Gbps 용량을 전송할 수 있는 고밀도 파장분할다중화(DWDM) 방식을 채택하여 최대 2.88Tbps 용량을 제공할 수 있는 무중계 해저 광케이블 시스템이다.

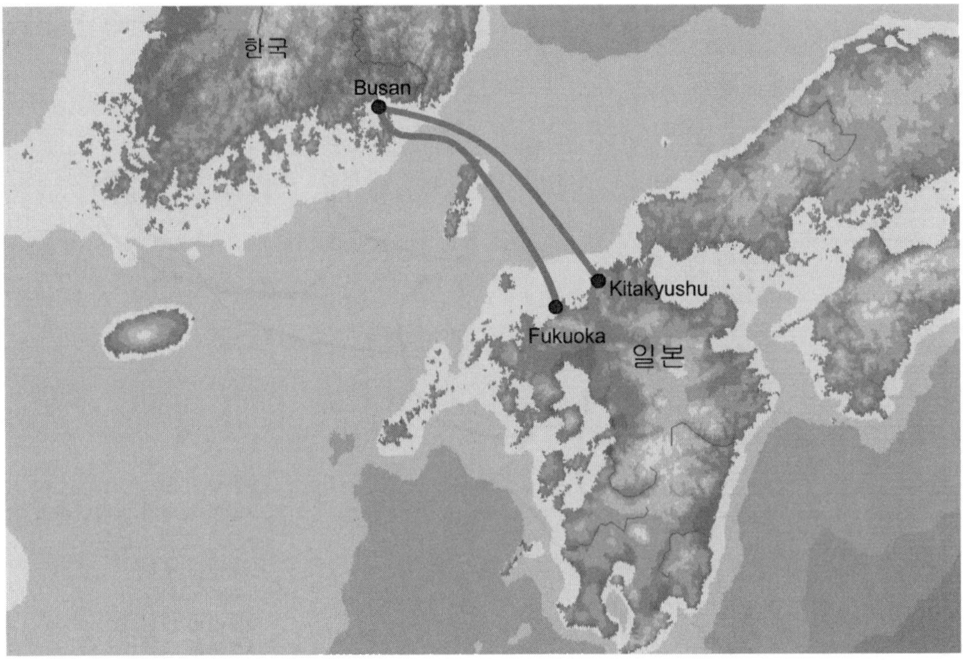

▌그림 1.7▌ KJCN 해저 광케이블 망

1.3.2.8 EAC (East Asia Crossing)

EAC 해저 광케이블 시스템은 한국, 일본, 중국, 대만, 싱가폴, 필리핀 등 6개국을 환형망으로 연결하는 사설 케이블망으로서 한국에서 유일하게 서해안 지역(충남 태안)으로 육양된 시스템이다. 총 연장 길이 19,500Km로 고밀도 파장분할다중화(DWDM) 방식을 적용해 해저케이블 광섬유 1쌍당 640Gbps 속도를 제공하고, 총 4쌍으로 구성돼 전체 시스템 용량은 2.56Tbps를 제공할 수 있도록 설계되어 있으며, 자동복구 환형망으로 구축돼 네트워크의 신뢰도와 루트 다원화를 실현하도록 되어있다. 2001년 11월 준공되어 국내 통신회사인 LG데이콤과 외국 통신회사인 PACNET의 합작회사(Joint Venture)인 (주)데이콤크로싱을 통하여 국내에 서비스를 제공하고 있다.

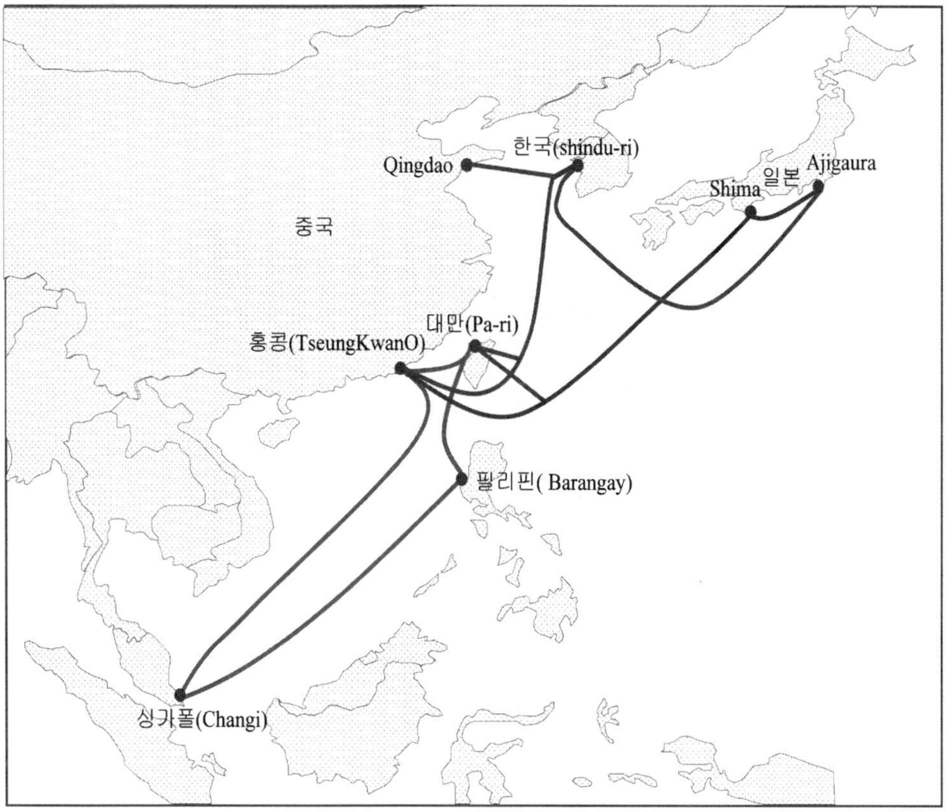

| 그림 1.8 | EAC 해저 광케이블 망

1.3.2.9 C2C (City to City)

싱가폴의 C2C AsiaPac Pte Ltd.가 최대 주주로서 아시아 지역을 연결하는 사설 케이블망을 부산 해운대에 육양하였다. DWDM을 사용하여 해저케이블 광섬유 1쌍당 960Gbps 속도를 제공하고, 총 8쌍으로 구성돼 전체 시스템 용량은 7.68Tbps을 수용할 수 있는 시스템으로 2001년 12월 개통되어 국내 통신회사인 세종텔레콤을 통하여 국내에 서비스를 제공하고 있다.

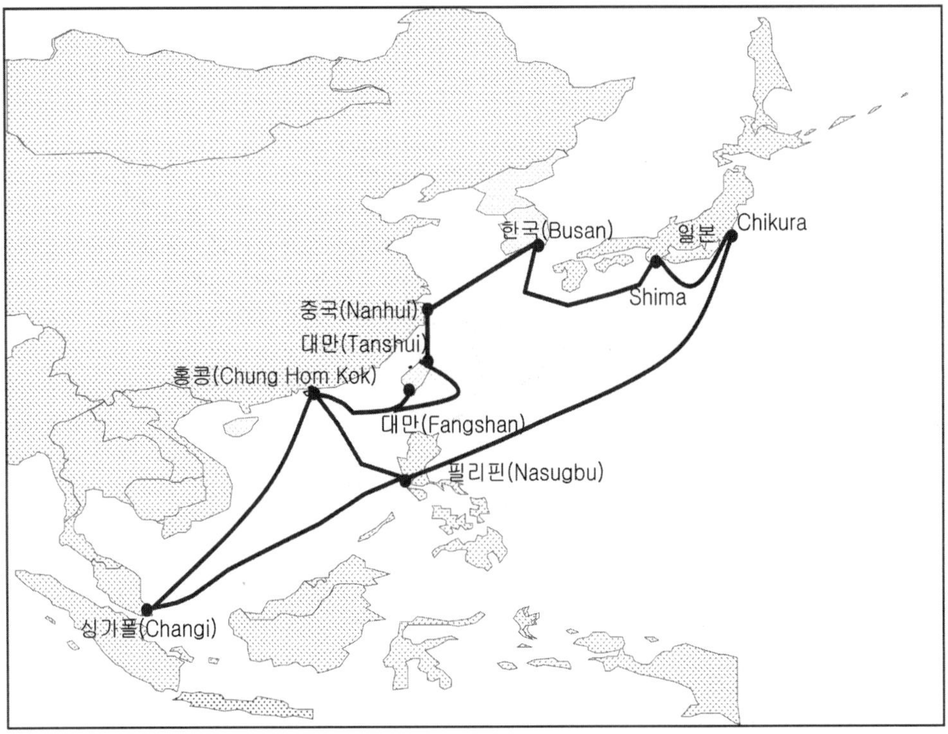

| 그림 1.9 | C2C 해저 광케이블 망

1.3.2.10 FNAL/RNAL (FLAG North Asia Loop/Reach North Asia Loop)

FNAL/RNAL 해저 광케이블망은 2001년 1월에 Level 3에 의해 개통된 NACS(North Asia Cable System)망과 2002년 3월에 FLAG 사에 의해 개통된 FWACS(FLAG West Asia Cable System)망을 2002년 6월에 통합한 해저 광케이블 시스템이다. 6개 광섬유 쌍으로 구성된 이 시스템은 FLAG 사가 3개 쌍을 소유하여 FNAL이라 부르며, 나머지 3개 쌍은 Reach 사가 소유하여 RNAL이라 부르고 있다. 부산 송정에 육양되었으며 총 연장 길이는 약 10,000Km, DWDM 방식, 최대용량 3.84Tbps로 2002년에 개통되어 FLAG 사는 서울국제전화㈜, Reach 사는 ㈜대한리치를 통하여 국내에 서비스를 제공하고 있다.

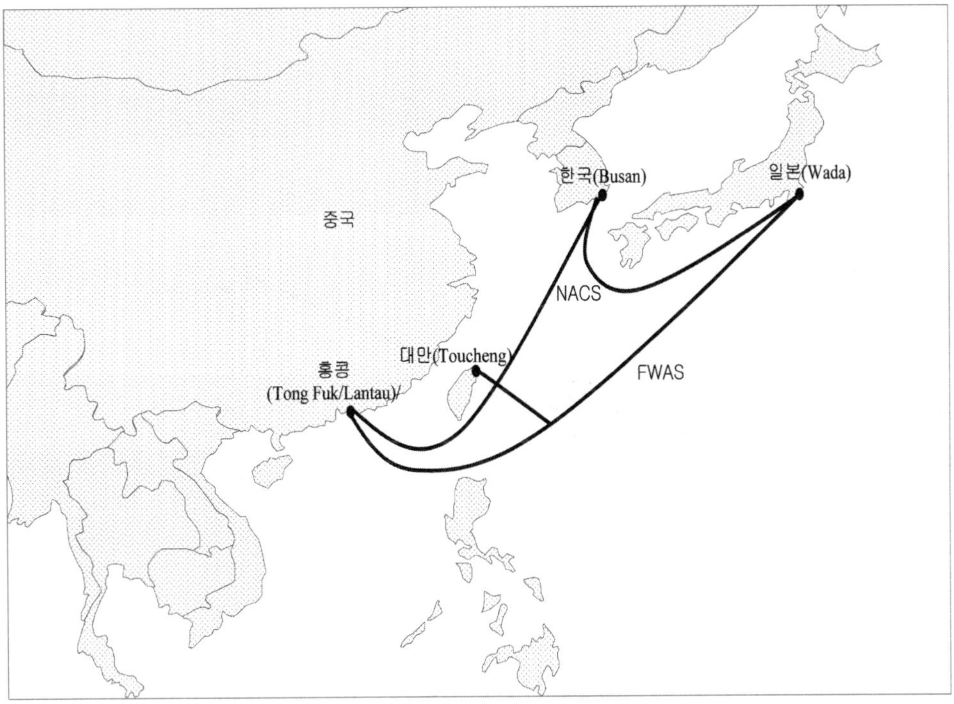

그림 1.10 FNAL/RNAL 해저 광케이블 망

1.3.2.11 TPE (Trans Pacific Express)

TPE 해저 광케이블은 중국, 대만 및 미국을 직접 연결하는 태평양 횡단 케이블이다. 한국 KT(Korea Telecom), 미국 버라이존 비즈니스(Verizon Business), 중국 CT (China Telecom), CNC(China Netcom), CU(China Unicon) 및 대만 CHT(Chunghwa Telecom) 등 4개국 6개 사업자가 국제 컨소시엄을 구성하여 미국의 Tyco 사와 공급 계약을 체결해 2007년부터 건설 중이며, 2008년 하반기에 준공하여 본격적인 상용서비스는 2009년에 시작될 예정이다. 총 연장 길이는 16,500Km이며, 고밀도 파장분할 다중화(DWDM) 방식을 적용해 해저케이블 광섬유 1쌍당 640Gbps 속도를 제공한다. 그리고 총 4쌍으로 구성돼 전체 시스템 용량은 2.56Tbps를 제공할 수 있도록 설계되어 있으며 자동복구 환형망으로 구축돼 네트워크의 신뢰도와 루트 다원화를 실현할 예정이다.

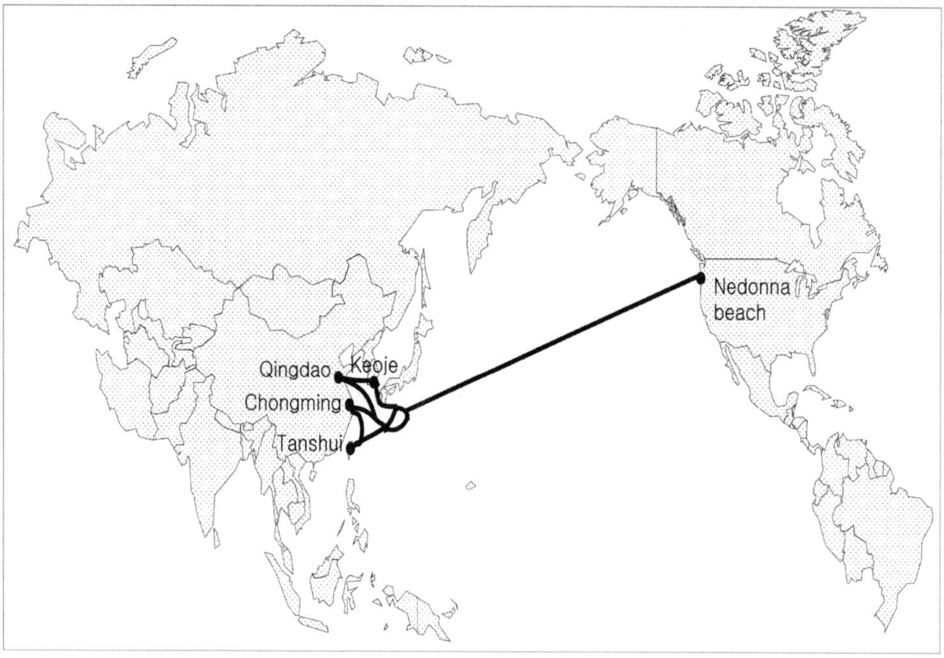

▎그림 1.11 ▎ TPE 해저 광케이블 망

1.4 해저 광케이블 시스템 개요

1.4.1 해저 광케이블 트래픽 용량

현재의 국제 정보통신 시장의 트래픽 유형은 음성 서비스에서 데이터 서비스로 빠르게 이전하여 급속히 증가하고 있다. 이러한 트래픽 증가는 선진 국가가 위치한 대양의 주요 국제도시를 중심으로 증가하고 있다. 2006년 말을 기준으로 볼 때 대서양 횡단 트래픽은 12Tbps를 넘어서고 있으며, 2006년에는 전년 대비 5Tbps 용량이 증가하는 모습을 보여 주고 있다. 태평양 횡단 트래픽은 2006년 말 기준 7Tbps, 아시아 지역 내 트래픽은 4Tbps 이상을 보여 주고 있다. 최근 국제 트래픽은 대서양 횡단 트래픽 증가가 주춤하는 가운데 아시아 경제발전과 더불어 아시아와 유럽 간의 트래픽이 급성장하는 추세이다.

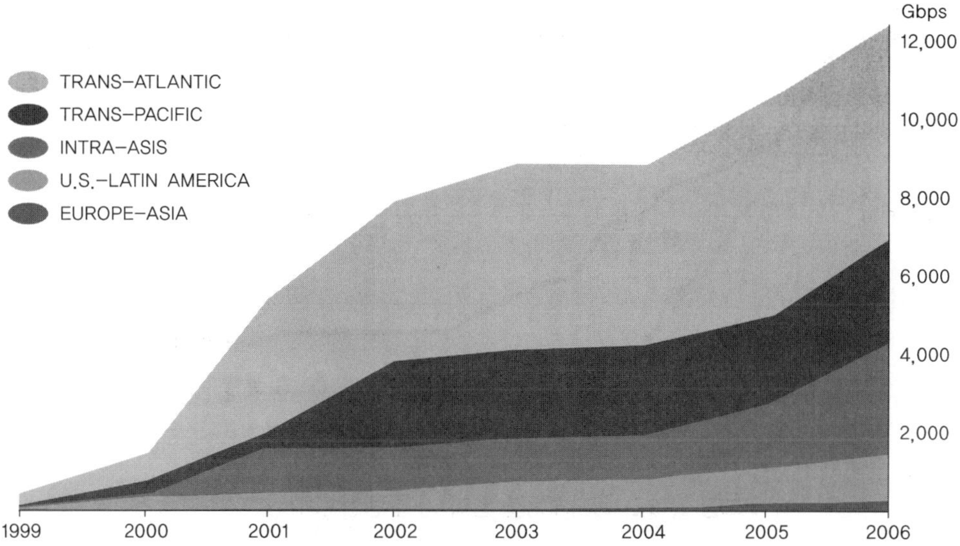

▌그림 1.12▐ 대양별 해저케이블 트래픽 동향

1.4.2 해저 광케이블 임대 가격

해저케이블 회선은 정부 외교망, 기업, 인터넷 서비스 제공자(ISP) 및 통신사업자 등을 포함하는 다양한 수요자에게 판매되고 있으며, STM-1(155Mbps)과 같은 동기식 다중화 기술에 기반한 회선뿐만 아니라, 장거리 이더넷 용량 및 대용량 광파장의 판매가 일반적이다. 이러한 국제 해저케이블 임대가격은 2002년 말부터 급속히 하락하기 시작하여 2005년 초까지 지속되었다. [그림 1.13]은 국제해저케이블 155Mbps 용량의 월 임차 가격 동향을 일부 경로 별로 보여 주고 있다. 한 예로써 미국 LA와 일본 Tokyo 간 STM-1 월 임차 비용은 2002년 초 $70,000 이상이였으나, 2006년 말 $10,000를 약간 상회하는 수준으로 떨어졌다. 이후 2006년 말을 기준으로 국제해저케이블 임대 가격은 안정을 찾은 후 약간 상승하는 추세이다.

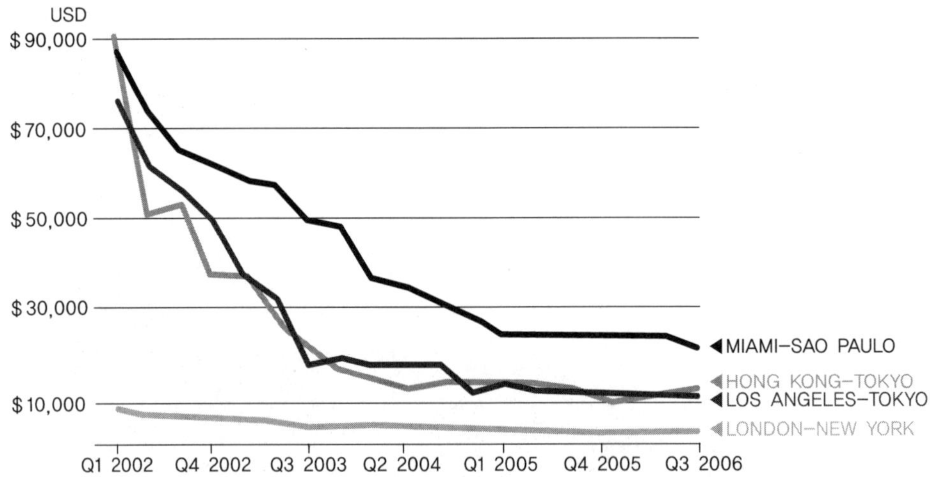

그림 1.13 해저케이블 임대 가격 동향 (STM-1 기준)

1.4.3 시설 구축 및 투자

1999년부터 2001년까지 경쟁적으로 건설되었던 해저 광케이블 시스템의 몇몇 주요 사업자들이 2002년 이후에 파산하였으며, 제조업체는 대규모 감원 및 생산 규모를 줄이는 등 최대 불황을 겪었으나, 2007년부터 세계경제 회복으로 광대역 인터넷 수요의 지속적인 증가, 다국적 기업의 꾸준한 수요 증가 등 긍정적인 측면에 힘입어 다시 해저 광케이블 시스템 시설구축이 시작되고 있다. 전문가들은 세계 해저시스템 시설구축 및 투자비를 [그림 1.14]와 같이 예측하고 있다.

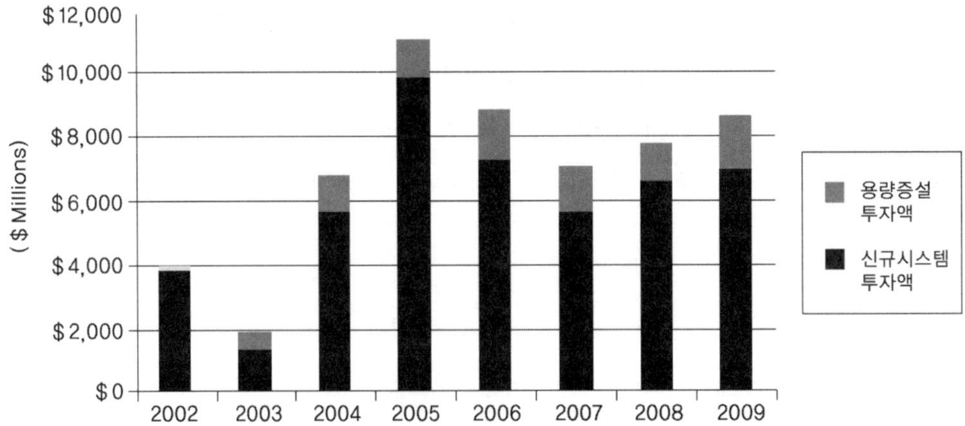

그림 1.14 해저시스템 시설 구축 및 투자비

1.4.4 해저 광케이블 시스템 발전

1980년대 후반에 처음으로 선보인 해저 광케이블 전송 제1세대에는 전송률이 수백 Mbps의 전기적 재생기술이 사용되었다. 이후 1990년대 중반에 시작된 제2세대에는 광증폭 기술과 파장이 서로 다른 여러 광신호들을 다중화하여 광섬유당 전송용량을 높일 수 있는 파장분할다중화(WDM) 기술이 상용화되어 적은 비용으로 국제해저망 건설을 할 수 있었다. 현재에는 발전된 광증폭 기술과 고밀도 파장분할다중화(DWDM) 기술의 결합으로 멀티테라비트 시대에 접어들고 있다. 멀티테라비트 국제 해저 광케이블 시스템을 구현하기 위해서는 광증폭기의 잡음 누적으로 인한 신호 대 잡음 비 감소, 광섬유의 색 분산 현상, DWDM 시스템 채널 간의 비선형성 현상, 광증폭기의 파장에 따른 이득차이로 인한 대역폭 감소 등을 극복하는 기술들이 필요하다. 이러한 기술 요소들은 제2장에서 자세히 다루었다.

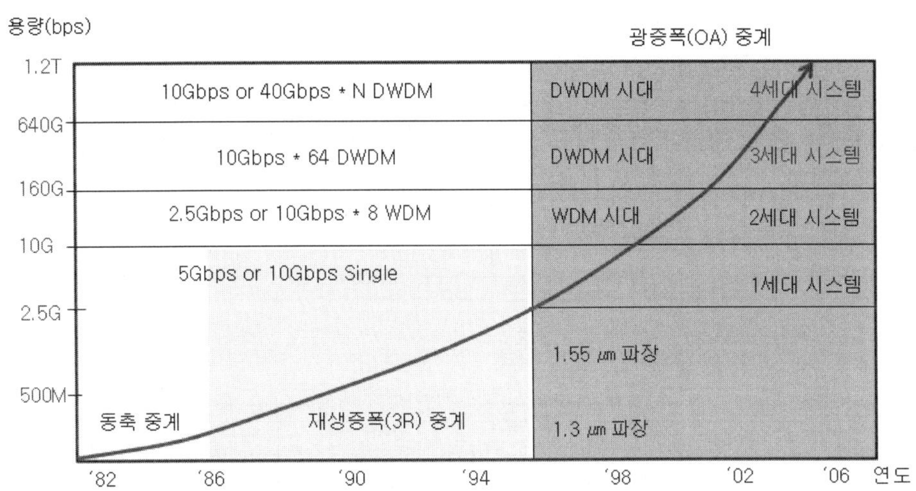

| 그림 1.15 | 해저케이블 시스템 발전

1.4.5 해저 광케이블 통신망 발전

최근 국제 통신망은 주요 도시를 하나의 망관리 및 네트워크로 직접 연동하는 City to City 연결형태로 발전하여 대용량의 트래픽 수요에 신속히 대처하고 있다. 또한 통신망의 운용, 관리, 유지보수 및 설치(OAM&P, Operations Administration Maintenance and Provisioning) 기능을 통해 수준 높은 SLA(Service Level Agreement)를 고객에게 제공하고 있다. 이는 국제 해저 네트워크 및 국내 네트워크에

DWDM 기술과 SDH/SONET의 풍부한 운용유지보수 기능을 바탕으로 분기/결합, 경로 설정, 생존성과 같은 기능들이 있기 때문에 가능하다. 현재 대부분의 해저망 및 국내망은 DWDM 광 계층에 동기식 디지털 계위(SDH) 프레임이 탑재된 SDH over DWDM 형태로 하여 환형으로 구축하고 있으나, 점차 SDH 장비가 중심 노드(Node)에서 밀려나 백본망에서 광·전·광 신호 변환 없이 광계층에서 교차연결이 이루어질 수 있도록 DWDM 광수송망(OTN, Optical Transport Network) 구조에 GMPLS (Generalized Multi-Protocol Label Switching) 또는 ASON(Automatic Switch Optical Network)과 같은 제어 프로토콜 기술이 탑재되어 전광 네트워크(All Optical Network)로 발전될 것으로 보인다. 한편, 망의 형태(Topologies)는 매트로 망에서 주로 상용화되고 있는 ROADM(Reconfigurable Optical Add/Drop Multiplexer) 장비가 초 장거리용으로 개발되는 시점에 메쉬(Mesh) 망으로 발전되어 망의 생존성 및 복구성을 크게 높이게 될 것으로 예측되고 있다.

표 1.4 해저망 형태의 발전

구 분	국내 통신망	국제 해저망	상대국 통신망
1 단계	P-T-P, Ring	P-T-P, Ring	P-T-P, Ring
2 단계	Ring, Mesh	Ring	Ring, Mesh
3 단계	Mesh	Mesh	Mesh

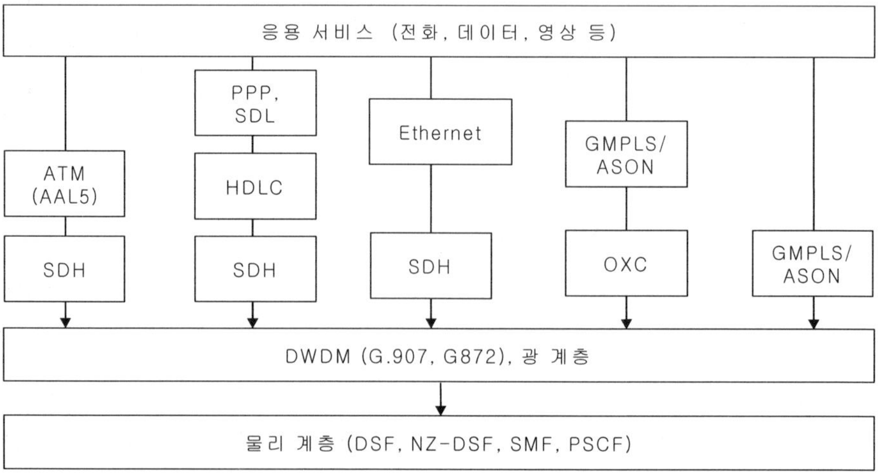

그림 1.16 네트워크 발전

1.4.6 해저 광케이블 건설

1995년 이후 세계적인 정보통신 규제완화는 해저케이블 시장 및 건설에 급격한 변화를 가져온 하나의 주요인이 되었다. 이러한 규제 완화는 해저 시스템 공급자 수 증가, 시장 경쟁의 강화, 해저케이블 시장의 참여 사업자 변화 등을 가져오게 하였다. 즉 과거에는 시장을 장악한 몇몇 국영 통신사업자들이 해저 광케이블 시스템 건설시 컨소시엄을 조직하여 공급자 및 사용자의 역할을 동시에 담당하였으나 규제 완화가 이루어진 이후에는 많은 신규 사업자(케이블 투자자)들이 공급자의 형태로 시장에 진입하고 있다.

현재 해저통신망 공급자의 위치는 여전히 주요 통신사업자들이 케이블 컨소시엄을 구성하여 건설하는 Club 형태가 많이 차지하고 있으나, 일부 투자자들이 공급자 또는 도매업자로서 참여하는 사설 케이블 프로젝트 형태도 나타나고 있다. 이러한 사설 회사들은 회선 용량의 자체적인 사용보다는 고객에게 용량을 판매하기 위해 해저 케이블 시스템을 주로 건설하고 있다.

| 표 1.5 | 해저케이블 건설 형태

구 분	Club Type	Private Type
특 징	통신사업자 자체 해저케이블건설 시장 참여 사업자 수 제한적	사용자와 공급자의 분리 참여 사업자의 다양화
공급자	통신 사업자의 컨소시엄	통신사업자, 특수법인, 사기업(도매업자)
사용자	전기통신 사업자	통신사업자, ISP's, 도매업자
건설 예	APCN, RJK, CUCN 등	EAC, C2C, FNAL, PC-1 등

| 표 1.6 | 해저케이블 시스템 건설 비교

구 분	Traditional 시스템	New 시스템
망의 형태	Point-to-Point	Multiple Points in Ring and Mesh
판매 용량	E-1 to STM-1	STM-1/4/16/64, 파장 단위
PoP	육양국	City Center
사업자	통신사업자의 연합체	Private Carrier

구 분	Traditional 시스템	New 시스템
망 구축 기간	3~4년	18개월 내외
설계 수명	25년	25년 이하
Traffic	대부분이 Voice	대부분이 Data
시스템 용량	수 Gbps	수 Tbps
시스템 감시	사업자 자체용	Open to Users

1.5 해저 광 전송 기술

향후 해저 광 전송 기술은 최소한 테라비트 전송 속도를 요구할 것으로 예상한다. 테라비트 광 전송 기술은 한 개의 광섬유를 통한 Tbps 이상의 전송을 위해서 고밀도 파장분할다중화(DWDM) 방식을 사용해야 하며, 여러 파장을 사용하게 됨으로써 생기는 주파수 자원의 제한을 완화하기 위해서 한 개 파장에 실린 광신호, 즉 DWDM의 단위 채널 전송 속도를 최대한 높인 10Gbps~40Gbps를 요구하고 있다. 또한 광신호 변조 기술과 광시분할다중화(OTDM, Optical Time Division Multiplexing) 기술이 결합되어 테라비트 해저 광 전송 기술 시대를 열어갈 것으로 보인다.

1.5.1 DWDM 채널 전송기술

DWDM 전송시스템에서 채널용량을 증가시키기 위해서는 초고속 전기시분할다중화(ETDM, Electric Time Division Multiplexing) 전송 기술이 필요하다. 광신호의 채널당 전송 속도가 10Gbps에서 40Gbps로 증가하면, 광 링크에서 신호 왜곡은 색 분산, 편광 모드 분산, 그리고 비선형 효과에 의해 10Gbps보다 4배 이상으로 증가하게 된다. 특히, 색 분산은 10Gbps 광신호 경우보다 16배 증가하여 광대역 DWDM 전송에서는 모든 채널에 대한 분산 보상을 위해 더 정밀한 방법이 요구된다. 또한 편광모드분산(PMD, Polarization Mode Dispersion)에 의한 신호 왜곡도 4배만큼 커지게 되어 이를 보상하기 위한 능동 편광모드분산 장치를 필요로 한다. 이러한 신호 왜곡의 증가는 기존의 광 전송 시스템의 전송 거리를 제한하게 되고, 이것은 다시 광 네트워크의 구조를 변경시키는 요인으로 작용될 수 있다. 최근 들어 40Gbps 광 전송

기술에 대한 연구결과가 많이 발표되고 있으며, 40Gbps ETDM 기술은 전자소자, 광소자 등 각 부문에서 실용화 가능성이 확인되고 있는 상태이다. 현재까지 40 Gbps 급 광신호 생성 및 검출을 위한 전자소자 및 광소자의 개발과 이를 이용한 광송수신기의 개발에 초점이 맞추어져 있었으며, 그 결과로 40Gbps 이상의 성능을 제공하는 전자소자 및 광소자들이 출시되기 시작하였다. 40Gbps 광신호의 전송 성능을 개선하기 위한 방법으로는 기존의 NRZ(Non Return to Zero) 신호 방식을 RZ(Return to Zero) 또는 Duobinary 코딩, CS-RZ(Carrier-Suppressed RZ), Chirped RZ, OSS (Optical Single Sideband) 신호 방식 등의 광 링크에서 분산 및 비선형 효과에 의한 신호의 왜곡이 적은 변조 방식을 선택, 또는 비선형 효과에 강한 새로운 광섬유를 사용하는 방법 등이 제안되고 있지만, 비용 대 성능 면에서 획기적인 해결 방법은 제시되지 않고 있다. 40Gbps 급 DWDM 광신호의 전송에서 발생하는 신호의 왜곡을 보상하기 위한 방법으로는 순방향 오류 정정(FEC, Forward Error Correction)을 이용하는 방법과 함께 기존의 NRZ 신호 방식이 아닌 다른 신호 방식을 이용하는 방법에 대한 연구가 진행되고 있다. 40Gbps 기반 광 전송은 RZ 신호 방식이 수신기에서 수신 감도가 NRZ 신호 방식보다 좋고 클럭 재생이 간편하며, 광 링크 상에서 비선형 현상에 대한 신호 왜곡이 NRZ 신호 방식보다 작은 장점이 있어 더 유리한 신호 방식으로 인식되고 있다. DWDM 채널에서 ETDM은 전자소자 기술의 한계로 인해 어느 정도 발전한 후 광시분할다중화(OTDM) 방식으로 발전하여 광신호 변조 방식과 더불어 테라비트 전송에 크게 기여할 것으로 예측된다.

1.5.2 테라급 DWDM 광 전송 기술

해저통신에서 테라급 DWDM 광 전송 기술을 이야기하기 전에 기가급 WDM 해저 시스템 상용화에 대하여 알아보면 SMW-3 및 CUCN 해저케이블 시스템에 2.5Gbps 채널 신호를 기본으로 한 20Gbps(8채널)급 시스템을 시작으로 10Gbps 채널 신호를 사용한 수백 기가 급의 EAC, C2C, FNAL 및 APCN-2 시스템이 국내에 육양되어 서비스 중에 있다.

테라비트 DWDM 전송기술은 1996년에 1Tbps 급 이상의 광 전송 실험이 보고된 이래, 2001년에는 10Tbps급 전송 실험 결과까지도 보고되었다. Tbps급 DWDM 광 전송 기술의 연구개발 현황을 살펴보면, Lucent에서는 순방향 오류 정정(FEC) 코드를 포함하여 42.7Gbps 광신호를 77개의 파장에 실어 1,200Km 전송하는 실험을 보고하였다. 파장은 C-band(1530.72nm~1561.82nm)에서 40채널, 그리고 L-band(1570.42 nm~1600.6nm)에서 37채널을 사용하였고, 선 분산 보상된 NRZ 신호를 NZ-DSF 광섬유를 통해 전송하여 10Gbps의 전송 속도에 대해 모든 채널에서 10^{-12} 이하의 BER을 얻었다. NRZ 신호는 4개의 10.664Gbps를 다중화하여 각각의 대역별로 마하젠더 변조(MZM, Mach-Zehnder Modulation)를 이용하여 광신호로 변조되었다. Lucent의 연구 결과는 3Tbps의 광신호를 1,000Km 이상의 장거리로 전송한 결과를 보여주었다. Siemens와 WorldCom은 3.2Tbps(80채널×40Gbps)의 광신호를 SMF(Single Mode Fiber)를 통해 246Km 전송한 실험 결과를 발표하였다. 특히, FEC를 포함한 2.66Gbps 전기 신호를 16 : 1 MUX를 이용하여 42.5Gbps 신호로 다중화하였고, 음성, 영상, 그리고 데이터 트래픽을 실제 포설된 광섬유를 통해 전송하여, 수신 단에서 FEC를 사용하지 않은 경우에는 2.66Gbps의 전송 속도에서 10^{-8}~10^{-5} BER을 얻었고, FEC를 사용한 경우에는 무 에러의 결과를 보고하였다. 이 때의 광 증폭기 중계거리는 82Km이고, 손실(Span Loss)은 25dB였다. 일본의 KDDI R&D 연구소는 2.56Tbps (40Gbps×64채널)의 광신호를 중계 없이 230Km 보내는 실험 결과를 보고하였다. 채널 당 40Gbps의 광신호를 230Km 전송하기 위해서 이 실험에서는 저잡음의 광섬유 라만 증폭기(FRA, Fiber Raman Amplifier)를 사용하였고, 광신호의 변조 방식은 광시분할다중화(OTDM) 기술로 RZ 신호를 사용하였다. 저잡음 FRA는 90Km의 NZ-DSF와 Aeff가 170m^{2}인 EE-PDF(Effective area Enlarged-Positive Dispersion Fiber) 42Km를 사용하여 구성하였다. 앞 단의 EE-PDF는 높은 입력 신호에 의한 비선형 효과를 줄이기 위해 사용되었다. 실험 결과는 모든 채널에 대해 Q-factor를 평가하여 약 10^{-10} 이상의 BER를 얻을 수 있었다.

10Tbps급 광 전송실험에 대해 2001년 OFC에서 발표되었는데 그 중 하나가 Alcatel에서 발표한 10.2Tbps(256채널×42.7Gbps) 신호를 100Km 전송한 실험 보고에 관한 것이었다. 이 실험에서는 10.2Tbps 광신호 전송과 더불어 1.28bps/Hz의 주파수 효율을 얻었으며 이를 위해 PDM(Polarization Dispersion Management)이 이용되었다. 파장은 C-band(1529.94nm~1561.22nm)에서 64채널, L-band(1569.59nm~1602.53nm)에서 64채널을 사용하였고, 128채널을 다시 편광 다중을 이용하여 256채널로 전송하였다. 실험의 결과는 FEC를 이용하여 보정하지 않은 경우에 42.7Gbps

전송 속도에서 10^{-4} 이하의 BER 결과를 얻었다. 이것은 FEC를 사용하는 경우에는 10^{-15} BER을 얻을 수 있는 것이다. 10Tbps급 광 전송실험에 관련한 또 다른 하나는 NEC에서 발표한 것으로서 10.92Tbps(273채널×40Gbps) 광신호를 3개의 파장 대역을 이용하여 117Km 전송한 실험 결과를 보고한 것이었다. 채널은 S-band(1476.81 nm~1508.01nm)에서 85채널, C-band(1526.83nm~1563.05nm)에서 92채널, 그리고 L-band (1570.01nm~1610.06nm)에서 96채널을 사용하였다. 특히, 이 실험에서는 S-band의 광신호 전송을 위해 GS-TDFA(Gain Shifted Thulium-Doped Fiber Amplifier)를 제작하여 사용하였다. 이와 같은 테라비트 DWDM 광 전송 시스템의 연구개발 현황은 [표 1.7]과 같다.

[표 1.7] 테라비트 WDM 광 전송기술 연구 개발 현황

회사명	Lucent	Siemens	KDDI	Alcatel	NEC
전송용량	3.08T	3.2T	2.56T	10.2T	10.92T
채널수	77	80	64	256	273
채널속도	42.7Gbps	42.5Gbps	20Gbps	42.7Gbps	40Gbps
다중화	4:1MUX	16:1MUX	OTDM	-	-
전송거리	1200Km	3x82Km	230Km	100Km	117Km
채널간격	100GHz	100GHz	50GHz	50GHz	50GHz
FEC	Yes	Yes	No	Yes	No
변조신호	NRZ	NRZ	RZ	NRZ	NRZ
파장대역	C, L-band	C, L-band	C-band	C, L-band	C, L, S-band
광섬유	Truewave	SMF	NZDSF, EEPDF	TeraLight	PSCF, RDF
주파수 효율	0.4bps/Hz	0.4bps/Hz	0.8bps/Hz	1.28bps/Hz	0.8bps/Hz

해저 광 전송 시스템에서 테라비트의 전송을 실현하기 위해 연구해야 할 핵심 과제들을 정리하여 보면 [그림 1.17]과 같다. DWDM의 채널용량을 증대하기 위해서는 채널간격을 좁히거나 사용할 WDM 대역폭을 넓혀야 하며 이를 위한 요소기술로는 채널 다중화 기술, 전치 증폭 기술, 분산보상 기술 등이 필요하다. 또한 전송성능을

개선하기 위해서는 FEC 코드를 사용, 저잡음 실현, 파형 왜곡의 억제 및 편광현상에 대한 강인성을 갖는 기술들이 연구되어야 한다. 장거리 해저 광증폭기에 사용되는 레이저 다이오드는 저전력 소비를 가져야만 육양국 전원공급장비(PFE, Power Feeding Equipment)의 대형화를 줄일 수 있다.

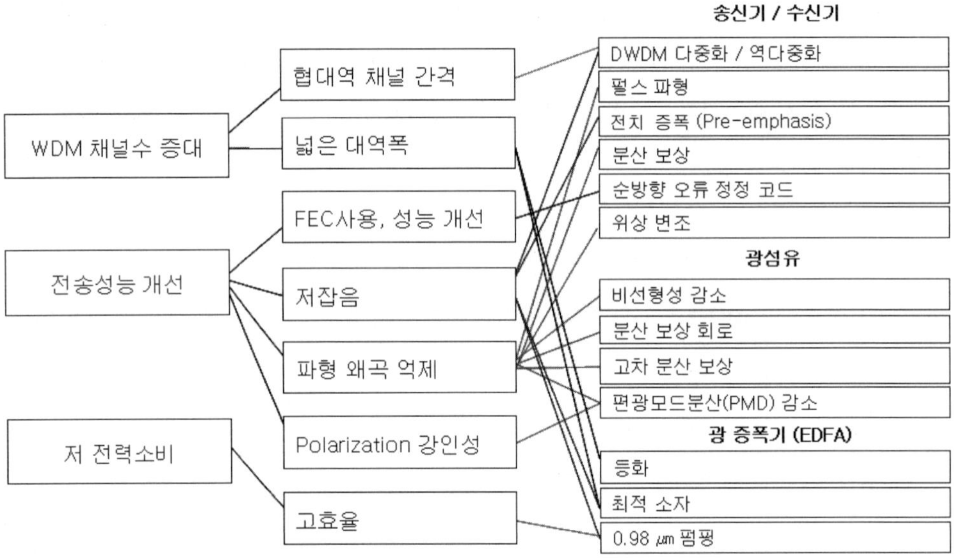

| 그림 1.17 | 테라비트 해저 광 전송기술 실현을 위한 연구 과제들

1.5.3 광 증폭 기술

[그림 1.18]은 실리카 광섬유의 손실창과 DWDM 적용파장 및 EDFA(Erbium-Doped Fiber Amplifier) 증폭대역 파장을 나타내 보이고 있다. 제1 전송창(First Transmit Window)이라고 부르는 800nm~900nm 파장대역에서 광전송이 이루어졌으며, 이후 손실이 좀더 낮은 1,260nm~1,360nm 사이에서 장거리 통신을 실현하였다. 이 파장 대역을 제2 전송창(Second Transmit Window)이라고 부르며, 1,310nm에서 영 분산을 갖는 광섬유인 SMF가 많이 사용되었다. 광부품 및 광전송 기술이 발달하여 손실이 더욱 낮은 1,550nm 파장대역을 개발해 사용하고 있는데 이를 제3 전송창이라 부른다. 현재 대부분의 장거리 광전송기술의 파장대역이 제3 전송창에서 이루어지고 있으며, DWDM 및 EDFA 증폭기 또한 이 파장대역을 증폭하기 위해 개발되어 실용화 되었다. 한편 EDFA 증폭기 이득을 이동하여 제4 전송창(L-band, 1,570nm

~1,604nm)의 파장대역 실용화를 앞두고 있으며, 라만 증폭기 및 TDFA 증폭기를 이용한 제5 전송창(S-band, 1,365nm~1,525nm) 실용화를 위한 연구가 활발히 이루어지고 있다.

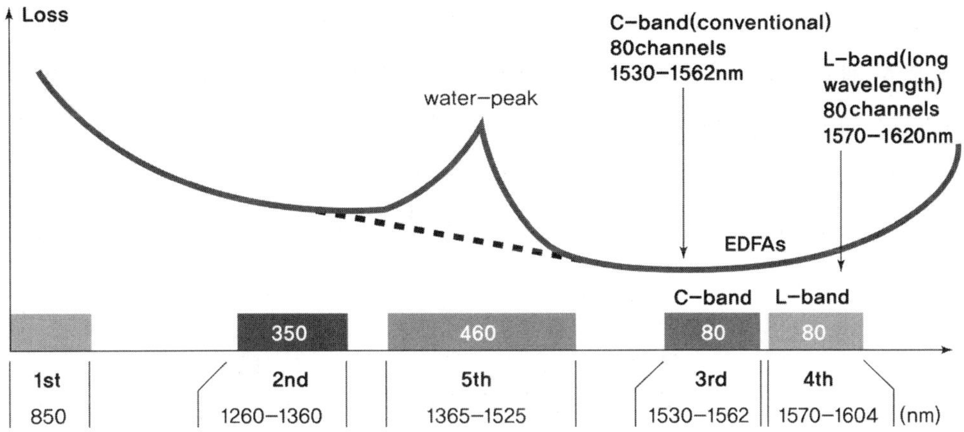

| 그림 1.18 | DWDM 사용파장과 광증폭 대역

1.6 전광 네트워크 기술

1.6.1 광교환 기술

1.5장에서 다루었던 DWDM 전송기술과 더불어 전광 네트워크(All Optical Network)로 통신망이 발전하기 위해서는 모든 데이터(IP 패킷, ATM, FR 등)를 광파에서 투명하게 광패킷 교환을 제공할 수 있는 광교환/라우팅 기술이 필요하다. 광교환 기술에는 광파장 교환 기술과 광패킷 교환 기술로 분류할 수 있다.

| 표 1.8 | 광 교환 기술

구 분	광파장 교환	광패킷 교환	
	OXC	OBS	OPS
대역폭 사용효율	낮음	높음	높음
전송 지연	높음	낮음	낮음
구현 용이성	쉬움	보통	어려움
트래픽 및 고장 적응성	낮음	높음	높음

광 패킷 교환 기술은 망 내에서 전/광 및 광/전 변환 없이 패킷 데이터를 교환하는 기술로서 현재의 전자식 교환기의 한계를 극복하기 위한 해결책으로 등장한 것이다. 이러한 광 패킷 교환/라우팅을 실현하기 위해서는 헤더 생성, 검출 및 교체기술, 패킷으로부터 클럭 추출 기술, 광동기 제어기술, 패킷 생성 및 광다중/역다중 기술, 패킷 버퍼링 기술, 패킷 스위칭 기술 등이 요구되지만 이러한 광 패킷 교환/라우팅을 완전 광으로 해결하는 데에는 어려움이 많다. 따라서 광 패킷 교환/광 라우팅 기술은 그 기술적 어려움 때문에 아직 기초 연구 단계에 있거나 요소 기술 연구 단계에 있다. 그러므로 현재는 최소한의 버퍼 사용을 목표로 하는 광 버스트 스위치(OBS, Optical Burst Switch)가 관심의 대상이 되며 연구되고 있다.

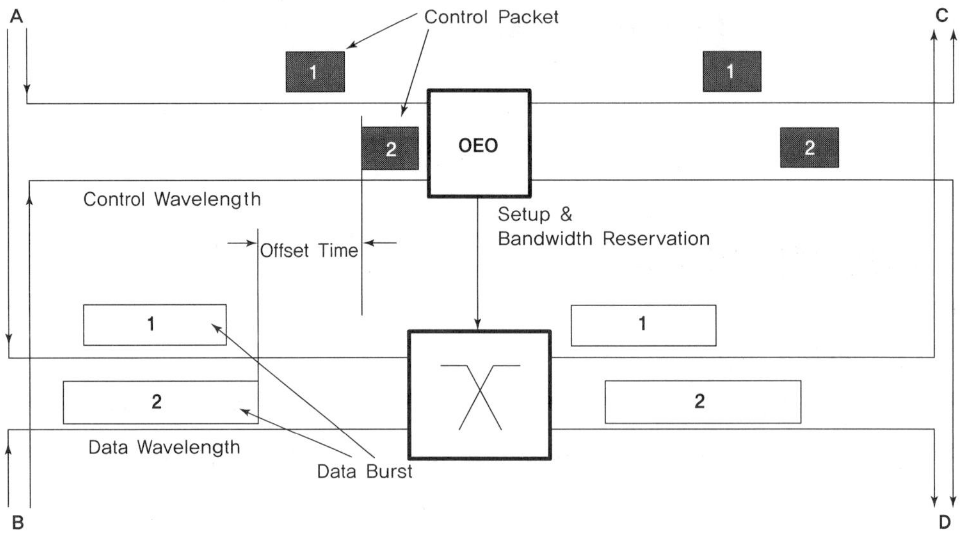

| 그림 1.19 | 광 버스트 교환(OBS)

광 버스트 스위치는 제어신호를 광 패킷 교환/라우팅처럼 데이터 신호와 함께 보내지 않고 분리하여 앞서 보내져 스위치의 길을 열어 놓은 뒤 일정한 시간 지연 뒤에 데이터 신호가 지나가는 방식을 택하는 것이다. 이러한 OBS 장점은 앞서 기술된 교환/라우팅 방식들과 달리 제어 신호와 데이터 신호가 분리되어, 제어 신호를 처리하는 동안 데이터 신호를 저장해야 하는 부담을 완화할 수 있고, 또한 교환/라우팅 속도에 대한 부담도 함께 줄일 수 있다는 것이다. OBS를 위한 교환/라우팅 속도는 수 ms 정도면 광 버스트 스위치의 구현이 가능한 것으로 알려져 현재의 광 스위치 소자의 발전 속도로 볼 때 하드웨어 측면에서는 OBS가 광교환/라우팅을 위한 좋은 대안 중의 하나로 고려되어 활발한 연구가 진행되고 있다. 광 패킷 교환(OPS, Optical Packet Switching) 기술은 전송로를 설정할 필요없이 광 패킷(헤더+페이로드)으로 데이터가 전송되고 스위칭하는 기술로 네트워크 자원의 효율적인 공유가 가능하며, Burst Traffic 전송에 효율적인 방식이다. 단점으로는 광계층에서 버퍼가 필요함에 따른 기술적 구현이 어렵다는 점이다. 즉 기존의 패킷 교환에서 문제점을 여전히 가지고 있다.

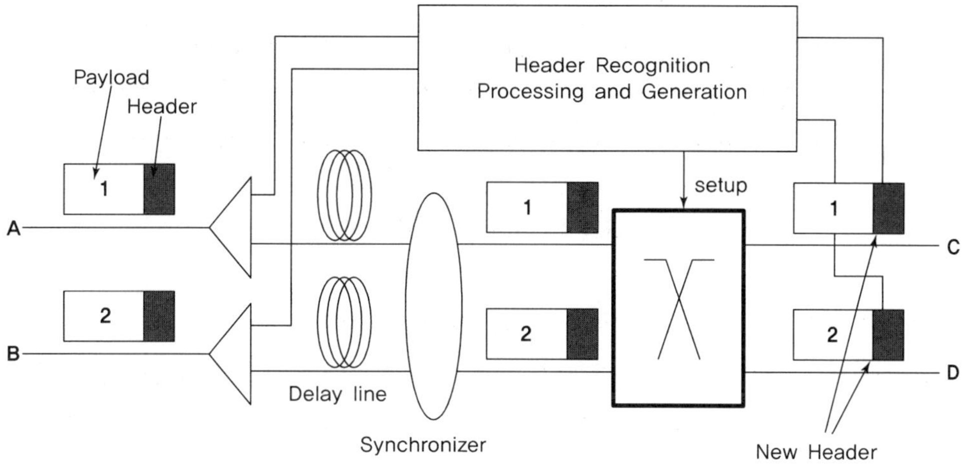

▌그림 1.20▐ 광 패킷 교환(OPS)

광파장 교환 기술로 대표되는 광회선분배시스템(OXC, Optical Cross-Connect)의 연구개발에 대하여 살펴보면 미국 및 유럽에서 OXC와 광 패킷 교환기술에 대한 연구와 실험이 수행되었다. 또한 일본의 경우도 시험망을 구성하여 광회선분배시스템과 신호전달 기능 실험을 성공하였다. 제2장에서 다루어진 해저통신망의 중심 노드에 표시된 OXC는 광·전·광 신호 변환을 하는 장비임을 미리 밝혀둔다. 여기서 논하는 OXC 시스템은 완전한 광신호 교환시스템이다. 아래의 [그림 1.21]은 OXC 기반 위에 IP 트래픽이 수송되는 과정을 나타낸 IP over OXC 스위칭 구조로 OXC 교환에서 광신호 제어(OSC, Optical Signaling Controller)를 탑재하여 IP 망의 메세지를 제어하는 기능을 보여 주고 있다.

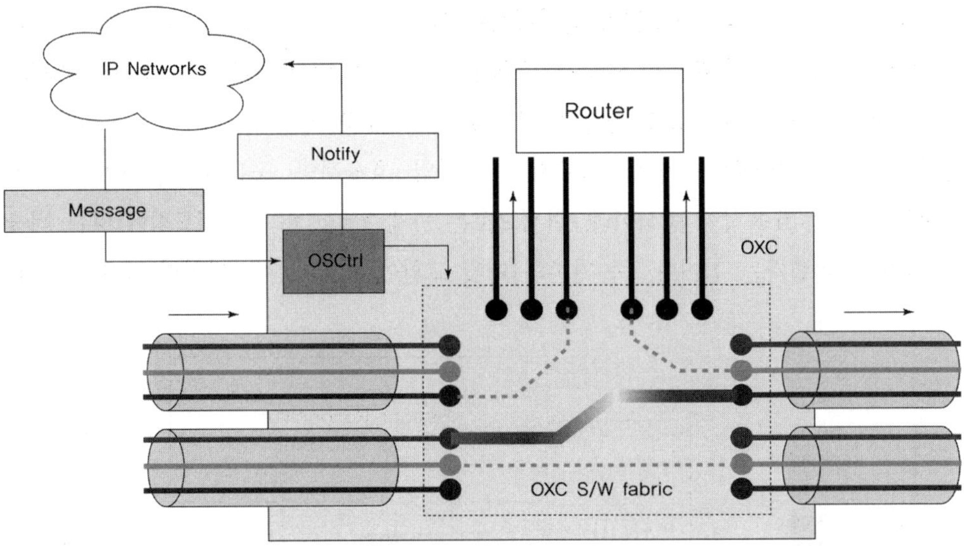

그림 1.21 OXC 스위칭 구조

완전한 광신호 교환 초기의 OXC는 MEMS(Micro Electro Mechanical Systems) 기술을 사용하지 않는 것들이 대부분이었지만 최근에 MEMS 기술이 각광을 받게 되자 광교환/라우팅 기술이 MEMS 기술을 기반으로 연구 개발되고 있다. 그밖에 OXC 연구에 있어서 MEMS 기반이 아닌 것으로 TB(Thermal Bubble) 스위칭 소자 기술과 광도파로 기반(Waveguide-Based) 스위칭 소자 기술 등도 연구되고 있다. MEMS는 고밀도와 데이터 속도에 무관하게 스위칭을 가능하게 하는 기술이다. 이것은 실리콘 IC와 같은 방법으로 만들어진 실리콘 마이크로머신(Micromachine)으로 복잡하지만, 동시에 대량으로 제조할 수 있으므로 제작비용이 저렴한 장점이 있다. 그리고 MEMS를 사용한 OXC는 다른 기술들에 비해 확장성, 낮은 광손실, 빠른 스위칭 시간, 적은 누화(Crosstalk)와 편광(Polarization) 효과, 적은 전력 소비, 파장과 전송속도에 무관한 장점을 갖고 있는 기술이다.

MEMS는 전혀 충돌이 없는 스위치 내부 구조를 가지며 내부의 거울 배치형태에 따라 2-D 스위치와 3-D 스위치로 구별된다. 2-D 스위치의 경우 광손실에 의해 32개까지의 입출력 포트 수에 제한이 있으나 3-D 스위치는 거울을 삼차원으로 배치하기 때문에 입출력 포트가 늘어나도 광경로가 2-D 스위치처럼 많이 증가하지 않는다. 따라서 입출력 포트가 32개 이상이 되어도 10dB 이하의 광손실을 유지할 수 있다.

2-D 스위치에서 내부 거울은 두 가지(열림, 닫힘) 상태로만 동작하지만 3-D 스위치의 경우 두 축을 갖고 특정 방향으로 빛을 반사하도록 제어되어야 한다. 이러한 광교환/라우팅 기술의 연구개발 전망을 기반으로 하여 광교환/라우터 기술의 발전과 도입 전망을 생각해 보면, 초기에는 WDM을 기반으로 하는 단순한 파장의 교환 기능만을 가진 OXC가 사용될 것으로 예상된다. 또한 광 패킷 교환 기술 구현의 난제로 향후 수년 내에 우선 광 버스트 교환(OBS) 기술이 사용될 것으로 예상되며, 광 패킷 기반의 광 스위치기술이 그 다음 단계로 사용될 것으로 전망할 수 있다. 이러한 광교환 기술은 RAM, 논리소자, 제어기 기술들이 실용화 되면 광 패킷 방식 기반의 광 인터넷으로 진화할 것으로 보인다. 또한 광교환 기술은 광회선 교환 기술과 IP 패킷 교환 기술이 서로 밀접하게 결합되어 사용될 때 IP over Lambda 교환이 실현될 것이며, 이러한 광교환은 대역폭 이용율이 높고, 광신호로 전송됨으로 전송지연이 크게 문제되지 않으며 트래픽 및 고장에 대한 강인한 적응성을 가지게 될 것이다.

1.6.2 FTTH 기술

전광 네트워크로 발전하기 위한 또 하나의 전송 구간이 가입자망 구간이다. 이러한 광가입자망 기술은 전달망(백본망)과 가입자 간을 연결하기 위한 전송장치(선로종단, 망종단)와 전송매체 등의 설비로 구성된다. 광가입자망에서 수백 Mbps 이상의 가입자 사용 대역을 제공할 수 있는 것은 광통신 기술만이 가능하다. 따라서 광가입자망은 광통신 기술을 기반으로 FTTH(Fiber To The Home)로 전개되고 있다. FTTH는 크게 망 형태에 따라 PTP(Point to Point), PTMP(Point to Multi-Point) 방식으로 나눌 수 있다. 사용소자에 따라 능동형망(AON, Active Optical Network)과 수동형망(PON, Passive Optical Network)으로 구분하며 PON 방식은 TDMA-PON 및 WDMA-PON 등의 방식으로 구분한다. TDMA-PON에는 B-PON(Broadband-PON), G-PON(Gigabit-PON), GE-PON(Gigabit Ethernet-PON) 등이 있고 WDMA-PON에는 WDM-PON 기술 등이 있다. PTP 방식은 전화 국사의 OLT(Optical Line Terminal)에서 각 가정에 위치한 ONU(Optical Network Unit)에 직접 광케이블로 연결하는 매우 단순한 구조로 SMF를 사용하는 AON 기술을 주로 사용한다.

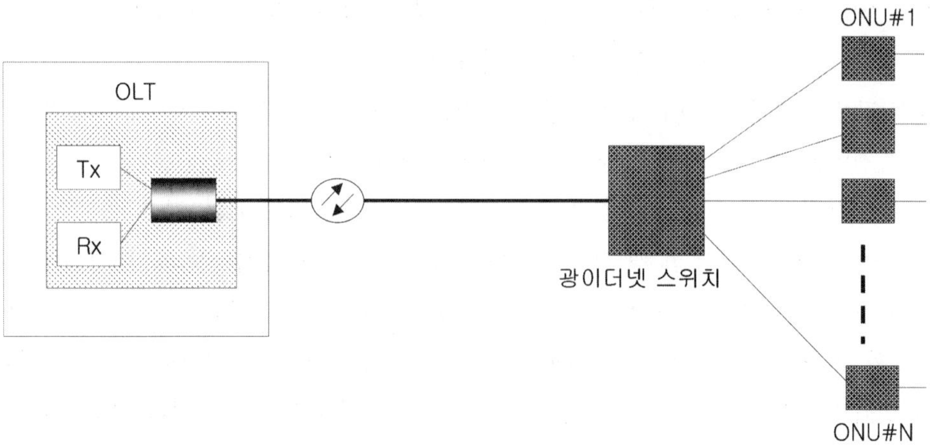

▎그림 1.22▎ AON 망 구조

AON 방식은 주택 인근에 광 이더넷 스위치 등의 능동형 장비를 구축한 후 여기에서부터 가정의 광/전 변환기(Main Controller 혹은 광 이더넷 스위치)에 광 케이블로 연결하는 방식이다.

PON 방식의 구조는 능동 광소자와 추가적인 전자 장비가 없는 수동 소자들로 이루어진다. 따라서 전원 공급이 필요 없고, 전원 중단과 전자파에 영향을 받지 않고, 유지 보수비용이 저렴한 장점이 있다. 이러한 PON 구조는 여러 개의 ONU가 하나의 광섬유를 공유하여 OLT와 통신하는 것이다. 분배기를 이용하여 여러 ONU를 수용하므로 송·수신기 개수와 광섬유의 설치 비용을 최소화 할 수 있다.

▎표 1.9▎ FTTH 방식

구분	AON	PON			
		ATM 기반		이더넷 기반	WDM 기반
		B-PON	G-PON	GE-PON	WDM-PON
하향속도	100Mbps 이상	155M/622M/ 1.25Gbps	1.25~2.5Gbps 가변	1.25/2.5Gbps	100Mbps 이상
상향속도	100Mbps 이상	155M/ 622Mbps	155M/622M/ 1.25G/2.5Gbps	1.25/2.5Gbps	100Mbps 이상

구분	AON	PON			
		ATM 기반		이더넷 기반	WDM 기반
		B-PON	G-PON	GE-PON	WDM-PON
프로토콜	이더넷 프레임	ATM 셀 (53 byte)	AMT, 이더넷, TDM(53byte~1518bytes GEM)	이더넷 프레임 (1518bytes)	프로토콜 의존
하향 파장	-	1480~1500nm	1480~1500nm	1550nm	-
상향 파장	-	1260nm~1360nm	1260nm~1360nm	1310nm	-
분기	1 : 1	32	32/64/128	32/64	파장수 의존
거리	-	20Km	35Km	20Km	20Km
QoS 관리	IEEE 802.1p	ATM 트래픽	ATM 트래픽	IEEE 802.1p	프로토콜 의존
보안	-	필요함	필요함	필요함	-
표준화	IEEE 802, IETF	ITU-T SG G.983	ITU-T SG G.984	IEEE 802.3ah/av	FSAN, ITU-T

- GEM(Gigabit Encapsulation Method)

1.6.2.1 ATM-PON

ATM-PON(Asynchronous Transfer Mode-PON)은 일대다점(Point to Multipoint)의 트리 구조이며, 고정 크기의 셀을 기반으로 한 광가입자망 시스템이다. 가입자와 액세스망을 연결시켜주는 OLT와 ONT/ONU 사이의 영역을 담당하고 수동 광소자를 사용하며 최대 20Km를 전송할 수 있다. ATM 표준화 활동은 전 세계의 유수의 통신 사업자와 통신장비 제조업체들이 참가한 FSAN(Full Service Access Network)의 활동 결과인 ATM-PON 구조는 ITU-T G.983.1, 인터페이스는 ITU-T G.983.2에 각각 표준화 되었다. 초기에는 ATM-PON 시스템의 하향 대역폭이 최대 622Mbps로 표준화 되었으나, 상·하향 모두 기가비트 속도를 갖는 시스템으로 발전되었다.

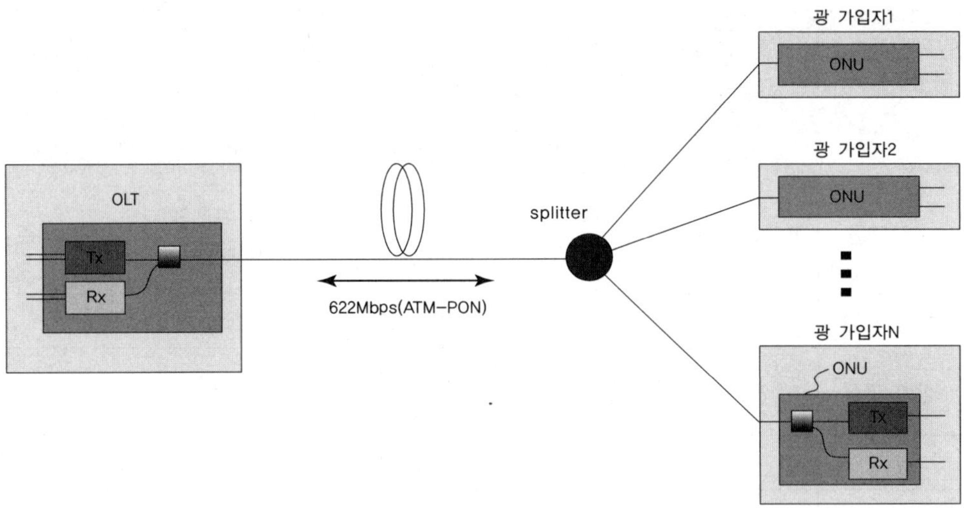

| 그림 1.23 | ATM-PON

1.6.2.2 GE-PON

기간 통신망과 LAN의 고속화와는 대조적으로 가입자망에서의 변화는 거의 이루어지고 있지 않아 가입자망에서의 병목 현상이 두드러지고 있다. 현재의 트래픽은 데이터 트래픽이 주가 되고 있어 망의 형태가 IP 기반으로 진화하고 있다. 이에 따라 가입자망은 IP 기반의 네트워크가 될 것이다. 따라서 PON 기술이 기존의 LAN에서 사용하고 있는 기술을 경제적이면서 간단하게 접합할 수 있는 구조를 갖도록 진화해야 한다. 따라서 값싸고, 간단하고, 확장성이 있는 새로운 기술로 값싼 이더넷 장비와 결합을 나타내는 GE-PON(Gigabit Ethernet-PON)은 차세대 가입자망의 최선의 대안으로 떠오르고 있다.

GE-PON과 관련한 IEEE 802.3ah는 이더넷망의 두 가지 기본 형태를 정의하는데 그 중 한 가지는 CSMA/CD(Carrier Sense Multiple Access with Collision Detection) 프로토콜로 공유 전송 매체에 접목시키는 형태이고, 다른 하나는 단국들이 양방향 링크를 이용하는 스위치를 통해 연결되어 있는 형태이다. 하향에서 OLT에 의해 보내진 이더넷 프레임 데이터는 1:N 분배기(splitter)를 통해서 ONU에 도달한다. 분기율은 보통 4부터 64까지이다. 이는 공유 전송 매체망에서도 비슷한데 이더넷이 본질적으로 하향 방송 형태이기 때문이다. 패킷이 OLT에 의해서 방송되고, MAC 주소에 의해 ONU에서 추출되는 방식의 GE-PON구조와 일치한다. 현재 대부분의 시스템이

하향으로 1.2Gbps나 2.5Gbps 용량을 가지고 있으며 수년 이내에 5Gbps 혹은 10Gbps로 용량이 증대될 것으로 예상된다.

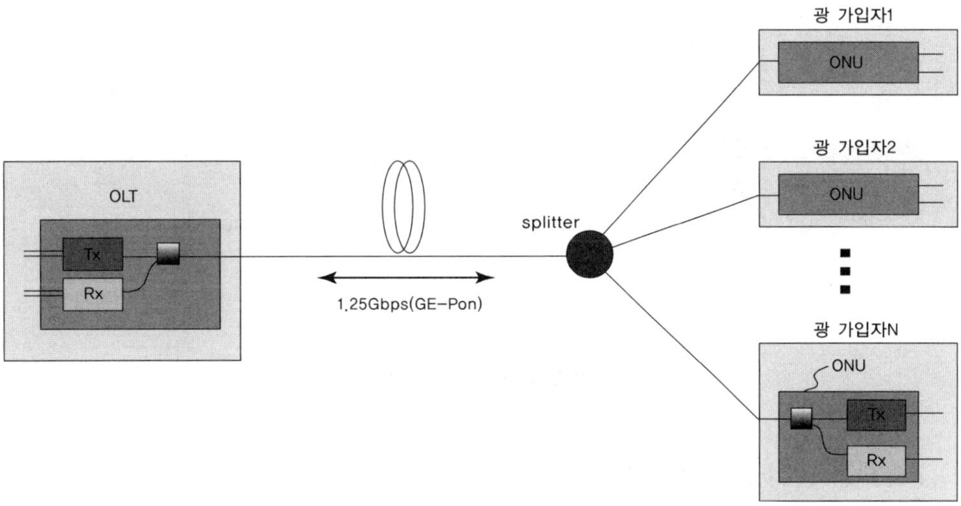

| 그림 1.24 | GE-PON

1.6.2.3 WDM-PON

[그림 1.25]는 대표적인 파장 분할 방식의 WDM-PON 구조이다. 상향에서 서로 다른 파장의 신호가 커플러에서 결합되어 OLT로 전송되고 하향에서도 이와 같은 WDM 장치로 각 ONU에 다른 파장의 신호가 역다중화되어 전달된다. OLT에서는 WDM 다중화/역다중화 장치로 분리하여 각각의 신호를 수신한다. 이와는 달리 ONU마다 필터를 장치하여 자신의 파장만을 선택적으로 수신하는 방송선택(Broadcast-and-Select) 방식으로도 구현이 가능하지만 파워 손실과 필터의 추가적 비용으로 인해 좋지 않다. WDM 방식은 많은 대역폭을 지원할 수 있지만 각 광부품이 고가이기 때문에 현재 액세스망에 적용하기 어렵다. 따라서 상용화를 위한 소자(Light source, Mux/Demux 등)의 저가화를 위한 연구와 다중 매체접속방식(MAC)이 활발히 연구되고 있다.

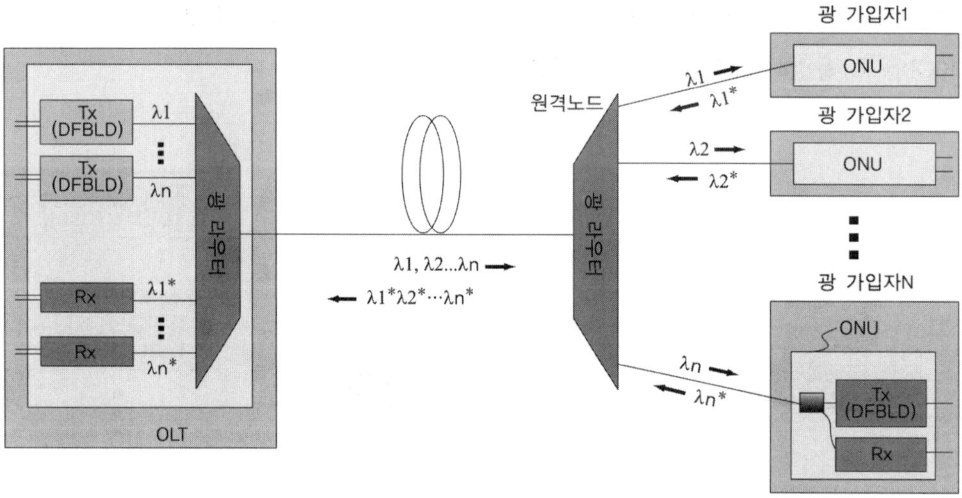

┃그림 1.25┃ WDM-PON

1.6.3 광 인터넷 프로토콜 기술

현재의 인터넷 프로토콜은 WDM 광 전송 기술을 사용하여 고속화와 최선형(Best-Effort)의 서비스가 가능하지만 트래픽 제어 기능이 매우 취약하여 서비스 품질을 보장할 수 없다. 이는 전자상거래 등과 같은 비즈니스급의 인터넷 사용자 요구에 따른 다양한 고품질 멀티미디어 서비스를 제공할 수 없다는 의미가 된다. 또한 IP 프로토콜 기술은 멀티미디어 실시간 응용 등 차세대 인터넷 응용을 지원하기 위해 기존의 유니캐스트 위주의 최선형 데이터 전달 프로토콜에서, 멀티미디어 실시간 트래픽의 효율적 전달을 위한 기술로 확장되고 있다. 이를 위해 광 인터넷 이전에 구축 되어 활용될 것으로 전망이 되는 차세대 인터넷 프로토콜(IPv6)은 주소 확장성, 멀티캐스팅, 이동성, 정보 보안 등을 지원하는 방향으로 발전되고 있다. 따라서 향후 수년 이내에 IPv6망으로 천이되고, 확장성과 신뢰성이 보장되는 멀티캐스트망으로 진화되며, QoS 라우팅과 QoS 시그널링이 제공될 것으로 전망된다. IPv6 도입을 위해서 가장 중요한 문제는 기존 IPv4에서의 자연스러운 진화가 이루어져야 한다는 점으로 IPv4와의 호환을 제공해야 하며, 라우터/호스트, 네트워크, DNS(Domain Name Server) 등에 대해 점진적인 업그레이드 작업이 필요하다. 또한 IP 멀티캐스트 기술은 최근 오디오, 비디오 영상회의와 같은 응용의 요구사항이 증가함에 따라 인터넷상의 주요한 기술로 인정받고 있다. 이러한 IP 멀티캐스트 프로토콜의 가장 중요한 문제는 전체 인터넷상으로 실제 적용시키기에는 확장성이 떨어진다는 점이며, 이를 위한 단기 해결책으로는 MSDP(Multicast Source Discovery Protocol)를 적용하고, 장기 해결책으로는 BGMP/MASC(Border Gateway Multicast Protocol/Multicast Address Set Claim) 프로토콜을 적용하여 인터도메인 멀티캐스트 환경이 구축될 것으로 전망된다. 전송 대역폭과 광 스위치/라우터 용량은 테라급 이상이 필요한 광 인터넷에 있어서는 차세대 IPv6, IP 멀티캐스트 프로토콜의 기능이 확대되거나 혹은 이들을 수용하는 전혀 새로운 형태의 광 인터넷 프로토콜이 요구된다. 즉 테라급 용량을 전달할 수 있는 초고속 광 인터넷 프로토콜이 요구되고, 망 장애시 이에 대한 대처 방안도 요구되며, 광 물리매체 특성을 충분히 활용한 고속 전달을 위해서는 IP 메시지를 분할하지 않고, 신호 기능이 없이 단순하고, 로그인 절차나 IP 어드레스 할당을 단순화하여 원격 가입자가 인터넷망에 접속하기 쉬운 프로토콜이 요구된다. 그리고 광 인터넷의 진화에 따라 단계별로 초고속 광 인터넷 프로토콜의 도입이 필요하다. 따라서 광 패킷 인터넷망에 적합한 MPLS(Multi-Protocol Lambda Switching) 기술의 연구를 기반으로 일차적으로 OBS 개념의 QoS 기반 광 인터넷 라우팅 프로토콜 기술이 적용될 것으로 전망하며, 2단계에서는 OPS를 기반으로 한 GMPLS(Generalized Multi-Protocol Lambda Switching) 기술이 필요하다.

1.6.4 전광 네트워크로 발전

ETDM 방식은 채널당 최대 전송속도가 80Gbps로 인식되고 있다. 따라서 ETDM/WDM 방식에 의한 전송 용량의 증대가 한계에 이르면 광시분할다중화(OTDM)에 의한 전송용량의 극대화가 꾸준히 연구될 것으로 전망한다. 또한 광교환/라우팅 기술은 초기에는 MEMS 기반의 OXC가 광교환에 도입이 될 것으로 전망하지만 점진적으로 OBS, OPS 등의 기술을 채택한 광 패킷 교환/라우팅 기술이 사용될 것으로 본다.

광가입자망에서는 초기에는 ATM-PON 기반으로 액세스 망이 구축되다가 짧은 기간에 GE-PON을 기반으로 망이 전환되어 한동안 ATM-PON 등과 혼재될 것이지만 궁극적으로 WDM이 가미된 GE-PON 기반의 가입자망이 구축될 것이고, 점진적으로 GE-PON의 용량이 증대되어 일반 가입자당 수백 메가비트 혹은 기가비트의 가변적인 대역폭을 제공할 수 있을 것으로 예상한다. 이를 위한 GMPLS 등과 같은 광 인터넷 프로토콜의 연구개발이 필요하며 특히 미래에는 이동성(Mobility)을 갖는 데이터가 많은 비중을 차지할 것으로 예상이 되므로 이를 고려한 광 인터넷 프로토콜의 연구개발이 필요하다.

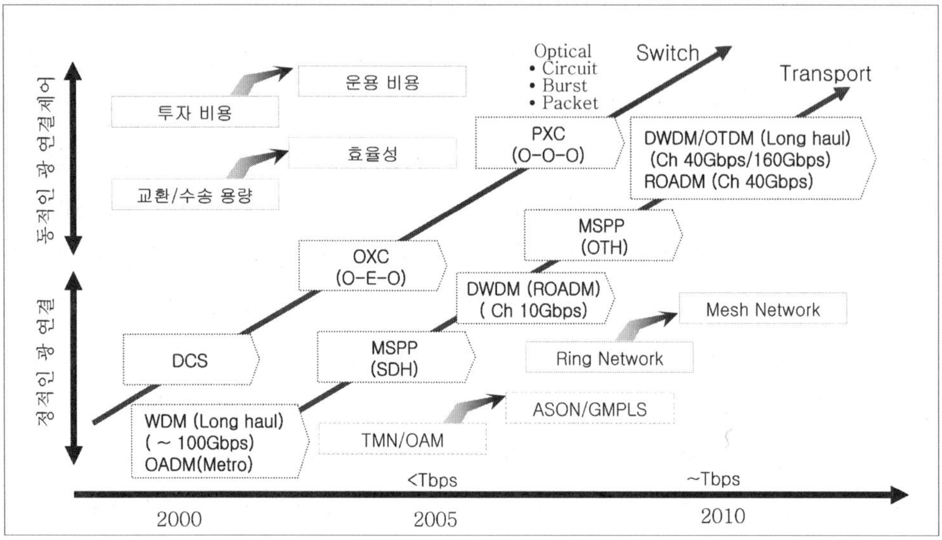

▎그림 1.26 ▎ 전광 네트워크 기술 발전

제 2 장

해저 시스템

02 해저 시스템

국제 해저케이블 통신시스템은 육상의 통신국사에 설치되는 전송설비와 해저에 설치되는 전송설비를 통하여 국제 간 통신을 실현하고 있다. 이러한 해저통신 시스템 기술은 최근 500Km까지 무급전으로 가능함에 따라 도서지방과 가까운 국가 간은 낮은 비용으로 고품질 해저통신망 구축이 가능하게 되었다.

장거리 대양횡단 해저케이블 통신시스템은 고밀도 파장분할다중화(DWDM) 장비, 광증폭기(OA, Optical Amplifier), 분산관리 및 에러제어 기술 등을 사용하여 대용량 장거리화를 실현하고 있다. 대양횡단 시스템은 해저(Undersea)에 광섬유(Fiber), 해저케이블(Cable), 광증폭기(OA), 분기장치(BU), 수동등화장치(PEU), 광케이블 접속함체(Jointing Box), 케이블 커플링(Cable Coupling) 등을 설치한다. 이들 해저설비들은 수중에 설치되므로 높은 신뢰성을 장기간 유지할 수 있도록 기계적, 전기적 및 구조적인 설계를 필요로 한다. 기본적인 해저 시스템의 구성을 [그림 2.1]에서 보여주고 있으며 이들 시스템에 대하여 설명하고자 한다.

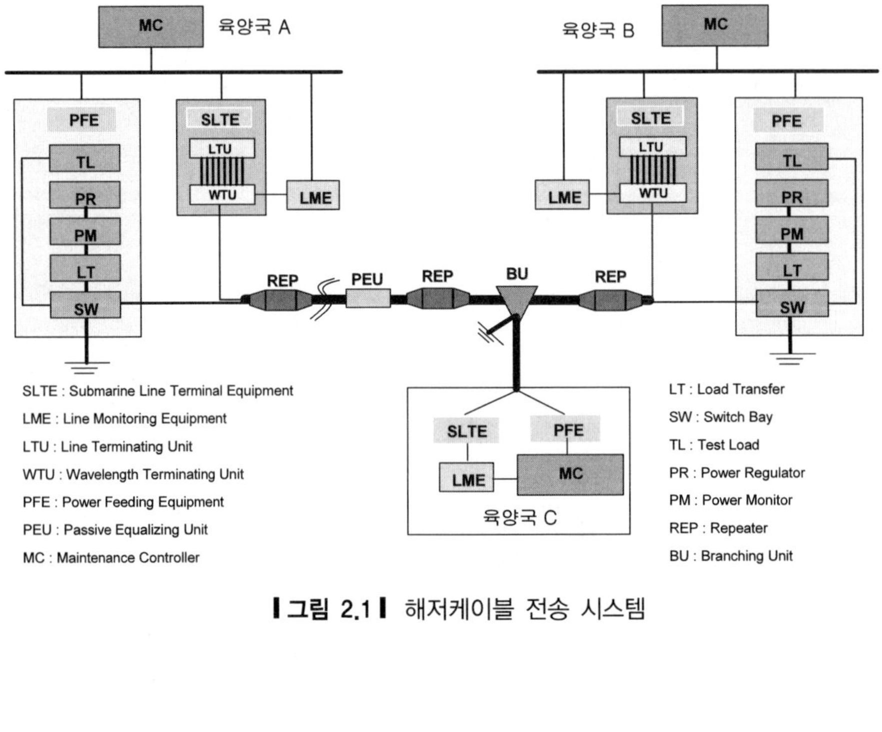

| 그림 2.1 | 해저케이블 전송 시스템

2.1 광섬유

2.1.1 광섬유 구조

광섬유는 가시광선 또는 근적외선 영역의 빛을 도파하는 매체이다. 이러한 광섬유의 구조는 중심에 코어(Core)가 있고, 그 주위를 클래딩(Cladding)이 둘러싸고 있다. 빛이 코어 내에서 전반사를 일으킬 수 있도록 하기 위해서 코어의 굴절률은 클래딩 굴절률보다 약간 높게 만든다. 클래딩의 바깥을 둘러싸고 있는 코팅은 습기나 마모로부터 광섬유를 보호하는 역할을 한다. 해저케이블 통신에서 사용하는 광섬유의 기본 구조는 육상용과 같으나, 해저 환경에 맞도록 특수 외장(Armored)을 설계하여 제작한다. 이에 관한 것은 2.2.2절에서 상세히 설명하였다. 코어와 클래딩은 유리 또는 플라스틱으로 만들어지는데 광섬유를 만드는 재료에 따라 실리카, 플라스틱, 다결성체 광섬유 등으로 구분한다.

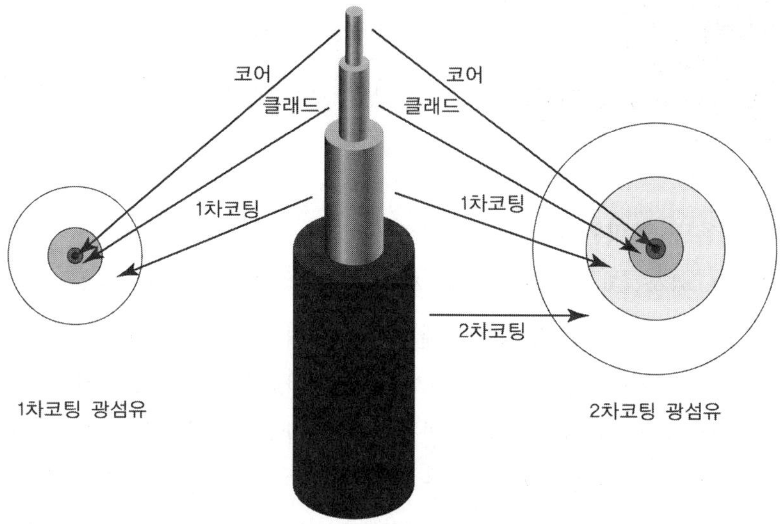

┃그림 2.2┃ 광섬유의 구조

2.1.2 광섬유 특징

광섬유를 이용한 해저 광통신의 특징은 전송손실이 낮아서 전송 대역폭에 관계없이 많은 정보량을 먼 거리까지 전송할 수 있으며, 유리 자체가 부도체이므로 습기 등 절연에 영향이 없고 유도장해를 받지 않는다는 것이다. 또한, 유리의 재료인 석영이 풍부하며, 동축케이블에 비하여 부피가 작고 가벼워 취급이 용이하다. 단점으로는 급격한 휨에 약하고 섬유 자체에 전력을 공급할 수 없으며, 접속 및 분기 작업이 동선 보다 어려운 점이 있다.

| 표 2.1 | 광섬유의 특징

저손실 (Low Loss)	파장 0.85㎛대에서 2.5dB/Km, 파장 1.3㎛대에서는 0.4dB/Km, 파장 1.5㎛대에서는 0.25dB/Km이다.
광대역 (Wide Bandwidth)	단일 모드에서는 40GHz/Km 이상이다.
무유도 (Non-inductive)	광섬유의 재료인 유리는 절연성이 좋으므로 번개나 전기잡음에 관계가 없다.
세경 (Small Diameter)	유리의 직경이 125㎛ 정도로서 플라스틱 피복을 포함하더라도 1mm 정도이다.
경량 (Light Weight)	동선에 비하여 광섬유는 중량이 적으므로 취급 및 시설하기가 수월하다.
자원이 풍부	유리의 재료인 석영은 구하기가 쉽다.
열에 강하고 화학적 변화에 강함	일반적으로 석영은 1,000℃에서 견디며 화학약품에도 변화가 없다.

2.1.3 광섬유의 도파원리

빛은 균일한 매질 중에서 직진하고, 서로 다른 매질의 경계면에서는 입사한 빛의 일부는 반사하며, 일부는 굴절하여 그대로 진행한다. 이것을 빛의 3대 기본성질이라고 한다. 빛의 직진성에 대해서 그림자가 장애물 반대쪽에서는 보이지 않는 것 등으로 우리가 많이 경험하고 있다. 빛의 반사는 입사각 θ_i와 반사각 θ_r은 같고, 입사광선과 반사광선은 동일 평면내에서 항상 반대측에 있다. 굴절에는 입사각 θ_i와 굴절각 θ_t 간에는 스넬법칙(Snell's law)이 적용된다. 따라서 광섬유의 도파원리를 고찰하기 위해서는 서로 다른 두 매질 간의 경계 면에서 일어나는 반사 및 굴절현상을 이해하여야 한다.

2.1.3.1 스넬 법칙

빛을 투명한 물체에 비추게 되면 반사와 투과가 같이 일어난다. 투과(입사)되는 빛은 한 매질과 또 다른 매질 사이의 면을 지나면서 굴절 현상을 보인다. [그림 2.3]과 같이 굴절률 n_1을 갖는 매질 1과 굴절률 n_2을 갖는 매질 2, 경계면에서의 광선이 두 매질의 경계면의 법선에 대해 θ_i의 각을 이루며 매질 1에서 입사하는 경우를 살펴보자. 매질 2로 굴절되어 나가는 각을 θ_t, 매질 1로 반사되어 나가는 각을 θ_r이라 하면, 반사의 법칙에 의해

$$\textit{입사각}(\theta_i) = \textit{반사각}(\theta_r) \qquad (식\ 2.1)$$

이 주어지고 Snell의 법칙에 의해 입사광선과 굴절광선 사이의 관계는

$$n_1 \sin\theta_i = n_2 \sin\theta_t \qquad (식\ 2.2)$$

로 주어진다.

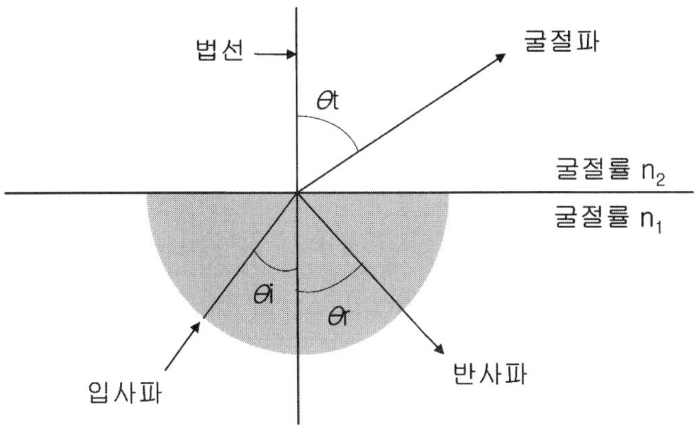

| 그림 2.3 | 두 매질 경계에서 반사 및 굴절 현상

2.1.3.2 전반사의 원리

빛이 굴절률이 높은 매질 n_1에서 굴절률이 낮은 매질 n_2 쪽으로 진행할 때, 입사각 θ_i을 점점 크게 하여 투과(굴절)된 빛이 법선과 직각 ($\theta_t = 90°$)이 되어 매질 2에서 굴절 현상이 생기지 않는 어떤 입사각 θ_i가 존재한다. 이때의 입사각을 임계각 θ_c라고 부르며, 이때의 빛은 두 매질의 경계면을 따라 진행하게 된다. θ_i가 θ_c보다 클 경우 입사광선이 매질 2로 굴절되지 않고 완전히 반사하게 되는 현상을 전반사 현상이라 한다.

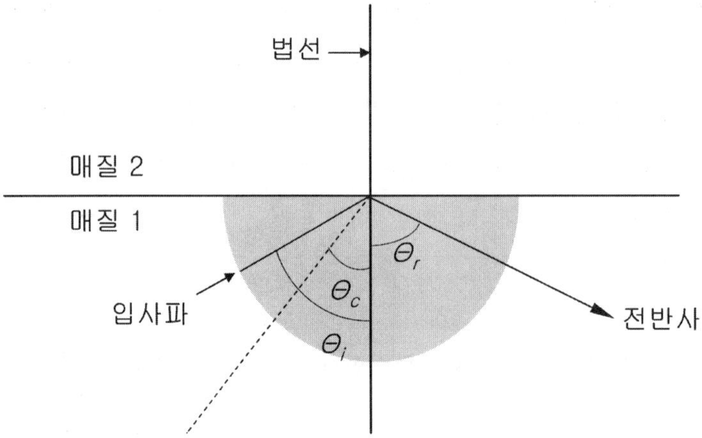

| 그림 2.4 | 전반사 현상

2.1.3.3 개구수

개구수는 광섬유로 입사되는 광선의 수광가능 최대각을 표시하는 매개변수이다. [그림 2.5]에서 광선이 외부의 광원으로부터 광섬유 단면적으로 입사되어 도파되는 경우를 살펴 보면, 광섬유의 단면적에 입사하는 각 ϕ_0가 결정되면 Snell의 법칙에 따라, 굴절각 ϕ가 결정되고 코어와 클래딩의 경계 면에서의 입사각 ϕ는 $\left(\frac{\pi}{2}-\phi\right)$이므로 θ가 임계각 θ_c보다 커서 입사하는 광선이 전반사에 의해 코어 내부에 머무르면서 광섬유 축 방향으로 전도되기 위해서 θ는 다음 식을 만족해야 한다.

$$n_0 \sin\theta_0 \le n_1 \sin\left(\frac{\pi}{2}-\phi_c\right) = n_1 \cos\phi_c = \sqrt{n_1^2 - n_2^2} \qquad \text{(식 2.3)}$$

입사 매질을 공기라고 하면 n_0 = 1이므로 θ_0의 범위를 알 수 있다.

$$\sin\theta_0 \le \sqrt{n_1^2 - n_2^2} \qquad \text{(식 2.4)}$$

식 2.4의 θ_0의 최대값 θ_α, 즉 $\sin^{-1}\left(\sqrt{n_1^2-n_2^2}\right)$ 을 수광각이라고 부르며 Sinθ_α, 즉 $\sqrt{n_1^2-n_2^2}$ 을 개구수(NA, Numerical Aperture)라고 부른다. θ_α보다 큰 각으로 광섬유

에 입사하는 광선의 일부는 코어와 클래딩의 경계 면에서 굴절되어 클래딩 바깥으로 나가버리므로 장거리 전송은 불가능하다. 따라서 NA가 클수록 광원과 광섬유의 결합이 쉬우며 결합률도 높다. 그러나 NA가 지나치게 크면 광섬유의 모드 간 분산과 접속손실이 커진다. 대표적인 NA의 값은 단일모드 광섬유에서는 0.1정도이고 다중모드 광섬유에서는 0.2~0.3정도이다.

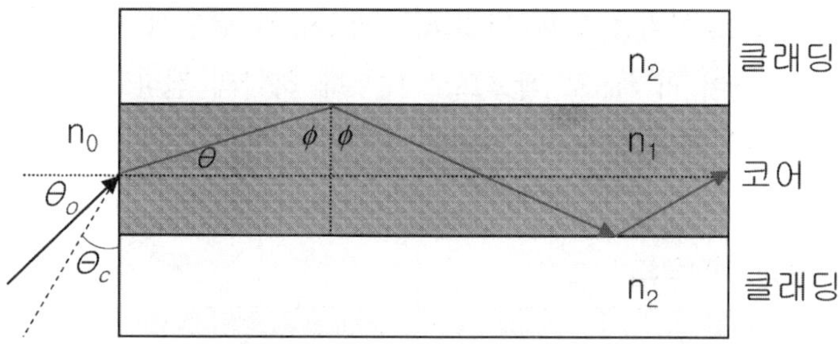

| 그림 2.5 | 개구수(Numerical Aperture)

2.1.4 전파모드에 의한 분류

광섬유는 코어(Core) 내를 도파하는 빛의 모드수에 따라서 단일모드, 다중모드 광섬유로 구분한다. 광섬유가 단일모드가 되기 위한 전파조건은 규격화 주파수(V)가 2.405 이하로 되어야 한다.

$$V = \left(2\pi \cdot a/\lambda\right) \cdot NA \qquad \text{(식 2.5)}$$

여기서 규격화 주파수 V=2.204가 되는 파장을 차단파장(λ_c)이라 부르고, 차단파장(λ_c)과 단일모드가 되는 광의 파장(λ)과의 관계는

$$\lambda > \lambda_c \qquad \text{(식 2.6)}$$

이다. 차단 파장은 이론적인 것으로 실측이 곤란하다.

한편, 광섬유의 코어 부분의 굴절률 분포 모양에 따라 계단형 굴절률, 언덕형 굴절률 광섬유로 구분한다. 계단형 굴절률 광섬유에서는 빛이 코어와 클래딩의 경계

면에서 전반사를 하면서 코어 내부를 지그재그 모양으로 진행한다. 언덕형 굴절률 광섬유에서는 빛이 코어내부를 정현파 모양의 궤적으로 굴절을 계속하면서 진행한다. 계단형 굴절률 다중모드(Step-Index Multimode) 광섬유의 경우에는 굴절률이 코어와 클래딩의 경계면에 급격하게 변하는데 반하여, 언덕형 굴절률 다중모드(Graded-Index Multimode) 광섬유의 경우에는 굴절률 변화가 완만하다. 이 두 가지의 경우 모두 코어의 직경이 50㎛ 정도로 큰 편이므로 코어내부에 여러 개의 전파모드가 존재할 수 있다. 이와는 달리 단일모드 광섬유의 경우에는 굴절률 분포는 계단형이며, 코어의 직경이 약 8㎛로 작으므로 내부에 하나의 전파모드만이 존재하게 된다. 광섬유의 클래딩 직경은 모두 125㎛이다.

| 표 2.2 | 굴절률과 전파모드

종류	단일모드	굴절형 다중모드	계단형 다중모드
광경로 코어직경	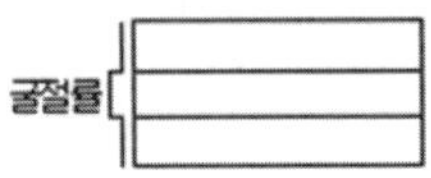 8~10um	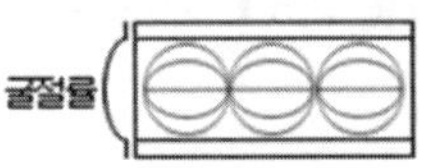 50~100um	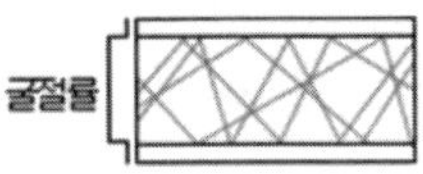 50~100um
파장	1310nm, 1550nm	850nm, 1310nm	850nm, 1310nm
광원	MLM FP laser(1310nm), SLM DFB laser(1550nm)	LED MLM FP laser	LED MLM FP laser
대역폭	3GHz 이상	300MHz~3GHz	200MHz 이하
광분리	매우 어려움	어려움	어려움
거리	MLM FP laser-40km	수 km	수 km
응용	WAN(해저케이블, 장거리 전송)	WAN(단거리 전송)	LAN(FDDI 등), MAN(ESCON 등)
가격	보통	매우 비쌈	저렴

2.1.5 광섬유의 전송 특성

광섬유를 이용하는 광시스템에서 열화 요인들은 시간에 따라 일정하게 영향을 미치는 선형요소와 시간에 따라 변화 예측이 어려운 비선형 요소로 분류할 수 있다.

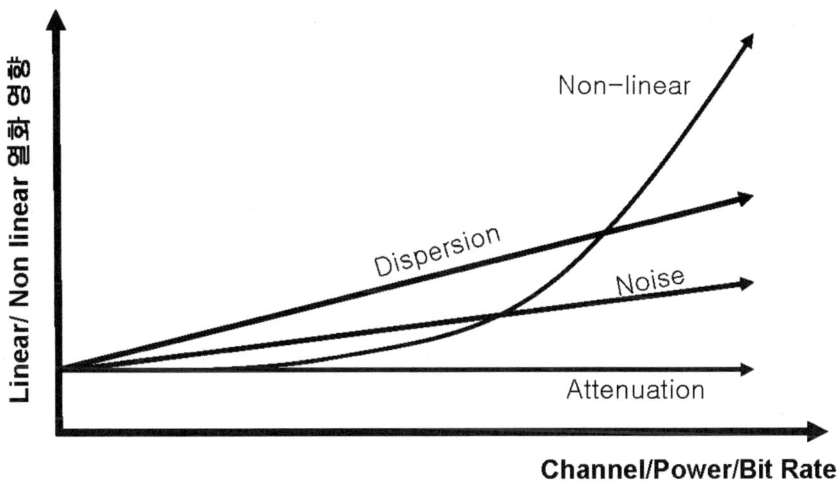

그림 2.6 선형 및 비선형 요소

선형 및 비선형성 요소들은 모두 광 시스템의 최적화에 영향을 미치며 채널 수와 광 Power에 제한을 준다. 낮은 광 Power 및 적은 수의 파장을 가진 해저 광통신 시스템에서는 주로 선형 제약 요소(손실, 잡음, 분산)를 극복하면 고속 장거리 통신을 달성할 수 있었으나, 높은 광 Power와 많은 수의 채널들을 이용하는 DWDM 시스템에서는 비선형 요소(SPM, XPM, FWM, 산란 등)들이 주된 영향을 미치게 됨으로 시스템 설계시, 이들 요소들을 고려하여야 대용량 장거리 통신을 실현할 수 있다.

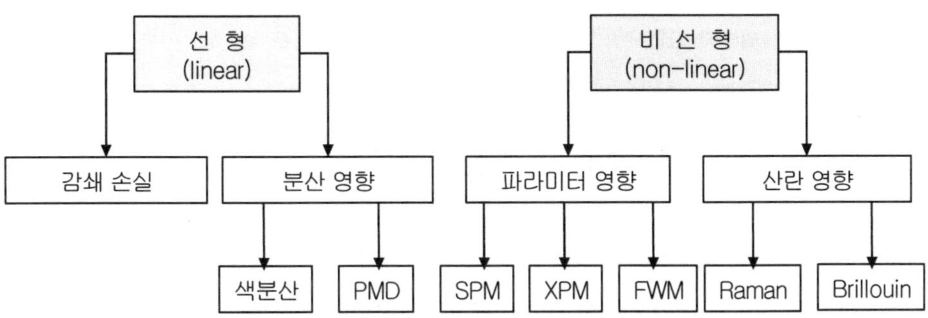

그림 2.7 단일모드 광섬유 전송제약 요소들

2.1.5.1 선형 제한 요소들

2.1.5.1.1 감쇄 및 잡음

광섬유의 선형성 전송제약 요소 중의 하나인 감쇄(Attenuation)는 재료 흡수, 레일레이 산란 및 불안전한 접속 등에 의해 발생된다. 이들은 실리카(Slica) 섬유의 주된 손실로써 Km당 최저일수록 좋으며 광증폭 중계시스템에서 증폭기 설치 구간을 결정짓는 주된 요소이다.

재료흡수는 실리카 자체의 흡수와 불순물에 의한 흡수를 말한다. 순수 실리카에 의한 흡수는 1.6㎛ 파장대까지는 무시할만한 수준이다. 과거에는 불순물에 의한 손실이 주된 요인이었으나, 제조기술의 발달로 지금은 무시할 만한 수준으로 낮아졌다. 따라서, 실질적인 재료흡수에 의한 손실은 OH기에 의한 1.4㎛ 근방에서의 손실이 주된 요소이다.

레일레이 산란은 매질밀도의 미세한 변화 때문에 발생되며, 파장이 증가함에 따라 급속히 감소하는 특징을 가지고 있다.

표 2.3 광섬유의 손실 원인

손실 원인		내 용
흡수	재료고유 원인	자외선 흡수, 적외선 흡수
	외부적 요인	천이금속(Cr, Co, V)등 및 OH^-기
산란	재료고유 원인	Rayleigh 산란, Raman 산란, Brillouin 산란
	외부적 요인	경계면, 직경 및 굴절률 분포 불균일, 이물질, 구부러짐
결함	결합 손실	축 벗어남, 접속면의 불균일
	접속 손실	광섬유의 불안전한 접속

[그림 2.8]에서 광섬유의 손실을 살펴보면 1.3㎛와 1.5㎛의 파장에서 광섬유의 손실이 최저가 되는 것을 알 수가 있다. 이 파장대역이 오늘날 광통신에서 주로 사용되는 영역이다. 초기 광 전송시스템에서는 0.8㎛의 파장이 사용되었으나 레이저 다이오드(LD) 기술의 발달로 손실이 적은 1.3㎛와 1.5㎛를 사용하게 되었다. 파장대역별 손실은 0.8㎛에서 약 2.5dB/Km, 1.3㎛에서 약 0.4dB/Km이며 1.55㎛ 파장에서의

전송손실은 0.25dB/Km(SMF)이다. 광증폭기의 허용손실이 30dB 내외인 경우, 1.3㎛ 및 1.5㎛ 영역에서의 무중계 전송가능 거리는 각 75Km 및 120Km가 된다.

잡음(Noise)은 광 시스템의 구성요소들 또는 자연장해에 의한 원하지 않은 Power 로서, EDFA 중계 DWDM 시스템에서는 광·전 변환시 또는 광증폭기들에 의한 자연증폭방출(ASE, Amplified Spontaneous Emission) 잡음이 주된 요인이다.

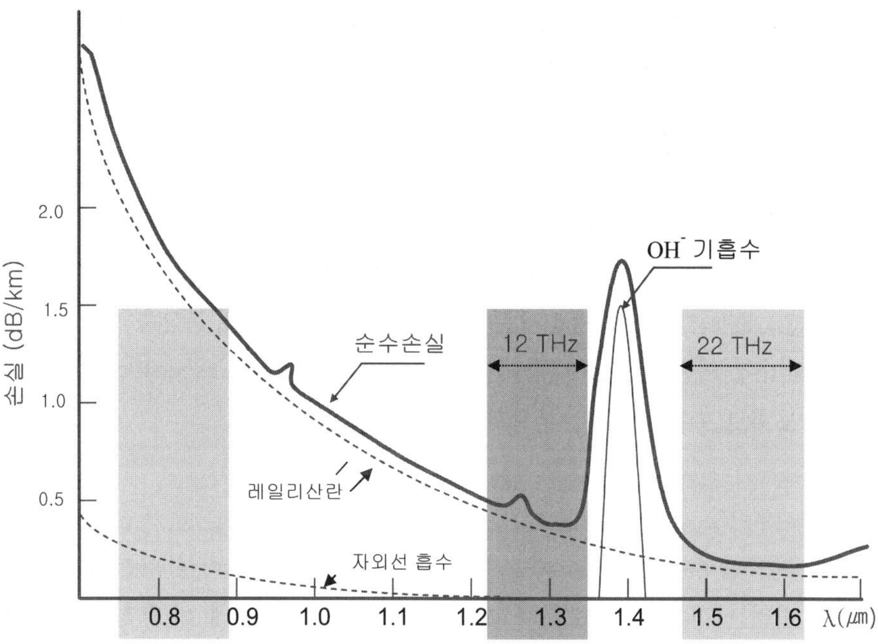

| 그림 2.8 | 광섬유의 손실 그래프

2.1.5.1.2 분산

분산(Dispersion)은 광섬유를 따라 도파된 광 펄스의 모양이 달라지고 펄스의 폭도 커지게 되어 이웃하는 펄스와 서로 겹치는 현상으로 광섬유의 전송용량을 제한하는 요소가 된다. 분산에는 모드들 사이에서 일어나는 모드 간 분산(Inter-Mode Dispersion)과 주어진 하나의 모드 내에서 일어나는 모드 내 분산(Intra-Mode Dispersion)으로 나눌 수 있다.

가. 모드 간 분산

모드분산은 다중모드형 광섬유에서 각각의 모드 전파 경로가 달라져 출사단에서

도착 시간이 다름에 의해 발생한다. 모드분산은 계단형 굴절률 광섬유에 많은 영향을 미쳐 전송대역폭을 제한한다. 이를 개선하기 위하여 굴절률 분포를 서서히 증가시킨 언덕형 굴절률 광섬유는 저차모드의 경우 굴절률이 높은 부분을 지나기 때문에 속도를 줄여 고차모드와 저차모드의 도달 시간을 줄여 준다.

나. 모드 내 분산 또는 색분산

모드 내 분산은 레이저나 발광다이오드 등의 광원에서 나오는 빛이 이상적인 단색광과 달리 유한한 파장폭을 가지고 있기 때문에 빛의 그룹 속도에 의한 파장의 독립성에 기인하여 발생된다. 즉 유한한 파장폭을 갖는 빛은 서로 다른 전파속도로 광섬유 속을 진행하게 된다. 이것은 광섬유의 굴절률이 파장에 따라 다르기 때문에 생기는 재료분산과 하나의 모드에 대응하는 광선이 광섬유의 축과 이루는 각이 파장에 따라 변하게 되면, 한 모드 내의 각 파장에 대한 실제 경로의 길이에 변화가 생겨 도착시간 차가 생기는 도파로 분산으로 나눌 수 있다. 모드 내 분산은 하나의 모드에 대해서 파장에 의한 분산을 나타내므로 색분산(Chromatic Dispersion)이라 하며, 재료분산과 도파로(또는 구조)로 분산의 합으로 나타낸다.

① 재료 분산

광섬유의 재료인 유리의 굴절률은 전파하는 빛의 파장에 따라서 다른 값을 갖는다. 이것은 여러 파장의 광을 포함하고 있는 태양광이 프리즘에 의해 7가지 색깔로 나타나는 것과 같다. 이와 같은 원인으로 파형이 퍼져 버린 현상이 발생하는데 이를 재료분산(Material Dispersion)이라 한다. 광통신에 사용되는 레이저에서 방출되는 빛은 거의 단일 파장이나, 완전하게 단일 파장이 될 수 없고 어떤 폭을 갖는 파장 특성을 갖고 있다. 빛의 속도는 굴절률에 반비례하므로 파장에 따라 전파속도가 달라지는데, 이로 인해 도착 시간차가 발생하여 파형이 벌어지는 현상이 발생한다.

$$V = c/n \qquad \text{(식 2.7)}$$

여기서 자유공간의 빛의 속도 $c = 3 \times 10^8$m/s, n= 굴절률, V= 매질에서 빛의 속도이다.

② 도파로 분산

광섬유와 같이 코어와 클래드의 굴절률 차가 적은 경우, 경계면에서 전반사 현상은 빛의 일부가 클래드 부분으로 누설되는 것처럼 일어난다. 더구나 누설되는 빛의 양은 빛의 파장에 따라 다르므로 결과적으로 빛의 전파 길이가 파장에 따라 다르게 된다. 따라서, 어떤 파장 폭을 갖는 광 펄스를 입사시키면 전파 경로의 길이 차이로 도달 시간차가 발생하며 펄스 폭이 넓어진다. 이와 같이 펄스파형이 시간적으로 퍼지는 현상을 도파로(구조) 분산(Waveguide Dispersion)이라고 한다.

도파로 분산은 모드 간 분산이 상대적으로 큰 다중모드 광섬유에서는 그다지 중요하지 않지만, 단일모드 광섬유에서는 많은 영향을 미친다. 이러한 도파로 분산은 굴절률 분포와 깊은 관계가 있으며, 굴절률 분포를 다양하게 하여 이 도파로 분산을 바꿈으로써 여러 가지 분산특성을 갖는 광섬유를 만들 수 있다. 즉 어느 파장 이상에서 도파로 분산을 재료분산과 서로 상쇄시킬 수 있어 넓은 파장영역에서 색 분산을 최소화하는데 이용한다. [그림 2.9]와 같이 재료분산을 결정하는 광섬유 재료가 주어지면, 도파로 분산에 영향을 미치는 광섬유의 기하학적 구조를 변경함으로써 1.2~1.7㎛ 사이의 임의의 파장에서 색 분산을 최소화시키는 것이 가능하다.

한편, 광 시스템에서 광전송로 구간에서 누적되는 분산의 영향을 줄이기 위해 파장별 전송 특성과 반대 작용을 갖는 광섬유를 사용하여 줄일 수 있다. 이를 위한 방법으로 브레그 회절 격자 섬유(FBG, Fiber Bragg Grating fiber) 기법과 DCF (Dispersion Compensation Fiber)를 사용하는 두 가지가 있다. DCF는 (+)분산 값을 갖는 파장분할 전송시스템에서 (−)분산 값을 갖는 섬유이다.

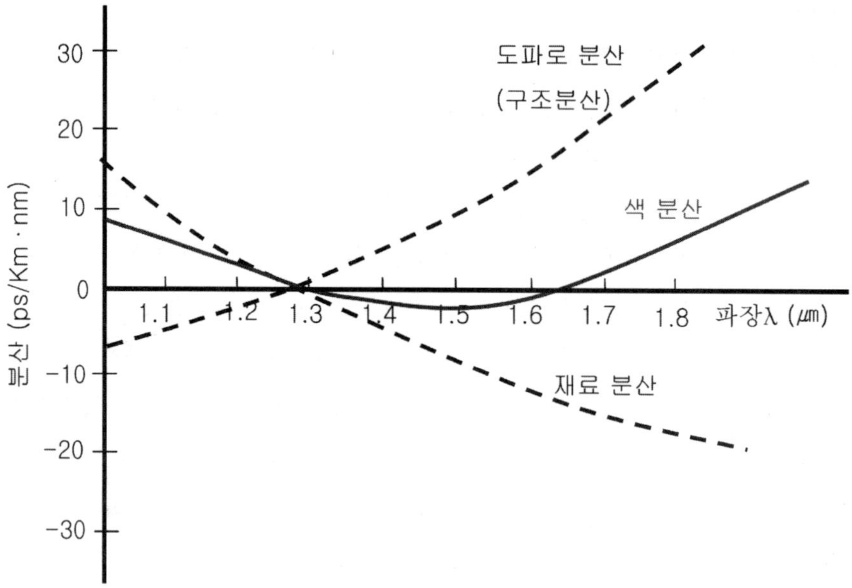

▌그림 2.9▐ 모드내의 재료분산과 도파로 분산

③ 편광모드 분산

편광모드 분산(PMD, Polarization Mode Dispersion)은 하나의 매질로부터 다른 매질로 진입하는 빛이 그 경계면에서 나가는 방향을 바꾸는 복굴절 현상으로 등방성 매질에서 이방성 매질로 나갈 때는 경계면에서 굴절파가 두 개(수직파, 수평파)로 나뉘어 굴절하게 된다. 즉, 광섬유 상에서는 광섬유 자체가 전송구간 전체에서 완전한 원형을 유지 못하거나 매크로 밴딩(Macro-Bending), 마이크로 밴딩(Micro-Bending), 온도의 변화 및 꼬임 등의 원인에 의하여 외부 압력이 가해지면 복굴절 현상이 발생된다. 광의 복굴절 현상에 의해 발생된 두 개의 직교(Orthogonal) 편광모드는 다른 속도로 전파되어 시간 지연차(DGD, Differential Group Delay)를 발생시킨다. 이 DGD는 광섬유를 따라 전송되는 전송펄스의 확장, 왜곡 및 BER 증가를 초래한다. 일반적으로 권고되는 PMD 값은 2.5Gbps 전송속도에서 2ps/$\sqrt{km}$ 이하, 10Gbps 전송속도에서 0.5ps/$\sqrt{km}$, 20Gbps에서 0.25ps/$\sqrt{km}$ 이하이다.

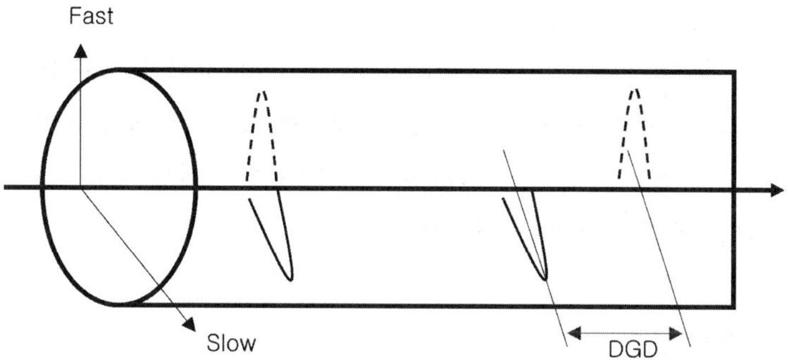

▌그림 2.10▐ 편광모드 분산(PMD)

2.1.5.2 비선형 제약 요소들

2.1.5.2.1 4파장 혼합

4파장 혼합(FWM, Four Wave Mixing)은 마이크로웨이브의 상호 변조 현상과 같은 것으로 신호펄스 이외의 고조파가 발생되어 채널 누화를 일으키는 것이다. [그림 2.11]에서 f_1과 f_2 파장신호를 동시에 전파시, 원하지 않는 새로운 파장 $2f_1$-f_2와 $2f_2$-f_1 발생되어 신호파장(f_1, f_2)의 Power를 약화시키는 현상이다. 이는 DWDM 전송시스템에서 가장 주된 비선형 현상으로 영 분산 섬유인 DSF(Dispersion Shifted Fiber) 사용시 특히 많이 발생되며, 이를 해결하기 위해 분산 값이 있는 섬유를 사용하거나 DWDM 채널 간격을 불균일한 간격으로 하면 FWM을 줄일 수 있다.

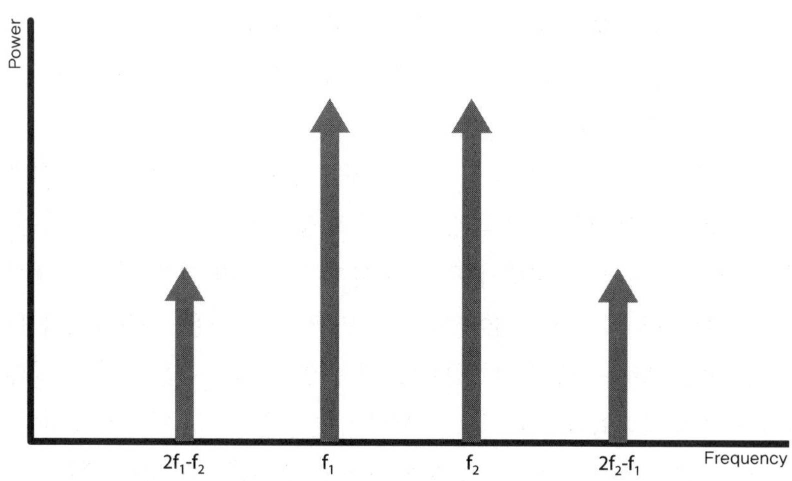

▌그림 2.11▐ 4파장 혼합(FWM)

2.1.5.2.2 자기위상 변조

자기위상 변조(SPM, Self Phase Modulation)는 Kerr 효과로 알려진 것으로 신호빛의 세기가 변화할 때 불변해야 할 광섬유 굴절률 값이 변화됨으로써 채널 내에서 전송되는 광펄스 스펙트럼 확장 및 위상변조를 일으키는 현상이다. 스펙트럼 확장은 DWDM에서 이웃 채널에 방해를 일으킨다.

2.1.5.2.3 교차위상 변조

교차위상 변조(XPM, Cross Phase Modulation)는 신호채널 자체뿐만 아니라 이웃 채널들의 굴절률 불안정으로 발생되는 현상이다. DWDM 시스템에서 멀티채널을 위한 중요한 요소이며 채널 간격에 의해 영향을 많이 받는다.

2.1.5.2.4 산란

산란(Scattering)이란 광섬유 내를 도파하는 광선이 코어 내에서 직진하지 못하고 사방으로 흩어져 버리는 현상으로서 광섬유 재료의 밀도, 구성 성분의 불균일성, 광섬유 제조시 발생되는 구조적 불균일성, 결함 등의 미세한 변화 등 여러 가지 요인에 의해 일어난다. 산란 손실은 선형적 특성을 가지는 레일레이(Rayleigh) 산란과 비선형적 특성을 갖는 유도 브릴루인(Brillouin) 산란 및 유도 라만(Ramman) 산란 등으로 나눌 수 있으나 가장 많은 영향을 미치는 것은 레일레이 산란 손실이다.

레일레이 산란 손실은 불균일한 밀도 및 성분 변화에 의한 광섬유의 굴절률 변화가 사용하는 빛의 파장보다 작은 영역에서 존재하는 경우에 나타나는 것으로, 산란되는 정도는 파장의 4승에 반비례하는 특성을 가져서 1.0㎛ 이하의 파장 영역에서는 광섬유의 가장 큰 손실 요인이 된다.

브릴루인 산란 및 유도 라만 산란은 광섬유를 통과하는 광전력이 임계치 이상일 때 일어나는 것으로 산란된 빛의 파장이 원래 파장과 다르다. 이 두 산란은 기존 광통신 시스템에서는 입력 광 파워가 적어 문제가 되지 않았지만 장거리 통신을 위한 광증폭기(EDFA) 사용시 고려되어야 한다. 라만 산란 현상은 실리카 광섬유내 분자의 진동으로 신호 빛 파장들의 상호작용에 의해 일어난다. 이는 짧은 파장대역의 파장 에너지가 큰 파장대역의 에너지로 전이되는 현상을 가져온다. 유도 라만 산란 현상을 이용하여 신호 증폭을 할 수 있도록 개발한 광증폭기가 라만 증폭기이다.

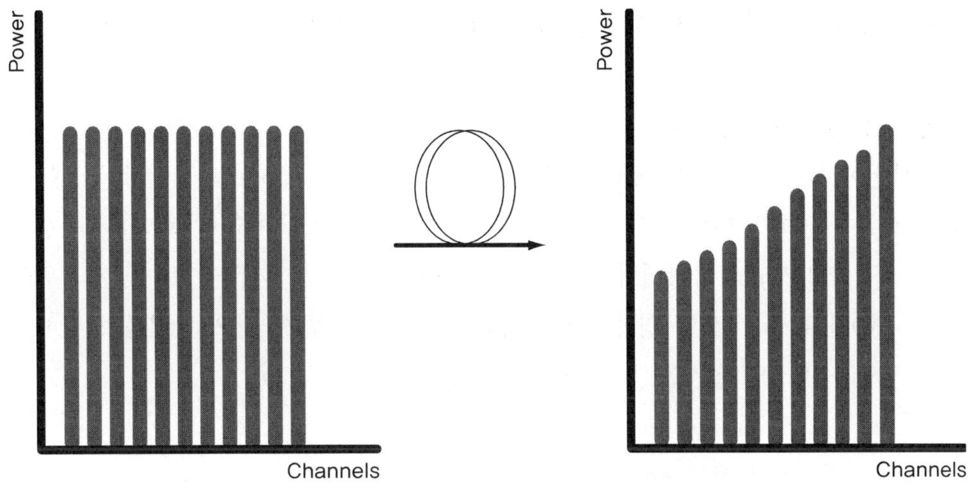

▎그림 2.12▎ 라만 산란(Raman Scattering)

브릴루인 산란은 빛과 음향파(Acoustic Waves)의 상호작용에 의하여 발생되는 산란현상으로 역방향으로 크게 발생된다. 이는 다른 비선형 현상과 비교시 미미한 값을 가지며, 광원의 스펙트럼 확장으로 쉽게 극복할 수 있다.

▎표 2.4▎ 광섬유 제약요소와 DWDM 시스템 영향

Parameter	Noise	CD	PMD	FWM	SPM	XPM	SRS	SBS
Channel spacing				O		O		
Number of channels	O		O	O		O	O	O
Channel power			O	O	O	O	O	O
Number of spans	O		O	O	O	O	O	O
Channel bit-rate	O	O	O		O	O		O
Fiber effective area				O	O	O	O	O

2.1.6 광섬유의 종류

2.1.6.1 단일모드 광섬유

단일모드 광섬유(SMF, Single Mode Fiber, G.652)는 광섬유 코어의 직경을 작게 하고 비굴절률 차를 줄여 하나의 모드만 도파하도록 한 광섬유로 구조(도파로) 분산 값과 재료 분산 값을 최적화하여 1310nm 파장에서 영 분산을 갖도록 한 광섬유이다.

2.1.6.2 분산천이 광섬유

분산천이광섬유(DSF, Dispersion Shift Fiber, G.653)란 1.55㎛ 파장에서 구조분산과 재료분산을 최적화하여 영 분산 값을 갖도록 만든 광섬유이다. DWDM 전송시스템에 사용시 1550nm 파장에서 영 분산으로 인하여 4파장 혼합(FWM) 및 자기위상변조(SPM)와 같은 비선형 영향으로 장거리 전송제약을 받게 됨으로 이를 보완하는 해저 광전송 시스템 설계를 실시하여야 한다.

2.1.6.3 비영분산 천이 광섬유

비영분산 천이 광섬유(NZ-DSF, Non Zero-DSF, G.655)는 다채널 WDM 전송 시스템에서 DSF를 사용시 광섬유의 비선형 특성(특히, 4파장 혼합 현상) 때문에 심각한 누화가 발생되는데, 이를 개선하기 위해 1550nm 파장에서 ±1~6ps/nm · Km 정도 색분산을 갖도록 제작한 광섬유이다.

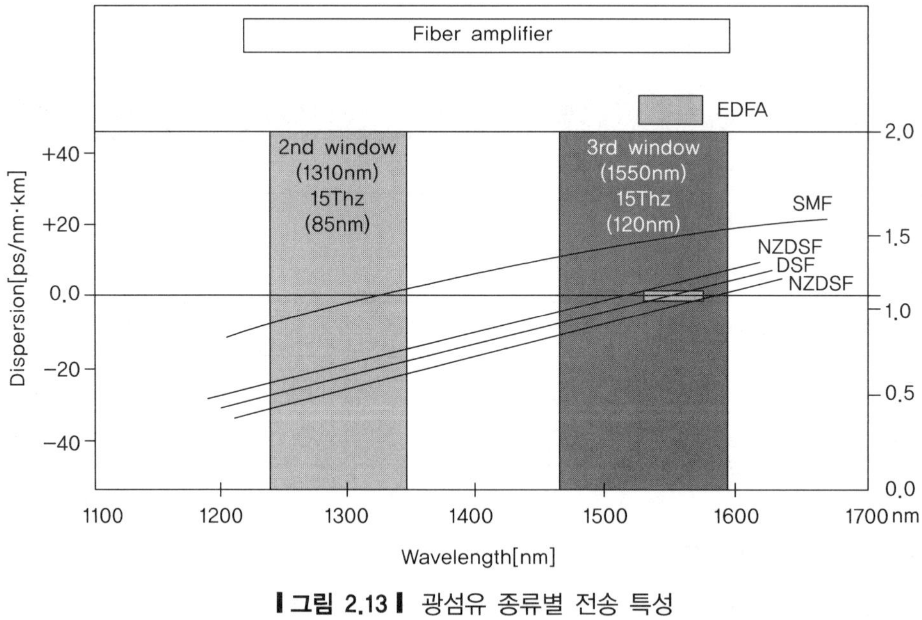

| 그림 2.13 | 광섬유 종류별 전송 특성

2.1.6.4 분산보상 광섬유(DCF, Dispersion Compensation Fiber)

분산 값을 (+)로 유지 또는 (-) 값을 갖도록 설계하는 광섬유로 DWDM 전송 시스템에서 누적되는 분산을 상쇄하거나 보상하는 광섬유이다.

2.1.6.5 순실리카 코어 광섬유(PSCF, Pure Silica Core Fiber)

저손실 광섬유로 0.187dB/Km의 값을 갖는 광섬유로 무중계 장거리 전송 시스템에 많이 사용한다. 분산은 1.31㎛ 파장에서 영 분산을 갖는다.

2.1.6.6 전파장 광섬유

실리카 광섬유의 일반적인 손실 중에 OH^- 기의 분자이동에 의한 흡수는 1.38㎛ 부근에서 최대치가 되는데 이러한 OH^-기에 의한 흡수는 E밴드 및 S밴드를 사용하여 광전송을 하는데 제약 요소가 된다. 전파장 저손실 광섬유(All Wave Fiber 또는 LWPF, Low Water-Peak Fiber)는 광섬유 내에 잔존하는 OH^- 이온을 제거하여 1340~1460nm 파장대역을 포함한 광섬유의 전파장(1280~1625nm)에서 사용할 수 있는 광섬유이다. 이는 넓은 대역에 걸쳐서 손실이 적으므로 DWDM 전송 시스템의 용량을 증대하는데 매우 유용한 섬유로 현재 G.652 C,D에서 표준화 되었다.

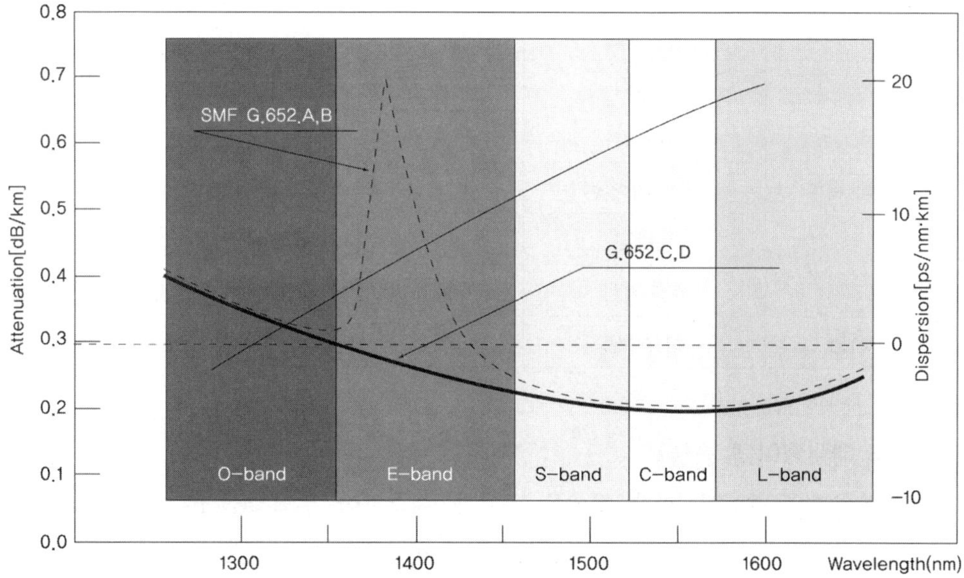

그림 2.14 전파장 광섬유(AWF/LWPF)

2.2 해저케이블

2.2.1 해저케이블 요구 조건

해저 광케이블은 광섬유의 파손이나 전송특성의 열화가 발생치 않도록 강도설계, 구조설계, 재료선택 및 제조관리 등이 25년 간 장기간에 걸쳐 유지되도록 케이블을 제작한다. 해저케이블의 기능은 광섬유를 수압, 온도, 장력 등의 여러 가지 외력으로부터 보호하는 기능과 광증폭기와 해저분기장치(BU)에 전원을 공급하기 위한 급전선 기능도 한다. 또한 포설 및 유지보수시 케이블 회수에 따른 장력, 굴곡, 마모 등에 견디고 8,000m의 심해에서 안정된 특성을 보존하는 것이 요구된다. 또한 대양횡단 해저시스템에서 높은 급전 전압을 안정적으로 공급하고 해수와 충분한 절연을 유지하는 것이 요구된다. 만일 케이블이 절단되어 해수가 케이블 내에 침입하면 광섬유의 강도 및 전송특성이 열화되기 때문에 절단점에서 해수의 침입을 방지하는 기능이 또한 요구된다.

표 2.5 해저케이블 설계 목표

주 요 항 목		목 표
전기적 특성	직류저항	0.7Ω/Km 이하
	절연내압	35kV 이상
기계적 특성	내장력	100kN 이상
	내수압	800kg/㎠ 이상
	허용곡률반경	0.5m 이하
	내측압	100kg/㎠ 이상
	침수방지	수압 500kg/㎠의 경우 2주간 1,000m 이하
신뢰성	설계수명	25년 이상

2.2.2 해저케이블 종류

해저케이블은 케이블 외장 형태를 다르게 제작하여 무외장(Non-Armored)케이블과 외장(Armored)케이블로 구분하며, 무외장 케이블은 일반적으로 수심 3,000m 이상의 심해에서 사용된다. 단일외장(Single Armored) 및 이중외장(Double Armored)

케이블은 케이블의 경로, 수심, 해저지질 등을 고려하여 사용 환경에 따라 달리 적용하고 있다. 육양국 근해의 낮은 천해부에서는 어로 및 어선의 닻에 의해 케이블이 손상받기 쉬우므로 이중외장 케이블을 적용하고 있으며, 수심 1,000m 정도까지는 단일외장 케이블을 사용하고 있다.

2.2.2.1 경량 케이블

경량(LW, Light Weight) 케이블은 주로 3,000m 이상의 심해에 설치하는 케이블이다. 제작과정을 살펴보면 중앙에 광섬유 unit의 주위에 팬 모양을 한 세 개의 강철 세그먼트를 설치하고 광섬유 unit와 파이프 내벽 사이의 공간은 우레탄 화합물로 채워져 물이 침입하는 것을 막아 주도록 제작된다. 또한 강도 보강선 용으로 고장력 철선을 주위에 감싸며, 강도 보강선 사이에도 우레탄 화합물로 채워 물이 침투하는 것을 막아 준다. 동 튜브 위에는 저밀도 폴리에틸렌이 압출 성형되어 있어 절연한다. 또한, 저밀도 폴리에틸렌 위에는 고밀도 폴리에틸렌 층이 형성되어 있어 절연체가 부식되는 것을 막아 주도록 제작한다.

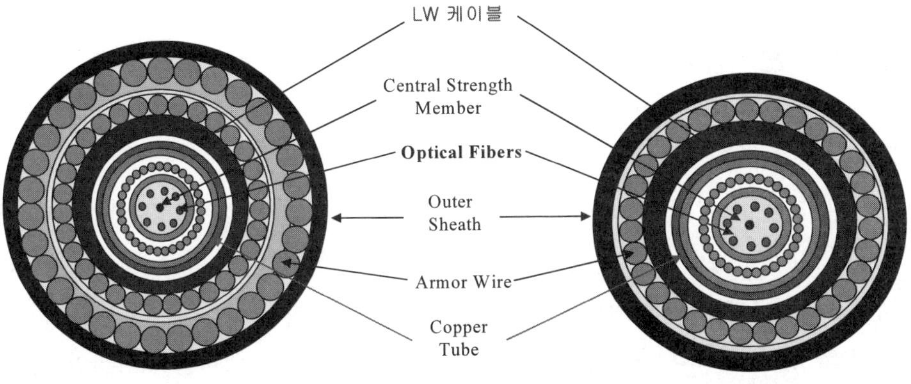

▌그림 2.15▐ DA 및 SAM 케이블 구조

2.2.2.2 단일외장 케이블

단일외장(SAM, Single Armored Medium) 케이블은 중심에 LW형 케이블을 설치한 후 외장철선으로 보강한 케이블로 최대 적용수심은 1,000m이다.

2.2.2.3 이중외장 케이블

이중외장 DA(Double Armored) 케이블은 SAM 케이블에 외장철선을 한번 더 보강한 케이블로 최대 적용수심은 400m로 케이블 고장이 많은 육지 근처의 천해부 지역에 많이 설치한다.

표 2.6 OCC 해저케이블 종류

Cable Type	Outer Diameter (mm)	Weight in air (KN/km)	Weight in water (KN/km)	Burial Depth (m)	Water Depth (m)
LW (Light Weight)	22.5	8.88	4.98	–	Up to 8,000
LWS (LW Screened)	31	13.3	5.94	–	Up to 7,000
SAL (Single Armored Light)	38	29.9	19.9	–	1,500 max
SAM (SA Medium)	42	41.0	29.3	1	1,000 max
SAH (Single Armored High)	46	52.9	39.4	1.5	500 max
DA (Double Armored)	60	107	82.2	2	400 max

2.3 해저 분기장치

2.3.1 기본 기능

해저 분기장치(BU, Branching Unit)를 사용하면 해저케이블의 광섬유 쌍을 다지점으로 분기할 수 있어, 적은 비용으로 여러 육양지를 연결할 수 있다. 해저 분기장치 내에서 해저케이블의 광섬유를 절체하는 방식에는 고정적으로 광섬유 쌍을 분기하는 방식과 광 스위치와 제어회로를 두어 장애 분기회선의 트랙픽을 정상적인 분기회선으로 절체하는 방식이 있다.

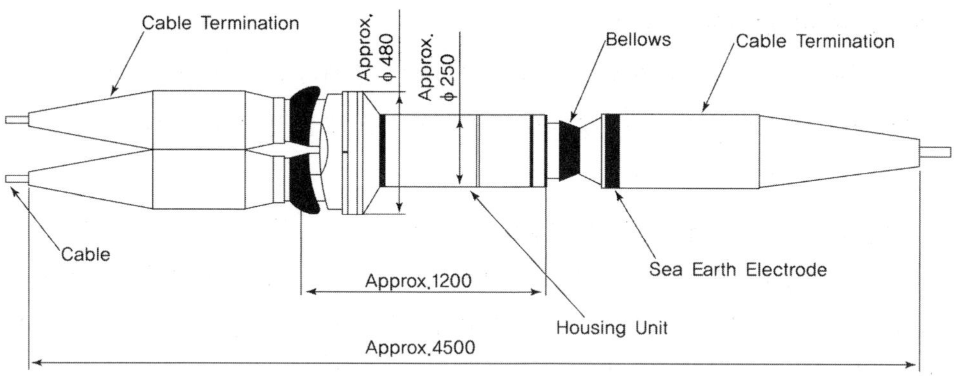

▌그림 2.16▐ 해저 분기장치

DWDM 해저 광 시스템에서는 광섬유 쌍 분기 시스템 대신에 BU 내에 광 스위치 또는 광 ADM(Add/Drop Mux) 장치를 두어 파장 단위의 분기 및 결합이 가능한 BU로 다양한 네트워크 구성을 할 수 있다. 이러한 BU를 컬러 해저 분기장치라고 하며 [그림 2.17]에 나타내고 있다. 그림에서 BU#1은 광 스위치를 설치한 BU이며 BU#2와 #3은 광파장 결합/분기 BU이다. 이외에 BU는 광 Power 레벨을 조정하기 위해 광증폭기를 BU내에 수용할 수 있다. 광 스위치는 케이블 장애 발생시 하나의 BU내에서 파장의 결합/분기가 가능하다. 이러한 절체들은 해저통신국사 PFE의 전력공급 절차서에 따라 원격으로 제어된다.

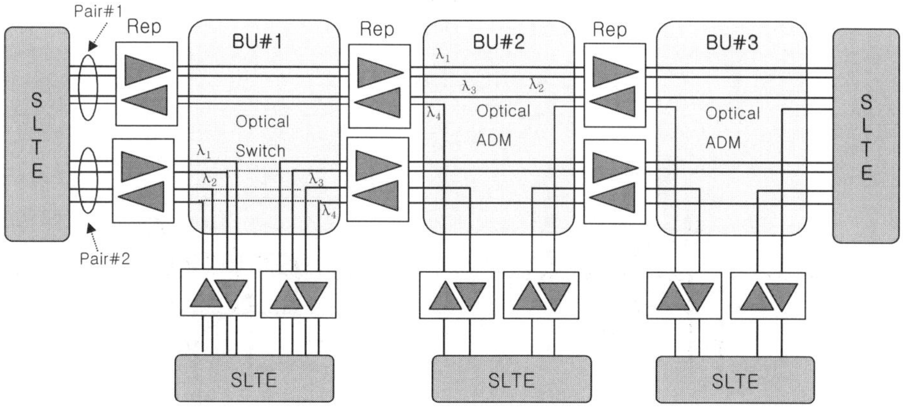

▌그림 2.17▐ 컬러 해저 분기장치

2.3.2 BU의 급전경로 개념

BU 기능 중 또 하나의 중요한 기능은 급전경로 절체이다. 분기 케이블에 고장이 발생한 경우에 급전경로를 재구성하기 위해서는 전력 공급 방향을 변경하는 진공 릴레이를 동작시킴으로써 절체된다.

BU의 전기 회로는 네트워크에 고장이 발생한 경우에 급전경로를 재구성할 수 있도록 설계된다. [그림 2.18]에 보여주고 있는 것처럼 BU는 전력 경로를 (a) [트렁크(+) 대 트렁크(-)], (b) [트렁크(+) 대 분기선(-)], (c) [트렁크(-) 대 분기선(-)] 3가지 유형으로 구성하여 동작할 수 있다.

[그림 2.18(a)]는 정상운용 상태를 보여주고 있다. BU의 해중접지는 일반적으로 분기 측의 케이블이 접지된다. 트렁크 회선에서 BU의 오른쪽 트렁크(-) 케이블에 고장이 발생하면 BU 내의 릴레이를 동작시켜 급전경로를 변경하여, 전원은 트렁크(+) 케이블에서 분기 케이블(-)로 공급되는 [그림 2.18(b)] 형태가 된다. 만약 BU의 왼쪽에 있는 트렁크(+)에서 고장이 발생하면 트렁크(-) 및 분기 케이블(-)가 BU를 중심으로 각각 접지되어 [그림 2.18(c)]와 같이 트렁크 B측과 분기 케이블 C측은 통신을 정상적으로 소통시킬 수 있다.

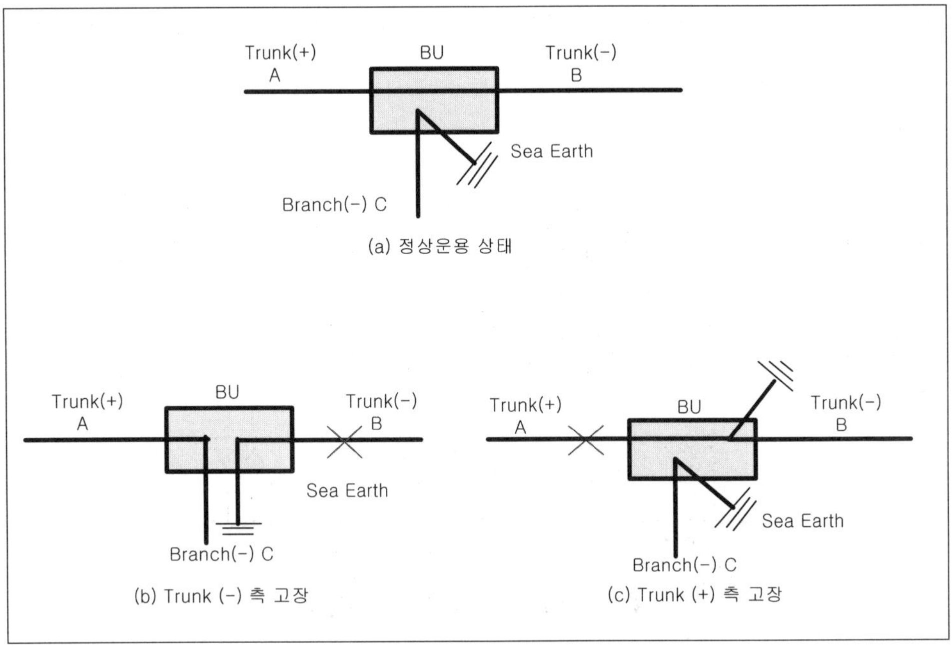

| 그림 2.18 | BU 전력 경로 구성

2.3.3 BU의 전원회로 동작

BU의 급전경로 재구성은 진공 릴레이, 제너 다이오드 및 저항 등으로 구성된 전원 스위치 회로를 제어함으로써 이루어진다. 릴레이의 동작 접점 전류는 약 60mA와 30mA에서 각각 얻을 수 있다. 전원 릴레이의 낮은 동작 전류 특성으로 급전절차가 진행되는 동안에 전원측 접점과 접지측 접점 사이의 전압차는 BU의 릴레이를 안전하게 동작할 수 있는 수백 볼트 이하로 제한된다. [그림 2.19]는 BU 내부의 기본적인 전원 회로를 나타낸 것이다. 육양국 A와 B사이의 트렁크에 급전이 이루어질 때, 분기 케이블로 연결된 육양국 C는 릴레이 K1과 K4 동작 하에 접지된다. 릴레이 K4는 트렁크측 케이블의 회로에 장애가 발생할 경우에 불안정한 스위칭이 발생하지 않도록 분기측 케이블을 안정되게 유지하는 기능을 한다. 만약 트렁크 측에 연결된 육양국 B 측의 케이블에 장애가 발생했을 경우, 트렁크 육양국 A와 분기 육양국 C 사이의 전력 공급을 설정하기 위한 재구성이 가능하다.

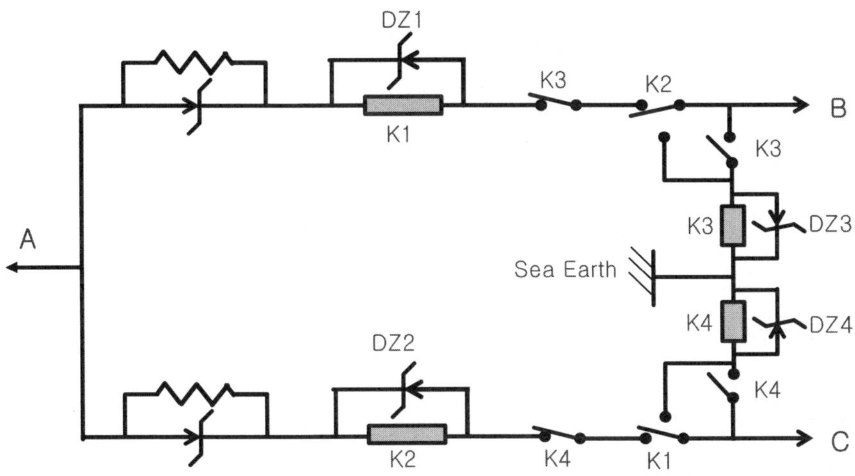

| 그림 2.19 | BU 내부의 전원 회로

2.3.4 컬러 해저 분기장치

광 결합/분기 기능은 광필터로 구성되어 있는 광 ADM을 통해 수행된다. 광 ADM의 다중 광필터는 트렁크 측 광섬유 쌍들과 분기측 광섬유 쌍들 사이의 특정 파장들을 다중화 및 역다중화할 수 있다. 광 분기/합성기(OBC, Optical Branching Combiner)

는 다른 광섬유 쌍에 있는 광 ADM들로부터 분기된 신호(dropped signal)를 하나의 분기 광섬유로 보낼 수 있도록 분리하는 기능과 다른 광 ADM 블록에 결합될 수 있도록 신호를 분할하는 기능을 한다. 광 분기/합성기(OBC) 블록 사용은 분기 광섬유의 수를 줄일 수 있다.

컬러 해저 분기장치내의 광 스위치는 분기 육양국의 케이블에 장애가 발생한 경우, 해당 분기장치에 분기된 육양국을 바이패스시켜 트래픽을 소통시키는 역할을 한다.

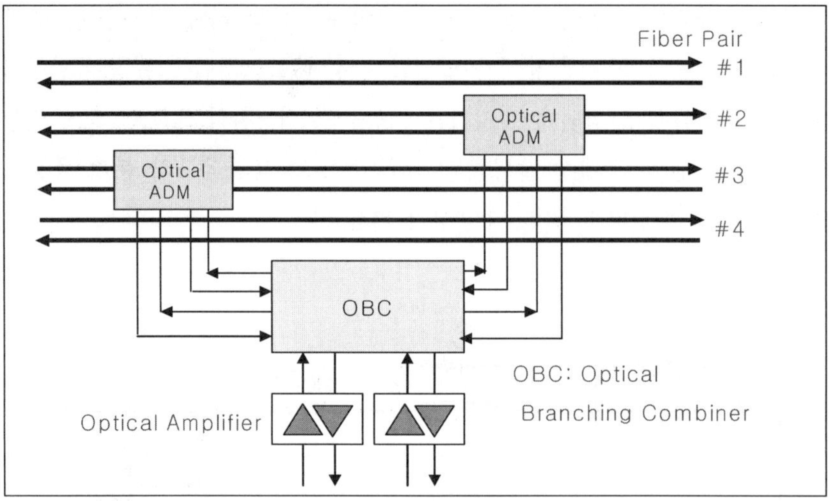

| 그림 2.20 | 컬러 해저 분기장치 광 분기/합성기

2.4 광 증폭기

2.4.1 EDFA 증폭 원리

광섬유의 코어 부분에 소량의 Erbium 이온(50ppm~1,000ppm)이 함유된 광섬유(EDF, Erbium Doped Fiber)에 980nm 파장대의 레이저 빔을 입사시키면, 그 빛 에너지가 기저 상태에서 ^{4}I11/2 에너지 준위로 여기된다. ^{4}I11/2 준위로 여기된 이온들은 비복사 천이(Non-Radiative Emission)에 의해 준안정상태인 ^{4}I13/2 에너지 준위로 보통 μsec단위로 떨어진다. 준안정상태에서 기저상태로는 msec 시간으로 떨어지며, 실제 10ms 정도 머물게 될 때 1,550nm 파장대의 신호(속도 0.1ns~1ns) 광이 준안정상태를 지나갈 때 빛으로 유도 방출되고 다시 기저 상태로 돌아간다. [그림 2.21]에

서 N_1, N_2, N_3는 각각 이온 밀도를 의미하며, 0.98㎛ 펌프 광에 의한 EDFA는 3준위 레벨로, 1.48㎛ 펌핑 EDFA는 2준위로 전이됨을 알 수 있다.

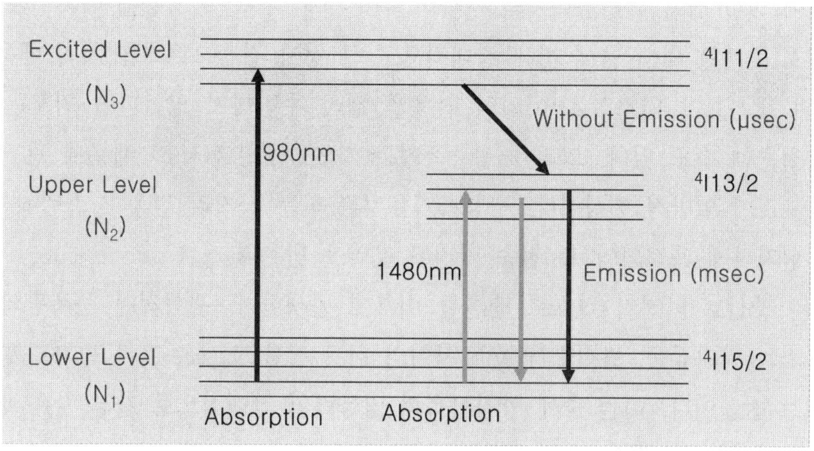

그림 2.21 에르븀이온 에너지 준위 및 전이 상태

EDFA의 성능은 이온밀도 N_1과 N_2 간의 관계에 따라 크게 달라진다. 그 관계를 설명하기 위해서 일반적으로 아래의 식에 의해 정의되는 밀도반전 계수(n_{sp})를 사용한다.

$$n_{sp} = \frac{N_2}{N_2 - N_1} \tag{식 2.8}$$

즉, 증폭 성능은 N_2가 크거나 N_1이 작을수록, n_{sp}가 1에 가까워질수록 좋다.

2.4.2 EDFA 잡음 특성

광 디지털 원격통신 시스템의 가장 중요한 성능 측정값은 비트 에러율(BER)이다. BER을 결정하는 주요 요소 중의 하나가 신호전력 대 잡음전력 비율(SNR)이 있다. 광신호가 여광(Extra Light)을 동반하지 않는다면 실제 송신기는 전기적인 영역에서 잡음은 다음 두 가지 원인에 의해 발생된다. 첫째는 광자의 입자적 성질에서 기인하는 것으로서 하나의 타임 슬롯에 도달하는 광자(photon) 수의 변동이다. 이는 양자

잡음(Quantum Noise)이라 불리며, 잡음 전력은 광신호 전력에 비례한다. 둘째는 수신기 회로의 전기적 단계에서 추가되는 열 잡음과 같은 것이다. 광증폭기가 없는 광송신 시스템의 경우, 잡음은 둘째 원인에 의해 수신기 감도에 영향을 준다. 반면, 첫째 원인에 의한 잡음은 광증폭기와 더불어 수신기에 더욱 큰 영향을 미치는데, 증폭된 광신호 출력은 열 잡음에 비해 상대적으로 큰 양자 잡음으로 이어지기 때문이다.

증폭된 광신호가 양자잡음 이외의 잡음을 전혀 수반하지 않는다면 감도는 양자한계에 접근할 수도 있다. 그러나 광증폭기는 자연증폭방출(ASE) 때문에 광 잡음이 추가되는 것이 일반적 현상이다. 광증폭기를 사용하는 장거리 전송 시스템에서 ASE 잡음이 현저하게 축적되어 총 전송 거리에 제약을 받는다.

잡음은 광신호가 전기 신호로 전환한 이후에 발생한다. 광학적인 증폭광의 주요 잡음 요소는 양자잡음, 광신호와 ASE 사이의 비트 잡음($N_{sig\text{-}sp}$), 그리고 ASE 광 상호 간의 비트 잡음이다. 이들 중에 양자잡음의 영향력이 상대적으로 가장 작은 편이다. ASE 광 상호 간 비트잡음 역시 광 필터 사용을 통해 신호 파장 밖의 ASE 요소를 제거함으로써 신호 대역폭 내의 출력을 억제할 수 있으므로 그리 중요하지 않다. 결과적으로 [그림 2.22]와 같이 광신호와 ASE 사이의 비트 잡음($N_{sig\text{-}sp}$)이 광증폭 전송 시스템에서 가장 많은 영향을 주는 요인이라 할 수 있다.

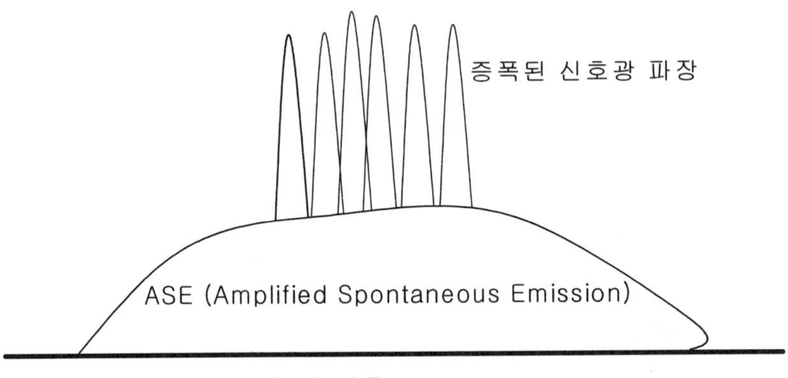

그림2.22 광증폭기의 출력 광신호와 ASE

일반적으로 광증폭기의 잡음 특성은 잡음 지수(NF, Noise Figure)로서 설명된다. NF는 다음과 같이 정의할 수 있다.

$$NF = \frac{SNR_{in}}{SNR_{out}} \qquad (식\ 2.9)$$

여기서, SNR_{out}은 증폭 광의 SNR이고, SNR_{in}은 입력 광의 SNR이다.

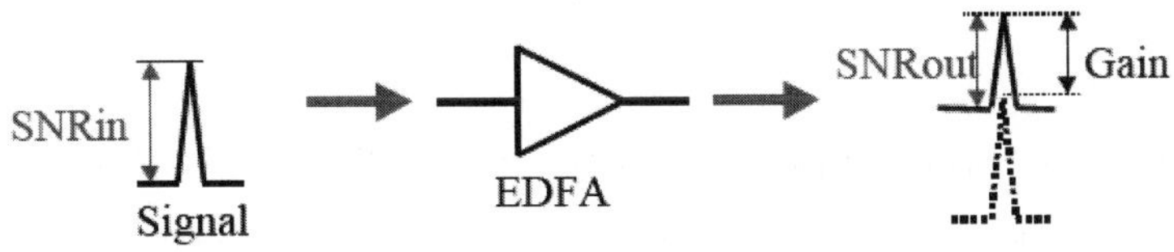

$$NF[dB] = \frac{SNR_{in}[dB]}{SNR_{out}[dB]}$$

┃그림 2.23┃ EDFA 잡음지수

광신호와 ASE 사이의 비트 잡음($N_{sig\text{-}sp}$)만을 고려한다면 광증폭기의 NF 값은 실험적으로 다음과 같이 나타낼 수 있다.

$$NF_{sig\cdot sp} = \frac{\Delta P_{ASE}}{Gh_{v}} \qquad (식\ 2.10)$$

여기서 $\triangle P_{ASE}$는 해당 신호에서 나타나는 P_{ASE}의 스펙트럼 밀도, h는 플랑크 상수, G는 이득이다. 밀도반전 계수(n_{sp})가 EDF 길이 전체에서 일정하다고 가정한다면 강한 펌핑 하에서 $NF_{sig\text{-}sp}$는 다음과 같다.

$$NF_{sig\cdot sp} = 2n_{sp} \qquad (식\ 2.11)$$

2.4.3 EDFA 이득 특성

펌프광과 신호광의 전력 레벨은 EDF 길이 구간에 따라 달라진다. 만약, 펌프 전력이 충분치 않거나 신호 전력이 상대적으로 큰 경우, 상준위의 이온 밀도 N_2는 강하게 펌핑된 때의 값보다 작다. 이러한 경우 N_2는 EDF의 길이를 따라 분산된다. 이득계수(g)는 단위 길이당 국부이득(local gain)으로서 상준위의 이온 밀도와 비례한다. 일반적으로 g는 EDF 길이 구간 내의 지점 z와 신호 파장 λ 에 관한 함수이다. 총 이득 G는 EDF의 길이 구간에 따른 g(z)를 합하여 계산한다.

$$G(\lambda) = \exp\left(\int_O^L g(z,\lambda)dz \right) \qquad \text{(식 2.12)}$$

펌프 전력이 충분하다면 이온 밀도 N_2는 거의 일정하게 유지된다. 이러한 경우, 이득 계수(g) 또한 EDF 전체 길이에 걸쳐 일정하다. G(=$e^{g(\lambda)L}$)는 불포화 이득(unsaturated gain) 값을 의미한다.

2.4.4 EDFA 중계 전송 시스템

EDFA는 저잡음, 고이득, 단순한 구조 및 고속 전기 회로를 사용치 않아 재생 중계기(3R) 대신 해저 시스템에 사용되고 있다. 광증폭기(OA)는 여러 파장의 빛들을 동시에 증폭시킬 수 있어 DWDM 전송과 잘 조화를 이루고 있어 낮은 비용으로 대용량의 트래픽을 장거리 전송이 가능한 시스템을 구현할 수 있다.

만약 재생중계기가 DWDM 전송에서 사용되었다면, DWDM 신호 채널들을 분리하고 결합하기 위하여 증폭 전후에 파장 역다중화기 및 다중화기를 필요로 하여 채널(파장) 개수만큼 중계기가 필요했을 것이다. 이에 반해 광증폭(OA) 중계기에서는 모든 DWDM 채널을 다중화/역다중화 없이 한 번에 증폭할 수 있다.

EDFA로 구성된 DWDM 전송 시스템의 장점으로는 크게 두 가지가 있다. 첫째로 신호 속도, 변조 방식, 다중화 방식과 같은 신호화 방법에 제한이 없다. 이는 초고속 신호 및 파장 다중화 신호 전송에 용이하다. 둘째로 증폭기의 구조가 단순하다. 이는 보다 높은 신뢰도와 낮은 비용으로 광증폭기를 제작할 수 있다.

한편, EDFA를 장거리 해저케이블 전송 시스템에 사용하는 경우에는 다음과 같은 점들을 고려해야 한다.

첫째, 각 증폭기에 추가된 광 잡음이 축적된다. 따라서 수신 단말 장치에서 SNR의 감소를 최소화하기 위해서는 신호 레벨을 최적화하고 저잡음 증폭기를 사용해야 할 것이다.

둘째, 각 광증폭기 사이에 사용된 광섬유 케이블에서 색 분산에 의한 신호 펄스

파장 왜곡이 축적된다. 이러한 왜곡을 최소화하기 위해서는 잡음 없는 펄스와 낮은 분산 값을 갖는 광섬유 회선이 필요하다. 따라서 이들 현상 때문에 외부 변조기와 1.5㎛ 파장에서 영분산 값을 갖는 분산천이광섬유(DSF) 사용이 필수적이다.

셋째, 각 증폭기 사이의 광섬유 케이블 구간에서 광섬유 비선형 현상이 발생되어 신호 스펙트럼의 분산이 축적된다. 따라서 이 문제와 관련해서 송신 전력, 영분산 파장과 같은 광섬유 비선형과 관련된 매개변수들을 고려해야 한다.

재생증폭(3R) 중계 시스템에서 실리카 광섬유의 잡음과 분산은 수십 킬로미터 간격으로 설치된 재생 증폭기에서 제거될 수 있기 때문에 EDFA의 출현 이전에는 광섬유 비선형의 문제가 크게 중요하지 않았다. 그러나 EDFA 중계 시스템에서는 이전에 소홀히 하였던 이런 문제들도 고려하여야 한다. 색분산은 펄스의 왜곡을 최소화하기 위해 영분산에 가깝게 낮아야 하는 반면, 영 분산의 광섬유 케이블은 광섬유의 비선형에 의해 신호스펙트럼의 왜곡을 초래한다. 따라서, 이와 같은 상충된 점들을 해결하기 위해 EDFA 중계 시스템에서는 분산을 설계하여 시스템을 구축한다.

2.4.5 양방향 EDFA

2.4.5.1 양방향 EDFA 구성

기본적으로 광증폭기 내부는 기능적인 신뢰성과 안전성을 높이고자 매우 단순한 구조로 구성되어 있으며 양방향 증폭 기능을 제공하는 광증폭기 내부는 두 개의 EDF(코어 별로 EDF 설치), 한 개의 광 펌핑(1pair가 4개의 LD 사용) 장치 및 감시회로(SV, Supervisory) 등으로 구성된다. 감시회로는 육상의 선로감시장비(LME, Line Monitoring Equipment) 명령에 대한 응답을 실행한다. 광증폭기에서 고장은 레이저 다이오드(LD) 자체 고장 및 전력을 공급하기 위해 사용된 동튜브의 끊어짐과 같은 고장 외에는 잘 발생되지 않는다.

광증폭기 내에서 광섬유 쌍별로 설치된 증폭기 구성 요소들은 다른 광섬유 쌍에 설치된 증폭기 구성 요소들과는 분리되어 있어 독립적으로 동작된다.

일반적으로 펌핑 방법은 광신호가 EDF로 입력되기 전에 발생하는 광 손실을 최소화하고 잡음지수를 낮추고자 광신호 전파 방향과 반대 방향으로 펌핑하는 방식을 많이 사용한다. [그림 2.24]에서 980nm 펌핑 광을 순방향으로 증폭하는 구성요소를 보여주고 있으며, 광격리기(Isolator)는 증폭된 신호로부터 역방향으로 전파되는 광출력의 유입을 막아 주는 역할을 한다. 이득등화기(GEQ, Gain Equalizer) 필터는 평탄화된 이득 모양을 얻기 위하여 시스템 전체에 걸쳐 필요로 한다. 모니터용 커플러는 통신국사에 설치된 선로감시장비(LME)를 위해 필수적으로 사용되는 소자들이다.

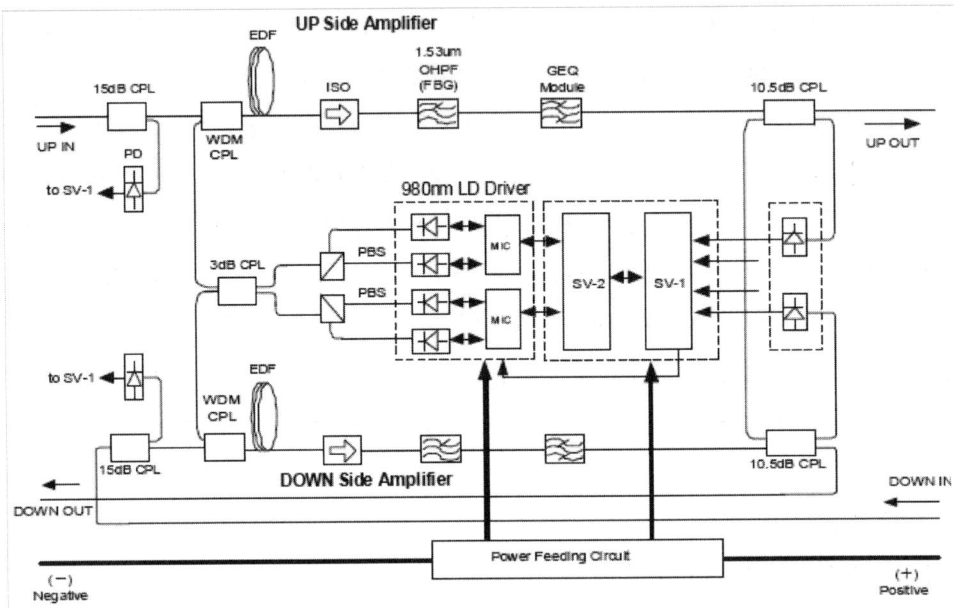

| 그림 2.24 | 양방향 EDFA 구성도

2.4.5.2 양방향 EDFA 주요 동작

양방향을 증폭하는 EDFA의 기능은 1개의 광섬유 쌍에 코어 별로 EDF를 두어 광신호를 증폭하는 기본 기능 이외에 1개의 쌍내에서 파장신호의 광이득 조정, 광 펌핑 및 감시회로를 지원하는 세 가지 주요 동작 기능을 가지고 있다.

2.4.5.2.1 광 이득 조정

양방향 증폭기에서 수행되는 핵심 기능은 충분히 넓은 파장에 걸쳐 대양횡단이 가능하도록 DWDM 광신호를 증폭하는 것이다. 광신호가 대양을 횡단하는 과정에서 어느 특정구간에서 손실이 증가되면 이를 보상하여 정상적인 광신호 레벨로 회복하는 기능이 필요하다. 즉, 광증폭기는 정상적인 광신호의 입력시 평상시 운용전력으로 동작하다가 입력 광신호가 증가하면 광이득이 감소하는 이득 압축(Gain

Compression) 동작을 하며, 입력 광신호가 감소하면 광이득이 증가되는 이득 신장 (Gain Expansion) 동작을 가져야 한다. 이러한 증폭기의 이득압축 및 신장 기능은 장거리 해저 시스템에서 광전송로의 신뢰성을 설계하는데 핵심 요소가 된다.

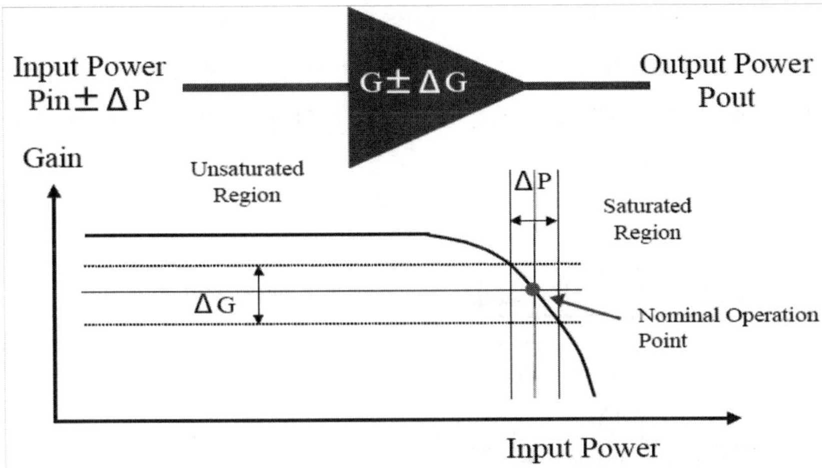

┃그림 2.25┃ 입력 전력과 이득

[그림 2.26]은 어느 특정 증폭기 구간에서 손실이 발생하였을 때 이후 단의 광증폭기들이 이득신장 기능을 이용하여 광신호 전력을 자동회복 하는 과정을 보여주고 있다.

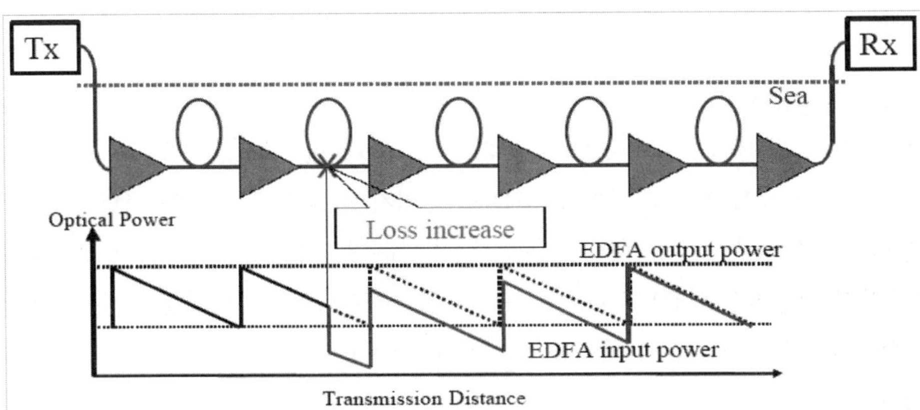

┃그림 2.26┃ 광증폭 중계시스템의 자동 이득조정 기능

2.4.5.2.2 광 펌핑

광증폭기 펌핑 방법에는 EDF를 중심으로 신호방향 뒤에서 펌핑하는 역방향 펌핑, EDF 앞에서 펌핑하는 순방향 펌핑 및 양방향펌핑 방법이 있다. [그림 2.24]에 있는 증폭기는 순방향 펌핑을 나타내고 있다. 즉 4개의 펌프 레이저 다이오드 모듈에서 나오는 출력은 2개의 편광 빔 스플리터(PBS, Polarizing Beam Splitter), 1개의 3dB 커플러와 결합되어 2개의 출력으로 나누어져 각 코어의 EDF에 펌프 전력을 넣어주고 있다. 만약 4개의 LD중 3개 까지 고장이 발생하여도 나머지 하나의 LD로 낮은 정상 신호를 유지할 수 있다.

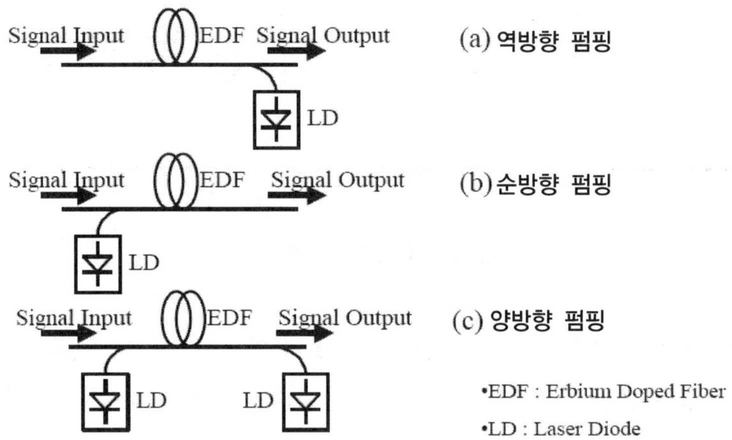

그림 2.27 광증폭기 LD 펌핑 방법

2.4.5.2.3 감시 회로

해저케이블 육양국에서 발신되는 명령 신호를 받으면, 각 EDF 광증폭기는 총 출력 전력과 각 펌프 레이저 다이오드(LD)의 레이저 전류를 모니터 하여 단말 장치로 보낸다. 이러한 기능은 증폭기 상태를 감시할 뿐 아니라, 증폭기 구간의 광섬유 이상 유무를 간접적으로 모니터할 수 있는 효과를 가져다 준다. 양방향 광증폭기의 출력 장치에 설치된 모니터 커플러 세트는 HLLB(High Loss Loop Back)경로를 통하여 구현된다.

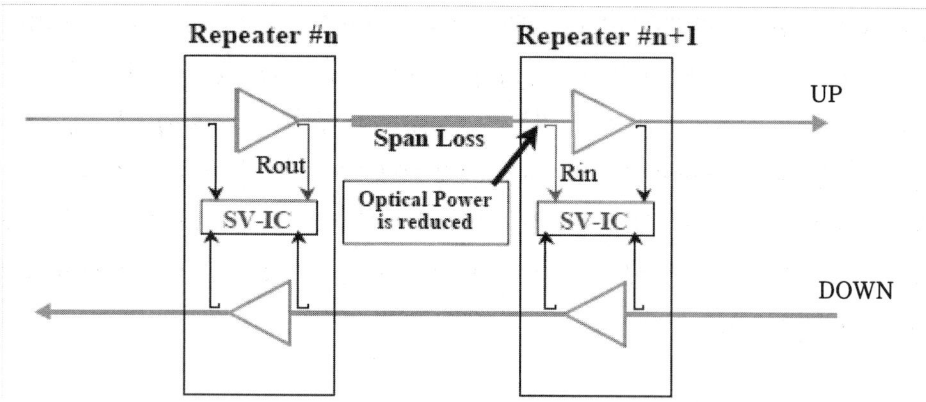

▌그림 2.28▐ 광증폭기 감시회로

2.4.5.2.4 이득 등화기 모듈

[그림 2.24]의 내부에 들어있는 이득 등화기(GEQ) 모듈은 EDF를 통과한 신호의 이득을 [그림 2.29]와 같이 평탄화하기 위해 사용한다. 이러한 이득 평탄화 작업은 DWDM 신호채널 간의 이득차를 줄이게 함으로써 광전력 설계를 용이하게 할 수 있다.

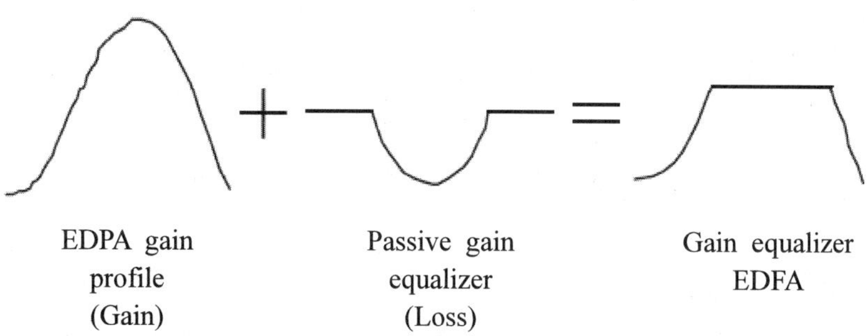

▌그림 2.29▐ 광증폭기 이득 등화 원리

2.4.6 광대역 광증폭 기술

실리카 광섬유의 저손실 대역이 1,460nm~1,650nm로 넓은 범위 임에도 불구하고 에르븀 첨가 광섬유 증폭기(EDFA)의 한정된 증폭 대역폭으로 인해 DWDM 전송 시스템에서 사용 가능한 파장 수에는 제한이 따른다. 따라서 EDFA 증폭 대역 밖의 파장을 사용하는 것은 전송 용량 증가를 가져올 수 있다. 이러한 증폭 기술로 GS-EDFA

(Gain Shift EDFA), 라만증폭(FRA, Fiber Raman Amplifier), TDFA(Thulium Doped Fiber Amplifier)들이 개발되어 파장대역이 L-대역, S-대역으로 확장될 예정이다.

[그림 2.30]은 각각의 대역에서 영분산을 갖는 광섬유와 이들 대역에서 개발되고 있는 광증폭기를 나타내고 있으며, 초 광대역 DWDM 전송 시스템을 구현하기 위한 5가지 파장대역인 S^+-대역(1450nm~1490nm), S-대역(1490nm~1530nm), C-대역(1530nm~1570nm, EDFA 증폭 대역과 동일), L-대역(1570nm~1610nm), L^+-대역(1610nm~1650nm)을 보여 주고 있다.

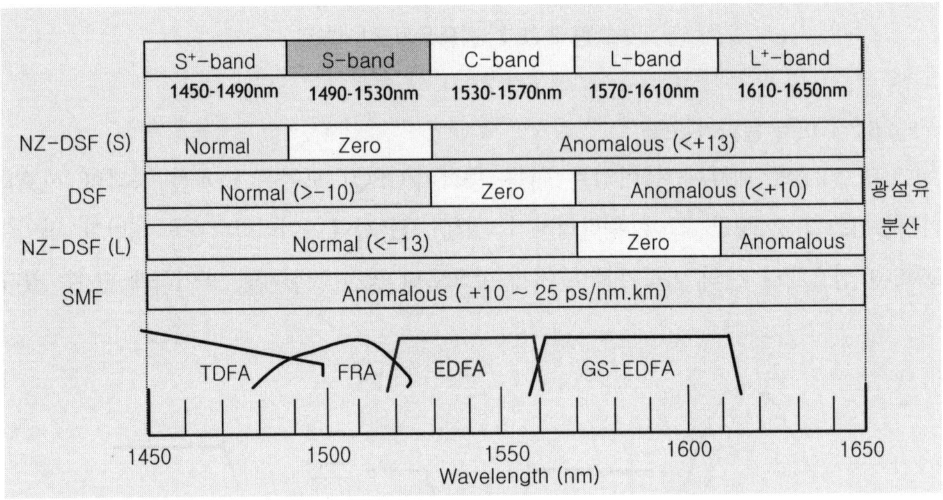

| 그림 2.30 | 실리카 광섬유의 저손실 대역

2.4.7 광증폭기 함체

증폭기 함체에 대한 기계적 설계 방법은 해저 동축시스템 및 광 재생증폭(3R) 시스템 시대로 발전되었지만 해저에 설치되는 특수환경이라는 점에서 1990년 이전에 이미 개발된 기술들이 여전히 사용되고 있다.

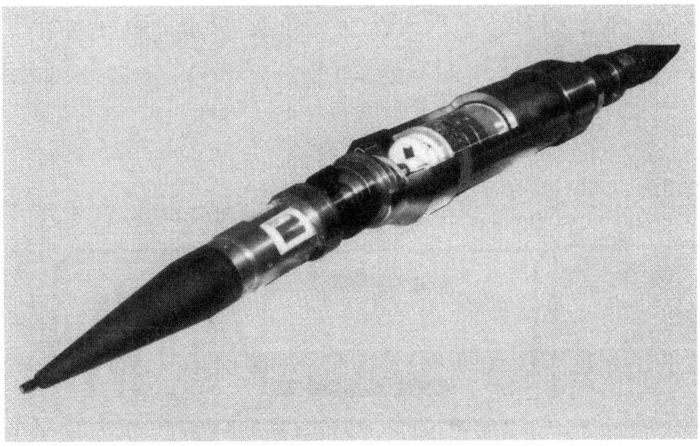

▎그림 2.31▎ 해저 광증폭 중계기

2.4.7.1 기계적 설계

광증폭기에 사용된 기본적인 설계 방법은 해저 동축 및 광 재생증폭 중계기에 사용된 것과 동일하다. 광회로 및 전자 회로는 부식되지 않는 베릴륨-동 합금으로 구성되어 있는 압력 함체 내부에 설치하며 함체는 8,000m 깊이의 고압에 견뎌낼 수 있도록 설계된다. 여러 가지 구성 요소로 이루어진 함체는 조립할 때부터 운반, 설치 및 유지보수 시에 있을 것으로 예상되는 충격 및 진동을 견딜 수 있도록 설계된다.

2.4.7.2 열 설계

해저 광증폭기는 일반적으로 0~35℃의 범위 온도에 적합하도록 설계된다. 주로 열을 발생시키는 전기소자를 증폭기 모듈의 표면 가까이에 설치해 증폭기 섀시(Chassis) 가장 바깥쪽과 접촉하도록 함으로써 열 관리를 수행한다. 내부 온도의 상승은 증폭기 함체의 온도보다 8℃ 이하로 억제할 수 있다. 전자 기기와 베릴륨-동(Beryllium-Copper) 함체 사이에는 절연층이 있어 접촉면을 크게 하여 양호한 열 특성을 실현할 수 있다.

2.4.7.3 함체

광증폭기 함체(Housing)는 내압 실린더, 피드스루(feedthrough) 어셈블리, 조인트링, 쿠션, 기타 구성 요소들로 이루어져 있다. [그림 2.32]는 함체의 구조를 나타낸 것이다. 함체 안의 기밀도는 25년 이상 20% RH 이하로 유지되어야 한다. 함체는 주로 기계적 강도가 세고 내식성이 탁월한 베릴륨-동 합금으로 구성되어 있다. 이러한 기술들을 이용하기 때문에 25년 이상의 수명을 유지하는 증폭기 제작이 가능하다.

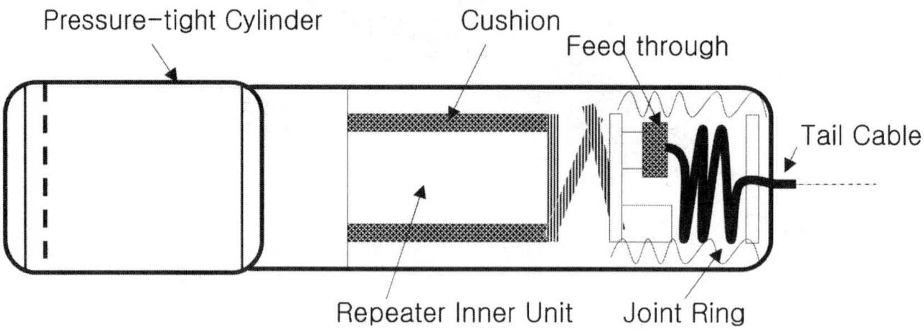

| 그림 2.32 | 증폭기 함체 구조

2.4.7.4 피드스루

피드스루(feedthrough) 어셈블리는 광섬유와 급전선 케이블을 광증폭기 안으로 연결하기 위하여 사용하는 것으로, 케이블 고장 지점이 증폭기와 가까운 곳에서 파손되면 케이블을 통해 증폭기에 물이 스며드는 것을 차단하는 기능을 가진다. 피드스루 어셈블리 내부는 광섬유 Seal과 전력 급전선이 결합되는 구조로 여러 개의 광섬유를 광증폭기 내부에 인입해야 하기 때문에 [그림 2.33]에 나타난 바와 같이 광섬유 Seal을 전력 공급 동튜브 내부에 통합할 수 있도록 제작한다.

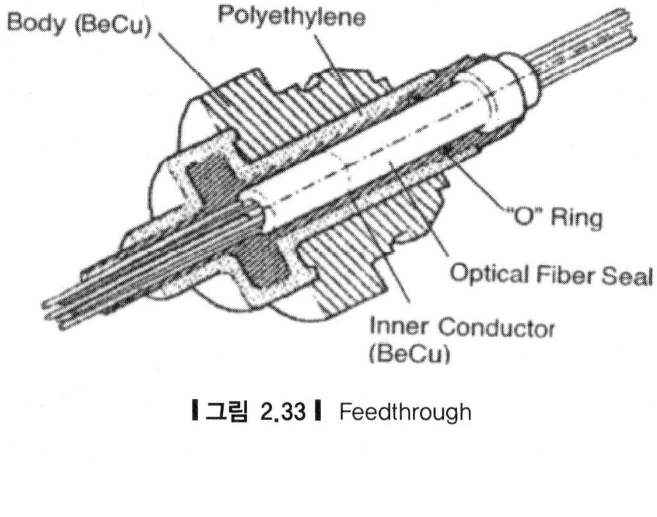

| 그림 2.33 | Feedthrough

2.4.7.5 케이블 커플링

케이블 커플링(Cable Coupling)은 해저케이블과 광증폭기를 연결하는 데 사용한다. 수압, 절연 및 해저케이블 고정장치의 역할에 견딜 수 있도록 설계된다. 증폭기에서 나오는 광섬유는 케이블 커플링에 있는 광섬유와 연결된다. [그림 2.34]에는 무외장 케이블에 사용되는 케이블 커플링의 구조에 대하여 보여주고 있다. 짐벌(Gimbal)은 휘어지는 모든 방향으로 정상 축에서 약 60°의 최소 변위 각도를 제공한다. 근본적으로 케이블과 광섬유를 종단하는 방법은 접속함체를 종단하는 방법과 동일하다. 외장형 케이블 커플링의 경우 각 외장 철선이 주름관을 통하여 커플링 함체에 고정한다.

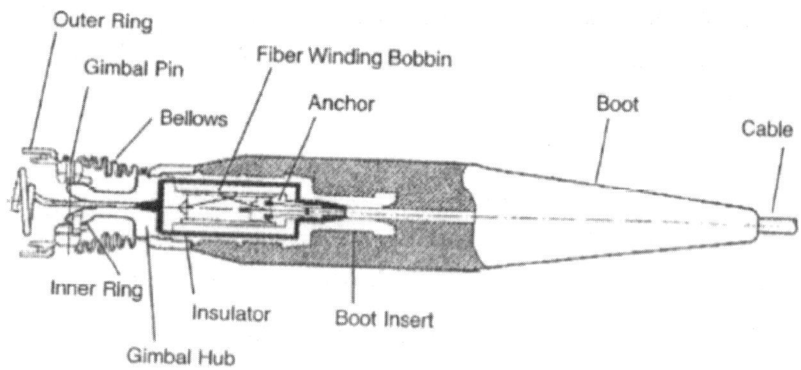

| 그림 2.34 | 케이블 커플링

2.4.7.6 고압 및 서지로부터 보호

케이블이 육상 급전장치의 최대 출력 전압에 부하가 걸리는 경우에도, 증폭기들은 단락으로 인해 야기되는 서지 전류에 대하여 보호되어야 한다. 증폭기는 시스템 설계 수명에 영향을 주지 않으면서 12kV의 전력에 대해 지속적으로 견뎌낼 수 있다. 또한 절연체(Dielectric)의 고장이 없으며 해중접지(sea ground)와 관련하여 최대 15kV의 서지에 견딜 수 있다.

2.4.7.7 직류 및 저주파수 특성

광증폭기의 낮은 직류 및 저주파수 특성은 고장 위치 탐지에 중요한 요소이다. 증폭기의 정전용량은 일반적으로 1,000pF이며, DC 절연 저항은 500V에서 2,000MΩ을 초과해야 한다. 시스템에 전원이 공급될 때, 0~30Hz의 전기 신호에 대한 증폭기의 삽입 손실은 무시해도 좋은 수준이다. 이러한 특성은 electroding 신호에 매우 중요하다. 반면에 전원이 공급되지 않을 때, 광 증폭기내에서의 직렬 저항은 증폭기 또는 제어소자들이 그 기능을 하며, 제어기당 저항은 항상 600Ω 이하이다.

2.5 수동 등화 장치

수동 등화 장치(PEU, Passive Equalizing Unit)는 장거리 해저 광섬유 시스템에서 파장신호들의 이득 및 증폭 신호의 모양을 평탄화하여 신호 전송품질을 개선하기 위하여 설치하는 수동소자로 구성된 장치이다. 일반적으로 PEU의 이득평탄화(GEQ) 회로는 두 종류가 있다. 하나는 모양보상 이득평탄화(Shape-GEQ)이며, 다른 하나는 기울기보상 이득평탄화(Slope-GEQ) 유형이다. [표 2.7]은 PEU의 종류를 나타내었다.

| 표 2.7 | PEU의 종류

Type	GEQ
SP1	Shape-GEQ + Slope-GEQ (P1)
SP2	Shape-GEQ + Slope-GEQ (P2)
SN1	Shape-GEQ + Slope-GEQ (N1)
SN2	Shape-GEQ + Slope-GEQ (N2)
S	Shape-GEQ
P1	Slope-GEQ (P1)
P2	Slope-GEQ (P2)
N1	Slope-GEQ (N1)
N2	Slope-GEQ (N2)

2.6 접속 함체

광증폭기를 설치하고 케이블을 수리하는 과정에서 접속 함체(Jointing Box)가 사용된다. 해저케이블과 마찬가지로, 접속 함체는 케이블을 적재, 설치, 인양하는 동안 에 가해지는 고수압과 높은 장력에 견디도록 설계되어야 한다. 접속 함체를 이용한 범용 접속 기술이 필요한데 이를 UJ(Universal Jointing)라고 하며, 제조 회사에 관계 없이 범용성을 갖게 되어 효과적이고 경제적으로 케이블 접속을 할 수 있다.

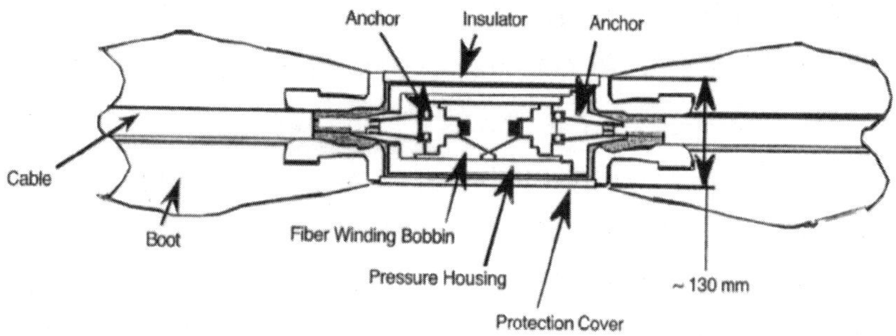

| 그림 2.35 | 접속 함체

2.7 광증폭 중계시스템 설계

해저 광전송 시스템은 국제 디지털 전송 회선에 필요한 성능을 충족시키기 위해 설계하여야 한다. 해저 회선을 종단하는 SLTE의 종속신호(tributary)는 SDH 인터페이스 기준을 따라야 하기 때문에, ITU-T G.826의 SDH 표준을 충족하는 에러 성능이 요구된다. 비트 에러율은 디지털 전송 성능을 표시하고 ITU-T G.826에서 지정한 SDH 프레임의 ESR(Error Second Rate) 및 평균 블록 에러율을 측정하기 위한 기본 파라미터이다. 설계 목적은 계획된 시스템 용량을 위해 요구되는 성능을 제공하는 것이다.

증폭기 간격에 대한 엔지니어링 기술은 광 시스템 파라미터를 제공하기 위한 전송 시스템 설계의 핵심이다. 이외에 25년 동안 해저 시스템을 지정한 에러 성능보다 좋게 유지하기 위해서는 설치 초기에 시스템 마진을 두어 노후화 및 수리로 인한 시스템 품질 저하 문제를 해결할 수 있도록 해야 한다.

2.7.1 Q-factor, BER, SNR의 관계

시스템 설계는 전송 회선에 대한 성능 버짓(budget)을 바탕으로 접근된다. 광증폭 중계시스템의 전송 특성은 증폭기 구간에서 누적 효과가 발생되기 때문에, 재생 증폭 중계시스템에서 사용된 개별 증폭기 구간 전력 버짓과 다른 방식으로 종단 간 시스템 성능 버짓을 설계해야 한다. 전송 회선의 성능은 종단 시스템 SNR에 직접 관련시킬 수 있는 BER의 특성을 Q-factor로 나타낸다. Q-factor는 BER 측정장비를 이용한 직접 측정과 함께 수신된 2진 아이 패턴에 관련된 다양한 손상 인자를 계량적인 방법으로 측정하는데 유용하다. Q-factor는 전통적인 BER 시험과는 다르며, 이론적으로 BER과 관련이 있다. 즉 Q-Factor는 디지털 광통신 신호의 품질을 직접 반영하는 파라미터이다. 이는 높을수록 광신호의 품질이 좋은 것을 의미하며, 측정은 아날로그 신호로 할 수 있어 광잡음, 비선형 영향, 편광 영향 및 분산 등 원인에 의한 전송 손상들을 측정하는데 유용하다. Q-factor는 광 제품의 제조시, 네트워크 장비 설치시, 운용중인 시스템을 최적화하기 위한 장소, 장애 및 유지보수, 기타 감시를 위해 다양하게 응용된다.

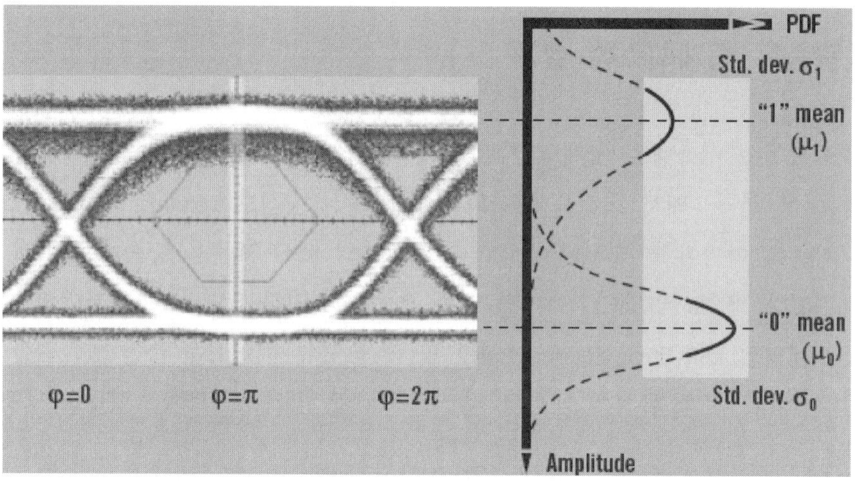

〈수신 Eye Diagram〉 〈Noise Distribution〉

▎그림 2.36▎ "0"과 "1" Level 잡음 레벨

[그림 2.36]은 시스템의 종단에서 수신된 아이 패턴이다. 광증폭 전송과 관련된 잡음은 아이 패턴의 저하 요인이 된다. 출력 잡음을 가우스의 공식을 이용해 대략적으로 구하면, 다음과 같이 $v_i(t)$ (광수신기에서 발생되는 신호)의 평균값 및 편차를 구할 수 있다.

$$u_i(t) = \langle v_i(t) \rangle \quad \text{(식 2.13)}$$

$$\sigma_i^2(t) = \langle v_i^2(t) \rangle - \mu_i^2(t) \quad \text{(식 2.14)}$$

여기서, $i=0$ 및 1은 각각 mark와 space 레벨을 의미한다.

V_T을 한계값으로 하면, 비트 에러율(BER)은 다음과 같이 정리할 수 있다.

$$\text{BER} = \frac{1}{4} erfc\left(\frac{u_i - V_T}{\sqrt{2}\sigma_1}\right) + \frac{1}{4} erfc\left(\frac{V_T - u_0}{\sqrt{2}\sigma_0}\right) \quad \text{(식 2.15)}$$

여기서 *erfc*는 보상 에러 함수이며, 다음에 근접한다.

$$\frac{1}{2} erfc\left(\frac{x}{\sqrt{2}}\right) \approx \frac{\exp(-x^2/2)}{x\sqrt{2\pi}} \quad \text{(식 2.16)}$$

BER를 극대화하기 위해 V_T을 최적의 상태로 설정하면, BER은 다음과 같이 정리할 수 있다.

$$\text{BER} = \frac{1}{2} erfc\left(\frac{Q}{\sqrt{2}}\right) + \frac{\exp(-Q^2/2)}{Q\sqrt{2\pi}} \quad \text{(식 2.17)}$$

여기서

$$Q = \frac{\mu_1 - \mu_0}{\sigma_0 + \sigma_1} \quad \text{(식 2.18)}$$

[그림 2.37]에는 Q대 BER의 곡선이 나타나 있다.

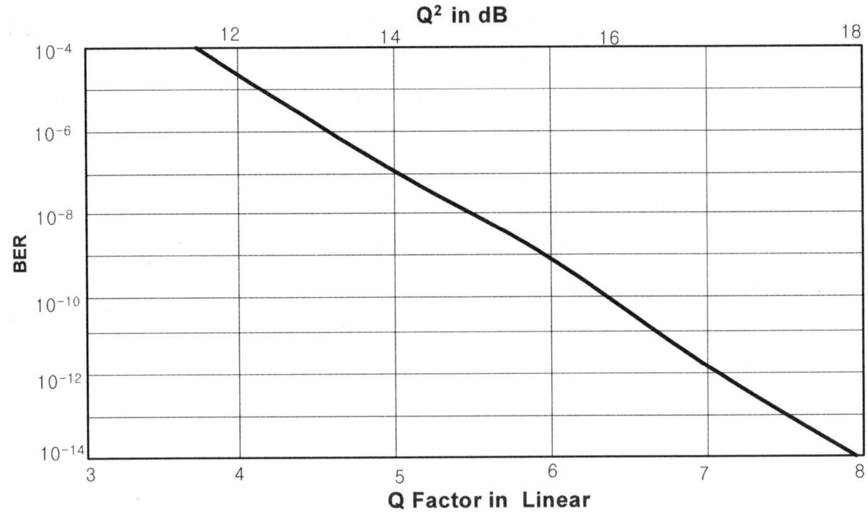

그림 2.37 Q–Factor 대 BER 곡선

주요 잡음원이 광증폭 중계 시스템의 누적 ASE 잡음인 경우, Q-factor는 단순히 시스템 매개 변수에 기초해 광 SNR에만 연관될 수 있다. 광 SNR은 다음과 같이 정리할 수 있다.

$$SNR = \frac{P_{av}}{N_F hvG \cdot B_o \cdot N} \qquad \text{(식 2.19)}$$

여기서 P_{av} : 평균 증폭기 출력 전력, N_F : 잡음 수치, G : 광 이득을 나타낸다. G는 광 손실, 광섬유 제조 손실 및 중계기 간격과 밀접한 관계가 있다. h_v는 신호 파장의 광자 에너지이며, B_o는 수신기 광필터의 광대역폭을 나타낸다. 또한 N은 증폭기의 숫자이다. (식 2.26)은 단일 채널 전송에 대한 SNR이다. DWDM 시스템에서는 각 채널에 대해 SNR을 정의해야 한다. 신호 전력이 적절하게 균형을 이루는 DWDM의 경우에는, 평균 중계 전력을 파장 수 n으로 나눠 각 채널의 SNR을 구한다.

$$SNR = \frac{P_{av} / n}{N_F \cdot hvG \cdot B_o \cdot N} \qquad \text{(식 2.20)}$$

수신기 잡음 분석을 기초로 Q-factor를 계산하면 다음과 같다.

$$Q = \frac{2SNR\sqrt{\frac{B_o}{B_e}}}{1+\sqrt{1+4SNR}} \qquad \text{(식 2.21)}$$

여기서 B_e는 광수신기의 전기적인 대역폭을 나타낸다. Q-factor는 대개 20배의 로그를 사용해 dB 단위로 나타낸다.

2.7.2 증폭기 설계시 고려사항

모든 해중 설비들과 마찬가지로 해저 광증폭기도 높은 신뢰성이 요구된다. 이러한 요구를 충족하기 위해서는 기계적인 설계와 광증폭 전송기술 파라미터들을 고려하여 설계하여야 한다. 기계적 부분은 오래 전에 개발된 이론과 차이가 없으나, DWDM 광증폭 중계 해저시스템에서는 증폭 이득, 펌핑, 잡음지수, 증폭대역 및 증폭 광섬유 쌍의 수 등을 고려하여 광 파라미터를 설계하여야 한다. 또한, 통신국사에 설치된 터미널 장비의 감시 제어명령을 안정적으로 실행하여야 하며, 측정 경로를 지원하도록 설계된다. 이러한 기능들은 낮은 전력 소비 및 높은 신뢰성을 갖는 전자소자를 사용하도록 하여야 한다. 광증폭기 설계 시 고려 사항들은 다음과 같다.

- DWDM 시스템에서 넓은 대역폭 증폭
- 여러 개의 광섬유 쌍을 수용할 수 있는 증폭기
- 다루기 쉽고, 크기가 작은 증폭기
- 최소 전류 및 전력 소모
- 제조시 증폭기 부품들 간 품질의 호환성
- 케이블 장애로 인한 서지 전류 유도에 대한 보호
- 증폭기 구성 요소 내에서 발생하는 단락 또는 기타 장애로부터 보호
- 효율적인 고장위치 탐지 및 유지관리를 지원하는 감시 기능

2.7.2.1 펌핑 파장

에르븀 이온은 다수의 흡수대역을 가지지만 980nm 미만의 펌프 파장(Pumping

Wavelength)은 여기 상태에서 흡수가 심해 증폭 품질 하락과 신호와 펌프 간의 큰 파장 차이로 인해 모든 파장에서 안정적인 단일 모드로 동작되기 어렵기 때문에 980 nm 펌프와 1480nm 펌프 파장을 많이 사용한다. 이들 펌핑 파장을 비교하면, 펌핑 LD의 신뢰성은 1480nm 펌프에서, 잡음 지수는 980nm 펌프에서 더 좋다. EDF의 흡수량은 980nm에서 훨씬 커서 EDF 길이가 훨씬 짧다. 이러한 특성을 바탕으로 볼 때 EDFA의 편광모드분산(PMD)과 색분산(CD)을 감소시킨다는 점에 있어서 상대적으로 980nm 펌프가 더 바람직하다고 할 수 있다.

| 표 2.8 | 펌핑 파장의 비교

구 분	1,480nm 펌핑	980nm 펌핑
잡음지수 (NF)	~ 6dB	~ 4dB
펌핑 LD 신뢰성	좋음	보통
펌핑 대역폭	넓음	좁음
ASE at 1,530nm	적음	큼

2.7.2.2 손실

전체적인 전력 소비를 줄이고 증폭기 신뢰도를 높이며 잡음 성능을 향상시키기 위해서는 EDFA에 사용된 모든 광 부품들 간 삽입 손실을 낮추는 것이 필수적이다. 삽입 손실은 각 구성 부품들에 따라 독립적으로 평가되며 전체 시스템에 대한 효과적인 손실 배분은 증폭기 구조에 따라 달라진다. 따라서 증폭기 내의 손실은 또 하나의 중요한 요소로 작용하게 된다.

펌핑 방향이 잡음지수(일반적으로 역방향보다 순방향에서 더 우수함)와 출력전력(일반적으로 순방향보다 역방향에서 더 우수함)에 영향을 미친다는 점을 고려할 때, 손실 분배 문제 역시 펌핑 방향의 선택에 영향을 미친다고 할 수 있다. 예를 들어 순방향 펌핑과 역방향 펌핑 간의 잡음지수 차이가 WDM 커플러 삽입 손실보다 작은 경우 더 좋은 SNR 값을 획득하기 위해 역방향 펌핑 구조가 선호된다.

WDM의 삽입 손실이 펌프 파장에 의한 영향을 받는다는 점에 주의해야 한다. 특히 광섬유 커플러에 있어 980nm/1,550nm 광섬유 커플러의 삽입 손실은 1,480nm/1,550nm 광섬유 커플러의 경우와는 달리 무시해도 좋을 정도이다. 따라서 증폭기 내의 광학 구성요소들 간 구조는 용도에 따라 선택되어야 한다.

2.7.2.3 예비 펌프

펌프 LD는 신뢰도가 매우 높은 편이기는 하나, 25년 설계 수명 동안 펌프가 고장 날 가능성을 배제할 수 없다. 펌프 LD의 고장은 EDF를 광 감쇄기로 변모시킴으로써 신호레벨 및 광학 SNR의 상당한 감소를 초래한다. 이러한 상황을 피하기 위한 해결책은 단순하게 예비 펌프 LD를 많이 사용하는 것이겠지만, 비용 및 공간적인 제한을 극복할 수 없으므로 부적절한 방법이라 할 수 있다. 그래서 두 대의 펌프 LD가 3dB 커플러로 결합하여 펌핑을 하는 방식을 사용함으로써 펌프 LD 고장 가능성을 상당히 낮출 수 있다. 즉 복잡한 제어 회로를 전혀 사용하지 않고도 펌프 전력을 활용할 수 있게 되는 것이다.

2.7.2.4 온도

해저에 있어 또 하나의 고려사항으로는 온도 의존(Dependency) 이득을 들 수 있다. 온도 의존성은 해저시스템의 적합한 일반적인 온도 범위인 섭씨 0~40도로서 매우 작은 것으로 밝혀졌다. 미시적인 관점에서 이득 모양은 온도에 의한 영향을 조금 받는다고 할 수 있으므로 이득 등화기는 해저 온도의 이득 모양에 맞춰 설계된다.

2.7.2.5 자동 전력 제어

포화 구조에서 EDFA의 출력 전력은 펌프 전력이 일정하다고 가정할 때 입력 신호 전력의 변화에 그다지 영향을 받지 않는 편이다. 이러한 특성은 자동 이득 조절(AGC, Automatic Gain Control) 기능에 약간 도움이 된다. 그러나 일부 용도에 있어 EDFA는 포화 구조에서도 원하는 크기의 안정한 출력 전력을 획득할 수 있도록 적극적으로 제어되어야 하는 경우도 있다. 이때 AGC 기능이 있어야 한다.

2.7.3 광증폭 중계 시스템 설계

2.7.3.1. 재생증폭 중계 시스템 설계

재생증폭(3R) 중계 시스템의 경우, 전체 시스템 성능은 증폭기 구간의 전송 성능에 의해 결정된다. 그러므로 시스템 설계에 관한 기본 매개변수는 각 증폭기 구간

마다 필요한 비트에러율(BER) 성능을 제공하기 위한 구간 전력이 성능 버짓(Budget)이 된다. 이때 증폭기 구간 전력 버짓은 광신호가 도달 가능한 최대 증폭기 출력전력 대 받아들일 수 있는 최소 증폭기 수신감도의 비율로 정의된다. 따라서 실제 중계 간격은 증폭기 출력 전력 변화, 증폭기 수신감도 변화, 지터, 케이블 손실 변화, 전송 페널티 및 노후화로 인해 발생되는 1구간 마진을 고려하여 결정된다.

즉, 3R 중계 시스템에서 증폭기 간격은 기본적으로 3R 재생증폭 중계 시스템의 총 시스템 길이와는 별개로 독립적이다.

2.7.3.2. 광증폭 중계 시스템 설계

광증폭(OA) 중계 시스템의 경우, 전체 시스템 성능에 관한 기본 요소는 필요한 종단 간 시스템 SNR 버짓이다. 종단 간 SNR은 전체 시스템 구간에 걸친 신호왜곡 누적으로 인하여, 하나의 증폭기 구간 전송 성능만으로 평가하기는 어렵다. 이와 같이 누적된 신호왜곡은 신호전력, 증폭기 잡음, 광섬유 색분산, 비선형 현상과 같은 여러 요소에 의해 야기된다. OA 중계 시스템의 마진을 결정짓는 주요 요소는 터미널 송신기의 특성, 터미널 수신기의 특성, 전송 페널티 및 노후화 등이다. 광증폭기 이득은 요구된 종단 간 및 시스템 SNR 마진을 바탕으로 시스템 전체에 걸친 증폭기 잡음 및 신호전력에 의하여 결정된다.

광증폭 중계시스템에서 요구된 종단 간 SNR 및 시스템 마진은 전체 시스템 길이에 따라 변화하기 때문에 중계기 간격은 총 시스템 길이에 상당히 의존됨을 알 수 있다.

표 2.15 재생증폭(3R)과 광증폭(OA) 중계 시스템 설계 비교

구 분	재생증폭 중계 시스템	광증폭 중계 시스템
설계기본	중계기 구간 Power 버짓	시스템 SNR 버짓
전송신호	광-전-광	광신호
채널운용	싱글 채널	멀티 채널
마진 할당 주요 요소	중계기 출력전력 변동, 중계기 수신기 감도 변동, 케이블 손실 변동, 전송 패널티, 지터, 노후화 등	송신기 손상(처핑, 신호파장), 수신기 특성(광필터, 전기대역폭), 전송 패널티(분산, 비선형), 증폭기 ASE 잡음, 노후화 등

구 분	재생증폭 중계 시스템	광증폭 중계 시스템
중계기 간격	(증폭기구간 전력버짓－1구간마진) / 케이블 손실	광증폭기 이득 / 케이블 손실

한편, OA 시스템에서 중계기 간격은 전체 시스템 길이뿐만 아니라 비트율에 의해서도 달라진다. 시스템 길이 및 비트율이 증가할수록 분산 축적에 의한 신호 변형, 광 SNR 감소, ASE 잡음 축적, PMD 및 SPM과 같은 광섬유 비선형 영향이 증가한다는 점에 주의해야 한다. 이러한 경향은 채널 비트율이 높은 수천 Km 시스템을 설계하는데 더욱 어려움이 따른다는 것을 의미한다. DWDM 시스템에는 전송 거리 및 전체 시스템 용량을 제한하는 여러 가지 특이한 현상들이 있다. 이들은 전체 시스템 이득평탄화 관리, 전송 광섬유의 분산 기울기, FWM으로 인한 파형감소 및 DWDM 채널 간의 XPM 등이다.

2.7.4 장거리 전송 열화 요소 및 극복 방법

장거리 해저 시스템의 전송 성능은 자연증폭방출(ASE) 잡음 누적 외에도 다양한 요인으로 인해 손상될 수 있다. 각각의 손상 요인은 SNR의 감소 및 가우스 잡음의 증가, 아이 다이어그램 마진(Margin)율 감소에 영향을 준다. 이러한 요인들은 잡음으로 변환할 수 있으며, 데시벨 단위로 Q^2을 사용하는 Q-factor로도 설명할 수 있다. 다음 요인들은 시스템 성능 버짓을 결정하는 데 중요한 역할을 하는 요소들이다.

- EDFA에서 발생된 ASE 잡음
- SPM, FWM, XPM, 여기 라만 산란(SRS, Stimulated Raman Scattering) 및 이런 요인들과 광섬유 색분산 상호작용과 같은 비선형 효과
- 누적 광섬유 색분산의 불완전한 보상, 그에 따른 입력 신호의 위상 변조의 상호작용
- 편광모드분산(PMD), EDFA 편광의존손실(PDL, Polarization Dependent Loss) 및 편광의존이득(PDG, Polarization Dependent Gain)으로 인한 성능의 시변 효과
- EDFA 이득 평탄화 결함 및 발진전력 전치 증폭
- 해중 시설 감시
- 제조시 오프셋(offset)

- 송신기 및 수신기의 결합

위에서 언급한 모든 손상 파라미터들은 시스템 길이에 영향을 미치는 요소로서 누적 및 상호작용 형태로 종단 간 광 SNR과 관련된 Q-factor를 손상시킨다. 광증폭 회선 시스템에서 이런 요인들은 따로 구분 지어서 평가할 수 있는 것들이 아니다. 하지만 분석 연구를 통해 이런 손상 요인에 적절한 할당을 부여함으로써 경험적으로 평가할 수 있어야 한다. 이 외에 실험을 통해 상호 작용을 검증할 수 없는 요인들의 경우에는 보수적인 접근방법을 활용함으로써 손상 요인들을 줄일 수 있다.

2.7.4.1 성능 버짓

성능 버짓과 관련하여, 우선적으로 ASE 잡음은 증폭기의 수와 관련해 선형적으로 누적되기 때문에 이상적인 종단 간 광 SNR의 모형을 만들 수 있다. SNR은 주어진 시스템 길이에서 증폭기 간격을 결정짓는 역할을 한다. 따라서 비용 효율적인 시스템을 설계하기 위해서는 회선 길이에 따라 증폭기 간격을 적절하게 설계하여야 한다. 다음으로 장거리상에 누적되는 광섬유 색분산과 비선형의 상호 작용을 고려하여야 한다. 굴절률의 변화로 인한 광섬유 비선형성은 자기위상변조, 교차위상변조 및 WDM 신호와 ASE 잡음의 4광파 혼합의 원인이 된다. DWDM 전송에서는 광섬유 비선형으로 인해 발생된 다중 신호 파장에 대한 여기 라만 산란(SRS)도 고려하여야 한다.

2.7.4.2 열화의 감소

열화는 장거리에서 전송거리 자체로 증가한다. 대양 횡단 시스템에서는 최적의 해저 전송 회선을 구축하기 위해 다양한 기술이 적용된다. 손상을 줄이기 위한 주요 사항으로 다음과 같은 것들이 있다.

2.7.4.2.1 신호펄스

신호 펄스의 선행 구간 및 후행 구간에서는 SPM이 발생한다. NRZ 펄스 포맷의 경우 선행 구간 및 후행 구간이 연속 표시 비트 열에서 펄스 중간에 나타나지 않는다. 그로 인해 각 펄스에서 비트열의 유형과 함께 SPM의 차이가 발생하며, 장거리 전송 후에 아이 다이어그램의 저하를 유발한다. 반면에 RZ 코드의 경우에는 모든 펄스에서 선행 구간 및 후행 구간이 나타나기 때문에, SPM으로 인한 영향이 최소화된다. 따라서 RZ 펄스 포맷은 SPM의 효과에 대한 전송 성능을 향상시킨다.

2.7.4.2.2 분산 맵

광섬유 색분산 및 광섬유 비선형의 상호 작용은 특히 광섬유의 영분산 파장이 신호 파장과 가깝고 위상 정합 조건이 일치될 때 확대된다. 이 외에 비정상 분산이나 양(+)의 분산에서 이루어지는 동작도 신호 스펙트럼을 떨어뜨린다. 이러한 효과를 최소화하기 위해 신호 파장에서 충분한 대형 음(-)의 분산이 있는 광섬유를 사용한다. 그 외에 광섬유 비선형을 줄이기 위해 새로운 광섬유 구성, 즉 LCF(Large Core Fiber) 및 DSF(Dispersion Shift Fiber)를 사용한다. LCF는 넓은 유효 면적을 가지지만, 큰 분산 곡선과 감쇄손실을 가진다. 큰 분산곡선은 영분산 파장에서 멀리 떨어진 채널에 더 큰 분산 누적을 초래하며, 특히 10Gbps의 경우에는 분산누적 현상이 해당 채널의 에러 성능을 떨어뜨린다. LCF와 DSF를 광증폭기 사이에 설치할 때 송신측에 LCF를, 수신측에 DSF를 설치하면 비선형 및 색분산에 의한 감쇄를 줄일 수 있다.

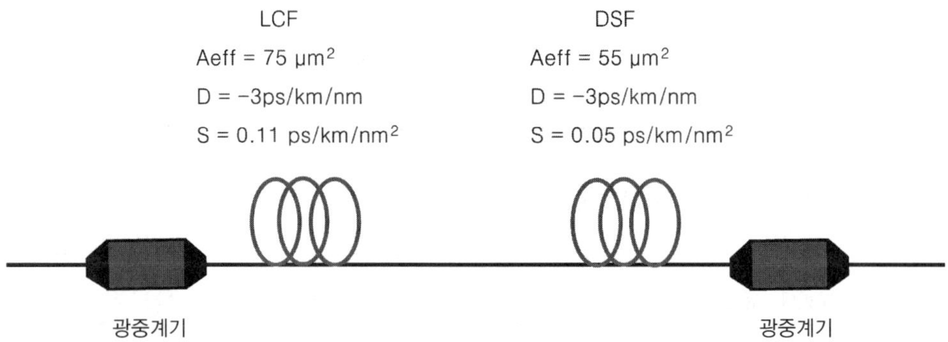

그림 2.38 광증폭 중계기 간 분산 보상(예)

해저 광케이블은 광섬유 비선형 현상을 방지하기 위해 큰 음의 색분산 값을 갖는 광섬유를 사용하기 때문에 음의 분산이 전송 길이 전구간에 걸쳐 누적된다. 음으로 누적된 분산을 보상하기 위해, 신호 파장 범위 안에서 큰 양의 분산을 가진 표준 광섬유가 적절한 간격을 두고 삽입된다. 그 외에 파장(채널)에서 다르게 누적된 분산은 해저선로종단장비(SLTE)에서 보상한다. 즉, DWDM 시스템에서 분산의 누적은 광섬유 색분산의 기울기로 인해 파장에 따라 다르게 나타나므로 각 신호 파장에 대한 잔류 분산을 보상하기 위해 적절한 길이의 분산 보상 광섬유를 SLTE에서 삽입한다.

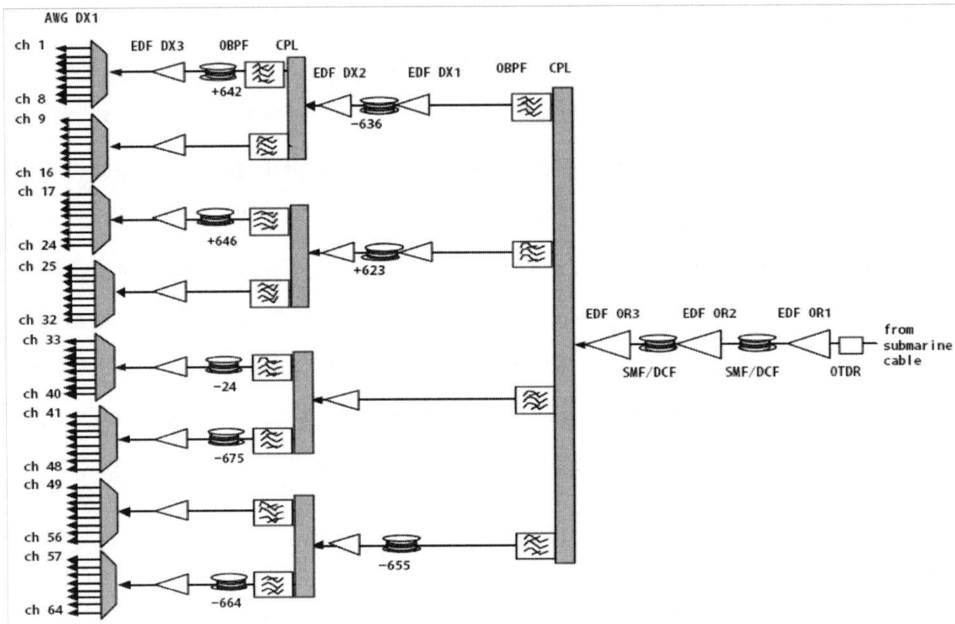

|그림 2.39| SLTE 시스템에서 채널 분산 보상(예)

2.7.4.2.3 편광 혼합

일반적으로 광증폭 선로상에서 존재하는 구성요소들 간에는 편광 감도(Polarization Sensitivity)를 가지고 있다. 다시 말해서 광섬유에는 편광모드분산(PMD)이 있으며, 증폭기에서 사용된 광 부품에는 편광의존손실(PDL)이 있고, 에르븀 첨가 광섬유에는 편광의존이득(PDG)이 있다. 이런 요인들은 회선신호의 편광 상태 변화에 따라 Q-factor가 시간적으로 변화한다. 누적 편광을 최소화하기 위해서 전송 장치에서 사용된 구성 요소들을 적절한 파장 범위에서 낮은 편광 감도를 달성할 수 있도록 설계해야 한다. PDL 및 PDG의 효과를 경감하기 위해서 회선 속도에 동조된 편광 혼합기가 사용된다.

2.7.4.2.4 EDFA 이득 평탄화

일반적으로 DWDM 시스템에서 광증폭기에서 출력된 신호가 이상적인 평면 파장이 아니기 때문에 각 파장에 대한 종단 간 광 SNR이 다르다. 이를 해결하고자 광필터의 모양을 바꾸는 이득 평탄화 필터를 각 증폭기에 장착하여 파장별로 발생하는 이득 차이를 최소화하고, 시스템 입력부에서 이득이 적은 신호의 입력 전력을 사전에 증폭함으로써 신호 파장과 관련해 종단 간 광 SNR를 평탄화할 수 있다.

2.7.4.3 기타 성능에 영향을 주는 요인

BOL(Beginning of life)에서 Q-Factor에 영향을 미치는 요소들 뿐만 아니라 EOL (End of Life) 마진을 확보하기 위해 해저케이블 수리로 인한 열화 및 노후화에 대비한 다음 요소들을 반영하여야 한다.

- 수리 여유율
- 증폭기 구성 요소 노후화
- 광케이블 노후화
- 펌프 LD 장애
- 송신기 및 수신기 노후화

실험 자료 및 이론적 모델을 이용하여 수리 및 노후화에 대한 마진율을 적절하게 평가할 수 있다. 수리 및 노후화로 인한 손실 증가는 종단 간 광 SNR을 저하시키며, 구간 손실 증가는 이득 모양에 급경사 각을 만드는 원인이 된다. 이는 추가적인 SNR 저하 요소로 고려하여야 한다. 또한 해저 광케이블 수리시 여장 케이블의 삽입 손실을 고려해야 한다. 여장 케이블의 길이는 바다 깊이의 2.5배로 계산된다. 전력 버짓(budget)에서 1,000Km마다 한번의 수리가 이루어지는 것으로 추정하여 설계한다. 심해 수리의 경우에는 몇 개의 증폭기를 거친 후 증폭기의 자동이득조정 기능을 이용해 광신호 레벨을 거의 회복할 수 있다.

증폭기 출력전력은 광 삽입 손실 증가로 인해 줄어들며, 펌프 전력 감소 및 해저 광케이블 노후화 영향도 포함된다. 또한 증폭기 설계 과정에서 낮은 비율의 펌프 LD 고장을 반영한다. 펌프 LD 고장의 영향은 이득 평탄도의 변화는 물론이고 종단 간 광 SNR의 감소 원인이 된다. 일반적으로 펌프 LD 고장으로 발생되는 손실 증가를 막기 위하여 4개의 LD를 중첩 배열하여 사용한다.

2.8 무중계 해저 전송 기술

거리가 수백 킬로미터인 경우 해저 중계기를 사용하지 않고도 해저 전송이 가능하다. 해저 무중계 전송시스템(Repeaterless Transmission System)은 해저 중계기, 전원공급장비(PFE), 해저케이블내 전력 공급용 동튜브가 필요 없기 때문에 매우 경제적이며, 해저에 전기 회로가 설치되지 않으므로 높은 신뢰도를 갖는다.

중계기가 없는 경우, 광섬유의 손실이 전송 거리 제한 요인이 된다. 따라서 전송거리가 늘어나는 경우 저손실 해저 광케이블과 더불어 높은 전송전력과 고감도 수신기가 필요하다. EDF를 광 전치/후치 증폭으로 사용한다면 광수신기의 고감도 실현이 가능하다. 그러나 광섬유 비선형 특성은 무중계 전송 시스템에서도 광출력 전력을 제한한다. 따라서 현재 무중계 시스템의 최대 전송 거리는 400Km~500Km 정도이다.

2.8.1 무중계 시스템의 분류

무중계 해저 광전송 시스템은 다음과 같은 종류가 있다.

(1) 기본형 : EDFA를 사용하지 않는 기본 구조

(2) 광 전치 증폭기형 : 감도를 좋게 하기 위해 수신기 바로 앞에 EDFA를 추가 설치한 구조이다.

(3) 광 전치/후치 증폭기형 : 전송 신호 전력을 높이기 위해 송신기 및 수신기 바로 앞에 EDFA를 설치한 구조이다.

(4) 원격 펌핑 광 전치 증폭기형 : 수신기로부터 수십 킬로미터 떨어진 지점의 해저 케이블 전송 광섬유에 에르븀 첨가 광섬유(EDF)를 설치한 구조이다. EDF는 전송 광섬유를 통해 육양국사에 설치된 광원으로부터 공급되는 1.48㎛ 광에 의해 원격 펌핑된다. 펌핑된 EDF는 에러 없는 전송을 보장할 수 있도록 신호 SNR 값을 증가시키기 위해 전송 중에 약화된 신호 전력 레벨을 회복시켜 준다. 엄밀히 말해서 이러한 구조는 광학적인 동력을 사용하는 증폭기를 특징으로 하지만 전기적 동력을 사용하는 장치가 해저 구간에 없다는 점에서 무중계 시스템으로 분류된다. EDF 이득뿐만 아니라 라만 이득 역시 EDF로부터 수신기에 이르는 전송 광섬유 구간에서 발생하는데, 이는 1.48㎛ 펌핑이 1.55㎛ 파장 대역을 증폭할 수 있는 라만 증폭을 만들기 때문이다. 또한 이러한 배열

은 수신기 근처의 광섬유 손실을 상쇄 시키므로 전송 거리를 증대시키는 데 유용하다.

(5) 원격 펌핑 광 전치/후치 증폭기형 : 송신기로부터 수십 킬로미터 떨어진 지점에 해저 케이블의 전송 광섬유에 에르븀 첨가 광섬유(EDF)를 추가함으로써 유형 (4)의 구조를 확대한 유형이다. EDF는 송신 단말 장치에서의 광원에 의해 펌핑되며 펌핑된 EDF는 전송 신호 전력레벨 감쇄를 회복시킨다. 이러한 구조는 송신기로부터 광섬유로 전달된 신호 전력을 늘리는 동시에 광섬유 비선형에 의한 전송 성능 감소와 같은 고전력에 의한 부작용을 최소화 시킨다.

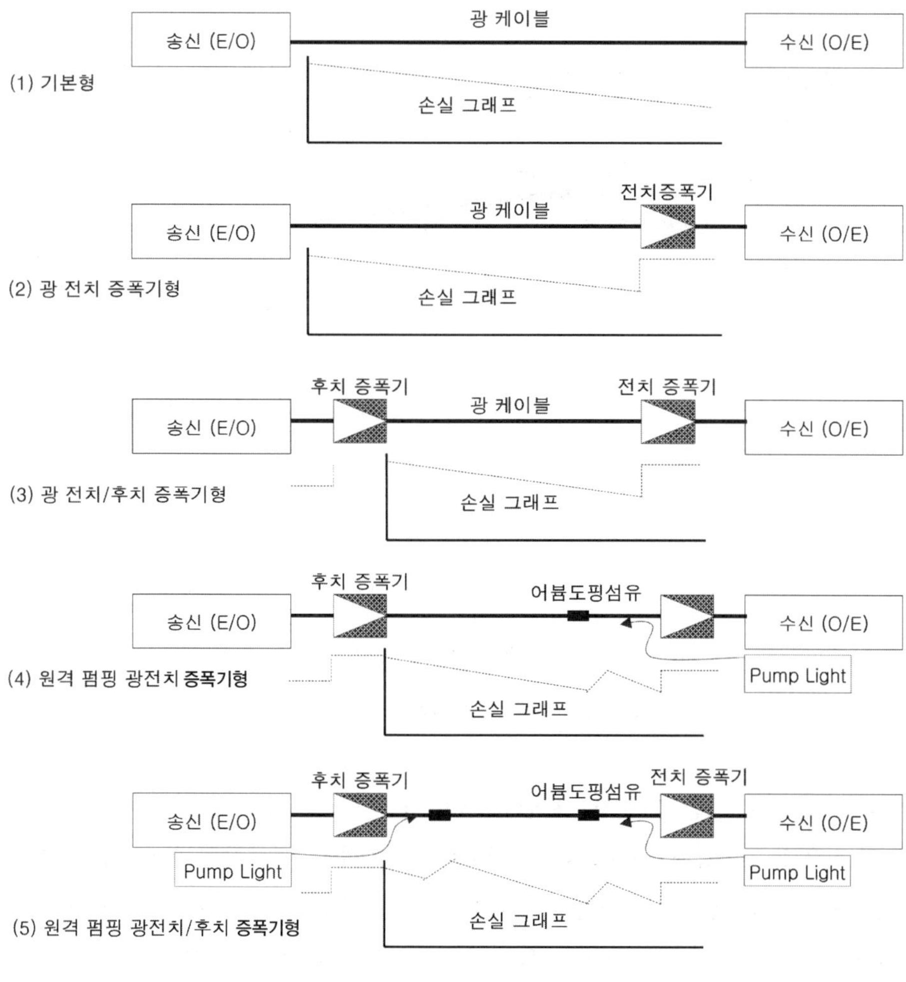

┃그림 2.40┃ 무중계 시스템의 종류

2.8.2 무중계 시스템의 광섬유

무중계 시스템의 전송 속도와 전송 거리는 속도가 증가할수록 전송 거리는 감소한다. EDFA를 사용하는 구조의 무중계 시스템의 경우, EDFA에서 ASE 축적으로 잡음 제한이 생긴다. 신호 속도가 수 Gbps이고 광섬유가 일반적인 분산 값과 낮은 손실 특성을 나타내는 경우, 손실 제한이 분산 제한보다 더 영향을 미치므로 전송 거리는 400Km까지 가능하다. 그러나 10Gbps 이상의 전송 속도에서는 분산 제한이 더 영향을 미치므로, 분산 값이 낮지 않으면 전송 거리가 심하게 제한된다. 따라서 이상적인 무중계 해저 시스템 광섬유란 신호 파장에서 최소 손실 및 최소 분산을 제공하는 것이다.

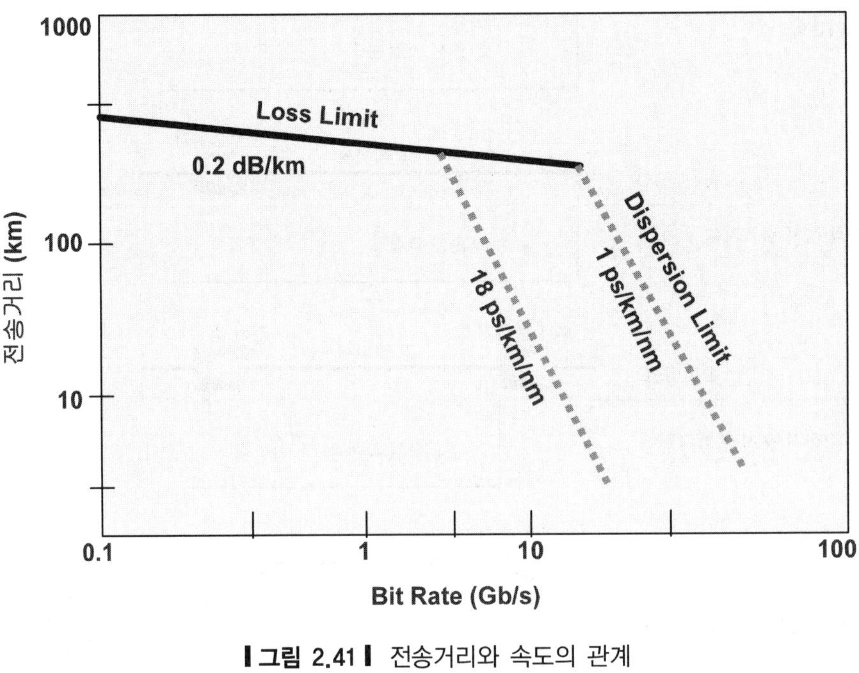

그림 2.41 전송거리와 속도의 관계

널리 사용되는 표준 단일모드광섬유(SMF)의 경우, 분산이 최소인 파장과 손실이 최소인 파장은 일치하지 않는다. 일반적으로 광섬유는 재료상의 특성으로 인해 1.5㎛ 파장대역에서 최소의 손실을 나타낸다. 반면 SMF의 색분산은 1.31㎛ 대역에서 최소값을 가진다. 상기와 같은 문제를 해결하기 위해 개발된 것이 분산천이광섬유(DSF)이다. DSF의 분산은 광섬유 특유의 굴절률 분포로 인해 1.55㎛ 대역에서 최소

값을 갖는다. 순수 실리카로 이루어진 코어를 포함하여 이론적으로는 제한적인 1.55㎛ 대역에 초저손실 특성을 부여하는 유형의 광섬유도 있다. 이를 순수실리카코어 광섬유(PSCF, Pure Silica Core Fiber)라 한다. 이 광섬유의 분산은 일반적인 경우와 달리 1.31㎛ 대역에서 최소값을 갖는다.

| 표 2.10 | 해저 무중계 전송 시스템 광섬유

구 분	단일 모드 광섬유	분산 천이 광섬유(DSF)	순실리카 코어 광섬유(PSCF)
ITU-T	G.652	G.653	-
손실/Km	〉 0.22dB	〉 0.22dB	〉 0.19dB
영 분산 파장	1.31μm	1.55μm	1.31μm
코어 첨가물	게르마늄 등	게르마늄 등	없음

해저 무중계 전송 시스템의 일반적인 설계 접근법은 광섬유 손실을 최소화하기 위해 광신호 파장을 선택하는 것, 그리고 색 분산을 억제하기 위해 DSF를 사용하는 것이다. 전송 거리가 500Km 안팎인 경우 PSCF의 필요성은 절대적이다. 이 때 분산 제한을 피하기 위해서는 상대적으로 전송 속도를 수 Gbps 정도로 낮춰야 한다. 즉 전송 거리를 늘리기 위해서는 전송 속도를 희생해야 한다.

초장거리 전송은 라만 이득을 사용할 때 가장 결과가 좋다. 게르마늄 첨가물이 들어 있는 DSF에서 약 10dB의 이득은 수백 mW의 펌프 전력을 사용해야 얻을 수 있다. 그러나 PSCF의 경우 라만 이득은 손실과 마찬가지로 비교적 작다. 적절한 광섬유 유형은 분산 효과를 고려하여 상황에 맞게 선택되어야 한다.

전송 거리를 증가시켜야 하는 경우에는 전송 신호 전력을 크게 하는 것이 하나의 해결책이 될 수 있다. EDFA가 광 증폭기로 사용된다면 20dBm(100mW) 이상의 광신호 전력을 전송하는 것이 가능하다. 그러나 강한 빛은 광섬유에서 브릴루인(Brillouin) 산란을 일으킨다. 브릴루인 산란이 발생하면 광섬유에 전달된 신호 전력은 대부분 송신측으로 되돌아가는 후방 산란 광으로 전환된다. 이러한 경우 전방으로 진행하는 신호광의 전력이 증가하지 않는다. 따라서 전송된 전력의 충분한 증가를 기대할 수 없다. 특히 대역폭이 좁고 전력이 강한 신호는 강력한 브릴루인 산란

을 일으킨다.

EDFA를 사용하여 전송 신호 레벨을 증가시키거나 역시 EDFA를 사용하여 수신기 감도를 향상시키더라도 원하는 전송 거리를 획득할 수 없을 경우, 신호 전력을 회복시키기 위해 원격 펌핑 EDFA가 도입된다. 원격 펌핑 EDFA 시스템을 설계함에 있어서는 EDF 매개변수는 물론 사용 가능한 펌프 전력을 제한하여 EDF 설치 지점을 최적화하는 것이 중요하다.

2.8.3 무중계 시스템용 케이블

[그림 2.42]는 무중계 해저시스템 용 케이블 단면을 나타내었다. 두드러진 특징은 광섬유 리본 및 공심 구조를 채택한 것이다. HF(High Fiber) 케이블은 최대 25개의 4-섬유 리본(총 100개의 광섬유)을 수용할 수 있다. 최대 적용 가능 깊이는 3,000 m 이다. 이러한 수심 깊이는 급전용 중계 케이블보다 약간 얕아진 것이기는 하지만, HF 케이블이 무중계 해저 시스템용으로 설계된 것이므로 충분한 깊이이다.

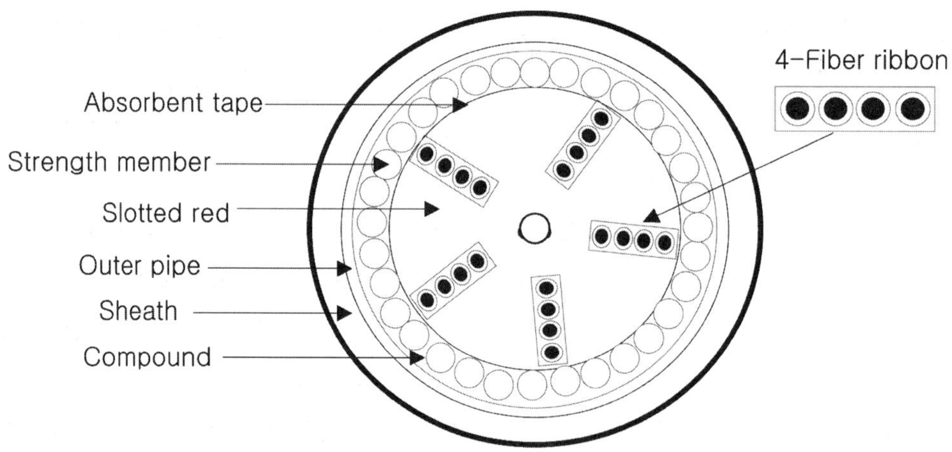

그림 2.42 HF 케이블 (경량형)

■ HF 케이블 특성(경량형)

(a) 섬유 수 : 최대 25개의 4-광섬유 리본(최대)

(b) 케이블 파손 하중 : 98kN

(c) 최대 적용 수심 : 3,000m

(d) 케이블 하중 : 1Kg/m(공기 중), 0.5Kg/m(수중)

(e) 수압 저항 : 29Mpa 이상

(f) 물 침투 : 3,000m 수심에서 200m 이내/14일

제 3 장

육상 시스템

03 육상 시스템

해저 광통신 육상 시스템은 해저케이블 시스템마다 조금씩 다르게 구현되지만, 기본적으로 [그림 3.1]과 같이 해저측 전송장비, 시스템상호연결장비(SIE, System Inter-Connection Equipment), 국내측 전송장비로 크게 구분할 수 있다.

해저측 전송장비는 파장종단장치(WTU, Wavelength Terminating Unit) 및 회선종단장치(LTU, Line Terminating Unit)로 구성된다. 시스템상호연결장비(SIE)는 국내측 전송장비와 해저측 전송장비를 상호 연결하는 역할을 수행하며, 국내측 전송장비는 망형태에 따라 다양한 전송장비를 사용한다. 이외에 해저중계기 전원공급장비(PFE, Power Peeding Equipment), 통신망 클럭공급 장비, 해저중계기와 광섬유 상태를 감

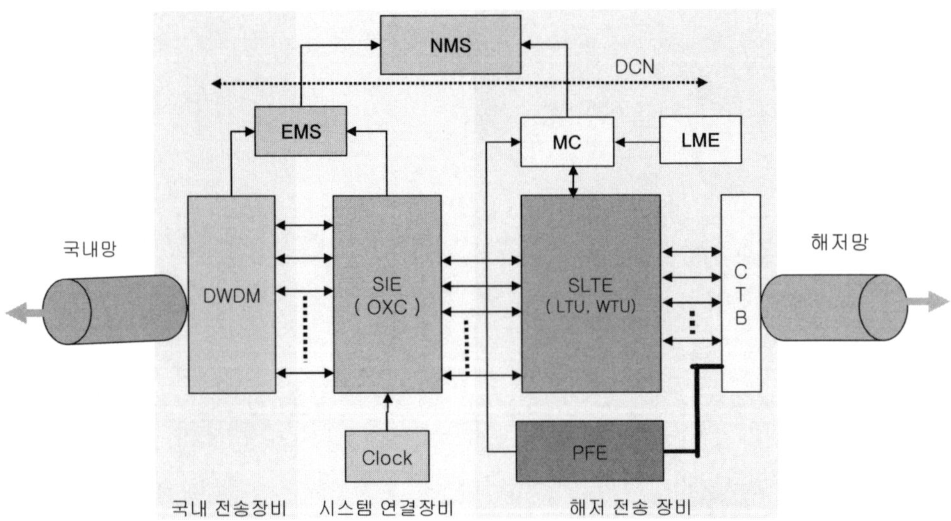

CTB : Cable Termination Box
DCN : Data Communication Network
DWDM : Dense Wavelength Division Multiplexer
EMS : Element Management System
LME : Line Monitoring Equipment
LTU : Line Terminating Unit
MC : Maintenance Controller
NMS : Network Management System
OXC : Optical Cross Connect
PFE : Power Feeding Equipment
SLTE : Submarine Line Terminating Equipment
SIE : System Interconnection Equipment
WTU : Wavelength Terminating Unit

▎그림 3.1▎ 해저케이블 육양국 전송장비

| 표 3.1 | 해저케이블 육양국 전송장비 및 기능

장비명	기 능
파장종단장치(WTU)	파장 광신호 다중화/역다중화
회선종단장치(LTU)	파장신호/SDH 변환 및 순방향오류정정 기능
전원공급장비(PFE)	해저중계기 및 해저 분기장치에 DC 전원 공급
시스템상호연결장비(SIE)	회선의 분기/결합 및 교차 연결 기능
선로감시장비(LME)	해저중계기 상태 감시
망관리 시스템(NMS)	해저 전송설비, SIE 및 국내 전송장비 관리 시스템
클럭공급장비(GPS)	SDH 전송장비에 클럭 공급
케이블종단함체(CTB)	해저케이블 종단함체

시하는 선로감시장비(LME, Line Monitoring Equipment) 및 망관리 시스템(NMS)으로 구성되며, NMS는 해저망 관리시스템(MC, Maintenance Controller), SIE 및 국내측 전송장비 관리시스템(EMS) 등으로 구성된다.

3.1 해저회선 종단장비(SLTE)

해저회선 종단장비(SLTE, Submarine Line Terminating Equipment)는 파장종단장치(WTU)와 회선종단장치(LTU)로 구성된다. WTU는 파장 다중화/역다중화 기능 및 색 분산 보상 기능을 하는 DWDM 시스템이다. LTU는 WTU에서 종단된 파장회선 신호를 SIE 장비와 상호 연결하는 역할을 하고 대양을 횡단하는 광신호 회선의 품질을 향상시키기 위한 순방향 오류정정(FEC) 코드를 사용한다.

| 표 3.2 | SLTE 주요 기능

구 분		주요 기능
SLTE	WTU	- 파장 다중화 및 역다중화 기능 - 색 분산 보상 - 해저 광케이블로부터 수신된 광 신호 증폭 - LME 및 C-OTDR 인터페이스 기능
	LTU	- WTU와 SIE(OXC, SDH) 전송장비 간 인터페이스 기능 - FEC(Forward Error Correction) 기능 - 광섬유 신호 채널의 종단 기능

3.1.1 파장종단장치(WTU)

다수의 고속신호를 하나의 광섬유에 전송할 수 있는 WDM 기술이 등장함으로써 광섬유의 대역폭을 효율적으로 사용할 수 있게 되었고, 급속히 증가하는 국제 해저 트래픽 수요에 대응할 수 있게 되었다.

해저케이블 통신에 사용하는 파장분할다중화 장비인 파장종단장치(WTU)는 기본적인 WDM 전송장비 기능인 파장 다중화/역다중화 및 분산 보상 기능 이외에 해저 광증폭기 감시신호를 WDM 신호에 중첩하여 전송하는 기능을 가지고 있다. 또한 해저케이블 고장시 고장 지점을 탐지할 수 있도록 C-OTDR 인터페이스 기능을 제공하고 있다. [그림 3.2]는 WTU 장비의 주요기능을 나타낸다.

WTU는 LTU로부터 각 파장단위별로 다른 광신호 세기로 들어오는 신호를 VAT (Variable Attenuator)를 통하여 조정한다. 이후 광파장 다중화기(Optical Wavelength Mux)를 통하여 다중화를 실시한 후에 해저증폭기의 감시신호를 중첩하여 해저로 송신하고 있다.

또한, 다중/역다중 장치 기술로는 FBG(Fiber Bragg Grating), Bulk Grating, AWG (Arrayed Waveguide Grating), PLC(Planar Lightwave Circuit) 등이 사용된다. FBG는 삽입 손실이 크며, Bulk Grating은 전통적인 분광 방법으로 포트당 단가를 낮출 수 있으나 AWG 방식에 비해 많이 사용하지 않는다. 최근에는 AWG방식을 많이 사용하고 있으며, 향후에는 평면광도파로(PLC)기술이 많이 사용될 것으로 보인다.

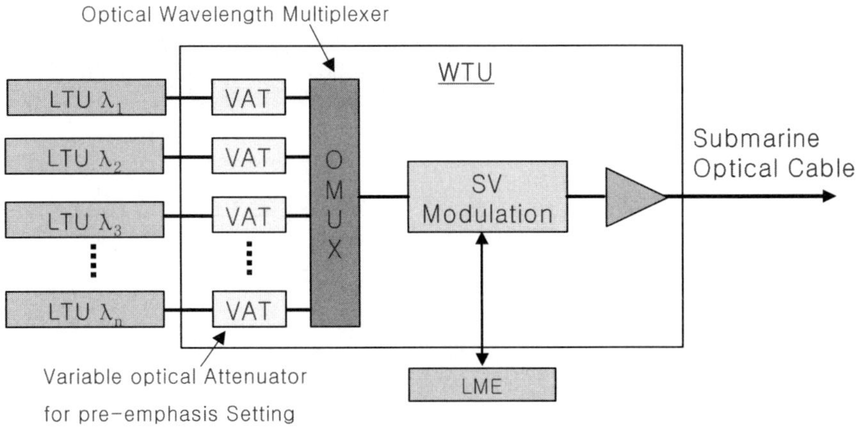

【그림 3.2】 WTU 구성

3.1.1.1 DWDM 파장분할 원리

광통신에서 주어진 파장대역은 λ = c/f 식을 이용하여 주파수로 변환할 수 있다. 즉 주파수분할 다중화(FDM)와 같으나 높은 주파수(예: THz)를 다루는 것이므로 사용상의 편리함을 고려하여 파장단위 용어가 일반적으로 사용되고 있다. 파장분할 단위 주파수는 100GHz, 50GHz 및 25GHz 단위로 발전되고 있다. 파장간격을 조밀한 간격으로 분할 할수록 광섬유의 비선형 현상이 심각해지므로 조밀한 파장분할 기술과 광섬유의 비선형 현상 간의 상충관계를 극복하며 발전하고 있다. ITU-TG.692 파장분할을 소개하면 [표 3.3]과 같다. 여기서 50GHz 또는 100GHz 단위로, C밴드 중심주파수 193.10THz 전·후로 파장분할을 나타낸다. 아래의 (식 3.1)을 이용하여 파장간격을 산출하면 100GHz로 파장분할시 0.8nm, 50GHz 파장분할시 파장간격은 0.4nm 이다.

$$\Delta\lambda = \frac{c}{f_1} - \frac{c}{(f_1 + \nabla f_1)} \qquad \text{(식 3.1)}$$

여기서, ∇f_1 = 50GHz or 100GHz, f_1(중심주파수) = 193×10^{12}, c = 2.99792458×10^8m/s이다.

표 3.3 ITU-T G.692의 파장분할

50GHz 분할	100GHz 분할	파장(nm)
196.10 THz	196.10 THz	1528.77
196.05 THz	–	1529.16
196.00 THz	196.00 THz	1529.55
195.95 THz	–	1529.94
195.90 THz	195.90 THz	1530.33
…	…	…
193.10 THz	193.10 THz	1552.52
193.05 THz	–	1552.93
193.00 THz	193.00 THz	1553.33
193.10 THz	–	1529.94
…	…	…
192.30 THz	192.30 THz	1558.98
192.25 THz	–	1559.39
192.20 THz	192.20 THz	1559.79
192.15 THz	–	1560.20
192.10 THz	192.10 THz	1560.61

WDM에서 파장 조밀도에 따라 CWDM(Coarse WDM, 10nm~100nm), DWDM (Dense WDM, 0.1nm~1nm), OFDM(Optical FDM(Frequency Division Multiplexing), 0.1nm 이하), DFDM (Dense FDM, 0.01nm 전후)로 구분한다.

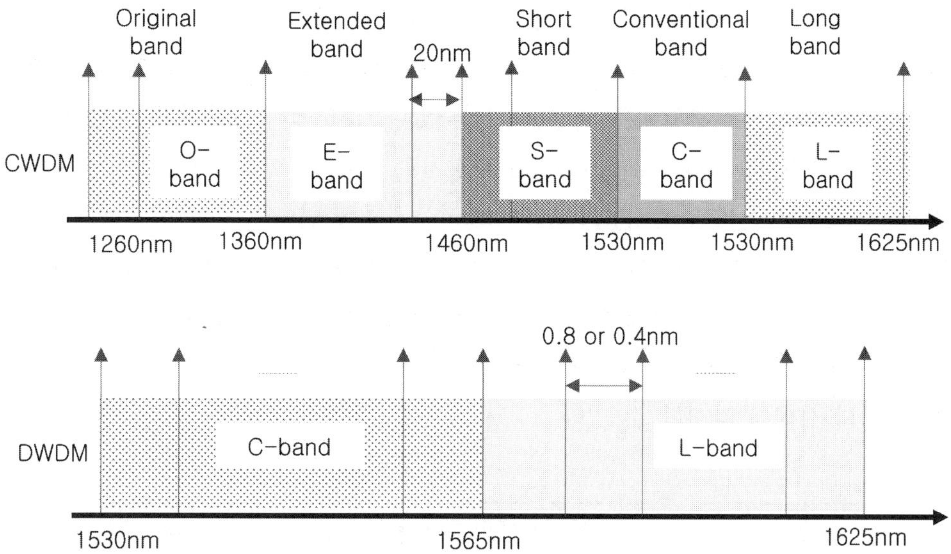

❙그림 3.3❙ CWDM과 DWDM 파장간격(예)

한편 1.45㎛~1.65㎛을 확대하여 보면 [그림 3.4]와 같이 광 감쇄손실 차이가 거의 없음을 알 수 있다. 이 대역은 약 23THz 정도의 대역으로 50GHz로 파장분할시 462개의 파장을 만들 수 있다. 이때 채널당 10Gbps의 용량을 전송한다면 약 4.62Tbps의 전송용량을 가질 수 있다.

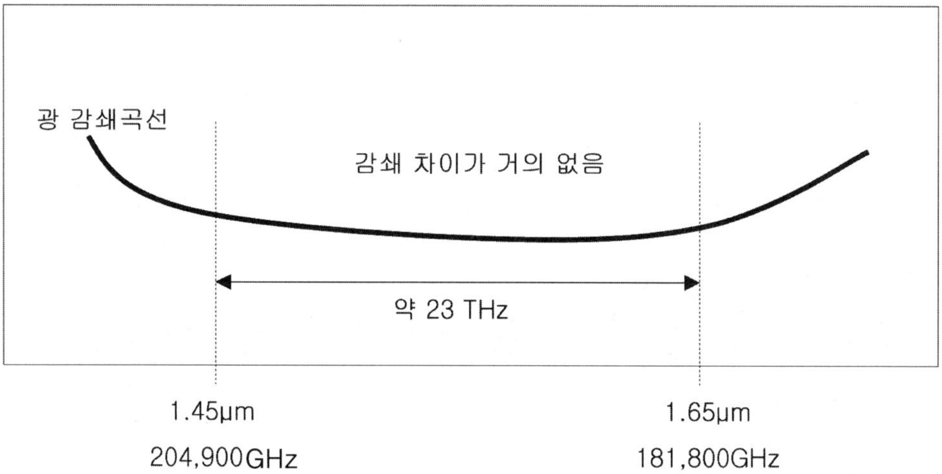

❙그림 3.4❙ DWDM 가용 대역

3.1.1.2 해저 광증폭기 감시신호 전송

[그림 3.5]에는 LME 시스템의 감시신호가 WTU 시스템의 인터페이스를 통해 해저 광증폭기에 전송되어 응답되는 과정을 나타내었다. LME에서 광증폭기 감시에 해당하는 제어 명령어(Telecommand)를 WTU 장치로 보내면, WTU 장치에서는 수신된 명령을 저속 부반송파의 감시(SV, Supervisiory) 신호로 변환한 후 광섬유 회선을 따라 전송할 수 있도록 DWDM 주 신호에 중첩한다. DWDM 신호에 중첩된 감시신호는 해저 광증폭기에 도달하게 되며, 해저 광증폭기에서는 제어명령어에 대한 응답신호(Telemetry)를 SV 회로를 통하여 회신하여 줌으로써 육상의 터미널장비에서 해저 광증폭기의 상태를 감시할 수 있다.

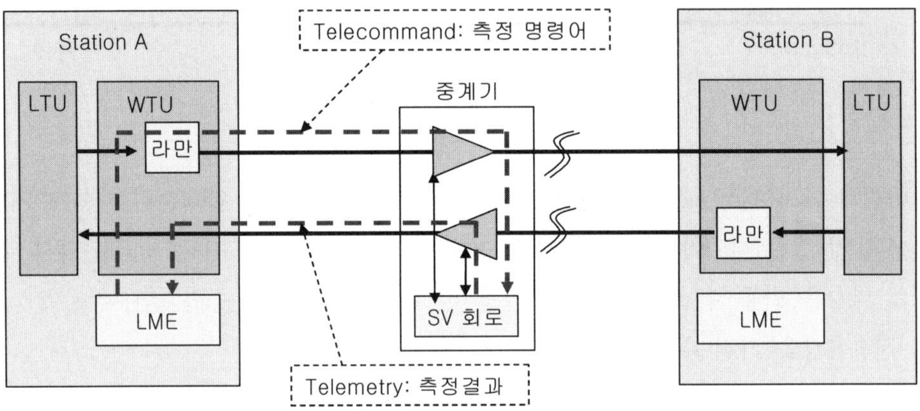

┃그림 3.5┃ 광증폭기 감시

SV 신호를 DWDM 신호에 중첩하기 위한 접근 방법으로 두 가지 과정을 고려해 볼 수 있다. 하나는 DWDM 신호의 모든 채널에 SV 신호를 중첩시키는 방법이며, 다른 하나는 DWDM 신호와 다른 전용 채널(파장)에 SV 신호를 중첩하는 방법이다.

┃표 3.4┃ SV 신호 중첩 방법

구 분	모든 채널에 SV신호 중첩	전용채널에 SV신호 중첩
대역폭 요구사항	DWDM 신호파장의 대역폭	DWDM 신호파장 + SV신호 전용파장
파장들이 분기/결합시 SV 신호 변조 심도 조정	재조정 불필요	재조정 필요 (이득특성이 고려되어야 함)

모든 채널의 SV 신호를 DWDM 신호에 중첩하는 과정에는 LD에 대한 직접 변조, LN($LiNbO_3$) 변조기를 이용한 강도 변조 및 라만 증폭을 이용한 강도 변조 등을 이용할 수 있다. LD 직접 변조는 모든 파장의 SV 신호에 대한 위상 동기화 요구 조건을 충족시켜야 하는 어려움이 있으며, LN 변조기를 이용한 강도 변조는 LN 변조기 바이어스 전압으로 인한 불안정한 변조 심도의 문제가 있어 유지관리 및 운영면에서 불안정하다.

이러한 불안전성을 극복한 방법으로 라만 증폭을 이용한 강도 변조기가 많이 사용되고 있다. 라만 증폭을 이용한 SV 신호의 중첩 과정을 살펴보면, WTU의 SV 인터페이스에서 LME 터미널로부터 수신한 제어 명령어를 펄스 폭 변조(PWM, Pulse Width Modulation) 포맷 신호로 변환한다. 그 다음에 PWM 신호는 저속 부반송파 신호인 진폭 편이 방식(ASK, Amplitude Shift Keying) 신호로 변조하여 1.48㎛ 펌핑 소스의 강도 변조에 사용된다. 그 결과 발생하는 신호는 DWDM 주 신호와 결합하여 해저로 전파된다. 이때 라만 증폭기에서는 DSF(Dispersion Shift Fiber) 또는 NZ-DSF(Non Zero-DSF)를 사용한다.

| 표 3.5 | 모든 채널에 대한 SV 신호 중첩 방법

SV 신호 중첩 방법	장 점	단 점
LD 직접변조	현재 많이 사용	모든 파장에 대한 SV 신호의 위상동기화 필요
LN 변조기 강도변조	DWDM 신호로 직접변조 가능	변조심도 불안정 추가적인 광 부품 필요
라만 증폭 강도변조	DWDM 신호로 직접변조	추가적인 광 부품 필요

3.1.1.3 C-OTDR 인터페이스

WTU는 해저케이블 장애시 고장탐지를 할 수 있도록 C-OTDR(Coherent Optical Time Domain Reflector) 인터페이스 기능을 제공한다. 해저에서 사용하는 C-OTDR 측정은 1개 코어를 사용하는 OTDR(Optical Time Domain Reflector) 측정 방법과는 달리 2개(송·수신) 코어를 활용하여 측정한다. 송·수신 코어를 이용하는 C-OTDR 측정기는 송신 코어의 후방산란 신호를 수신측 코어로 보낼 수 있도록 해저 광증폭

기 내에서 OTDR 경로를 지원하는 기능이 있다. [그림 3.6]은 해저 광증폭기 내에서 C-OTDR 측정을 지원하는 OTDR 경로 및 LME 감시신호의 처리를 위한 HLLB(High Loss Loop Back) 경로를 간략화하여 나타내었다.

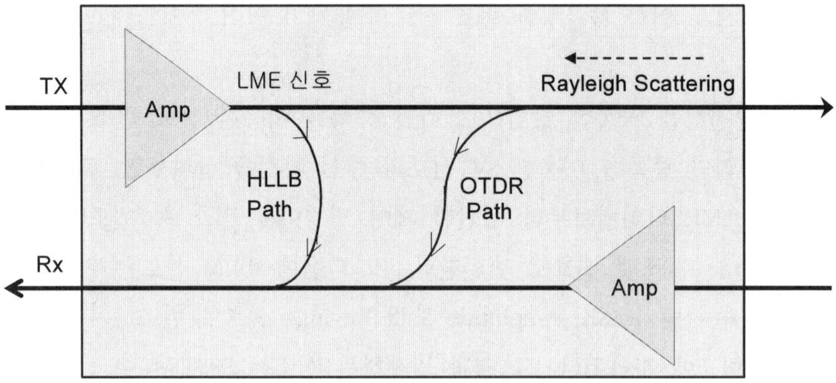

그림 3.6 광증폭기 OTDR 및 HLLB 경로

3.1.1.4 분산 보상 기능

고밀도파장분할다중화(DWDM) 장비에서 영 분산으로 인해 발생되는 광섬유의 비선형 현상을 방지하기 위해 약간의 색분산 값이 있는 광섬유가 필요하다. 전송구간에서 누적되는 분산을 보상하기 위해 중심 파장을 중심으로 하여 해저 광증폭기 사이에 분산 보상용 광섬유(DCF)를 사용하여 설계한다. 또한 DWDM 장비의 각 채널별로 분산값이 달리 누적되는데 이를 보상하여야 한다. DWDM 송신 측에서의 채널분산을 Post-Dispersion라고 부르며, 수신 측에서의 분산을 Pre-Dispersion이라 한다. 이러한 Pre-Dispersion과 Post-Dispersion 분산은 WTU 시스템 내부에서 채널분산 보상용 케이블을 사용하여 보상을 한다. [그림 3.7]은 DWDM 시스템의 채널분산 값의 증가 모습과 중심파장(1553.4nm)의 분산보상 설계된 분산맵을 나타내고 있다.

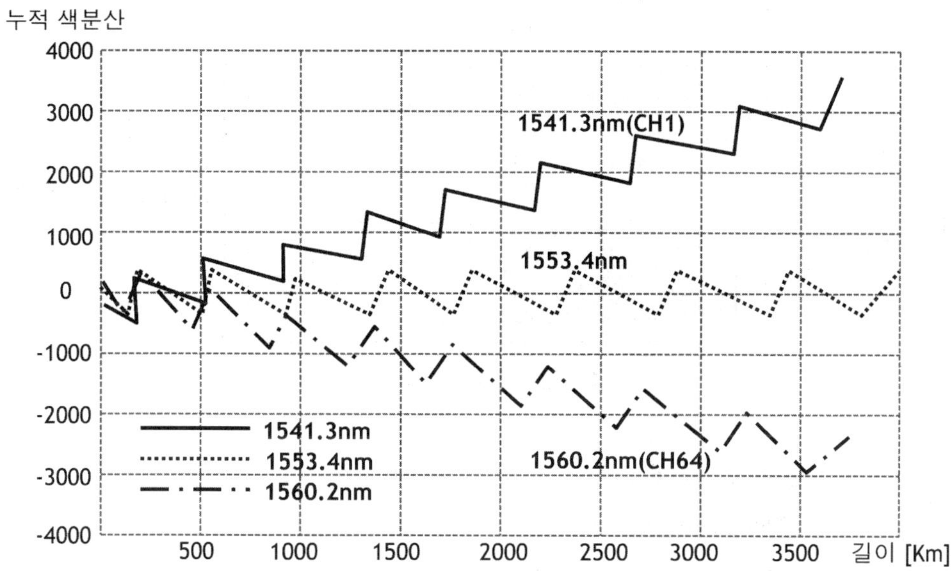

| 그림 3.7 | DWDM 채널 신호의 분산

3.1.2 회선종단장치(LTU)

3.1.2.1 회선종단장치의 기본 기능

회선종단장치(LTU, Line Terminating Unit)는 ITU-T G.864.3을 바탕으로 STM-64 인터페이스를 제공하며, STM-64 입력신호에 대한 출력 지터(Jitter) 성능은 ITU-T G.825에 근거하여 측정범위 1MHz~20MHz에서 0.010UI(Unit Interval)rms 값을 제공한다. 또한, 장거리 해저전송 구간에서 신뢰성을 높이기 위해 시스템상호연결장비(SIE)로부터 수신된 STM-64 광신호에 FEC코드(ITU-T G.975 RS 또는 Super RS)를 삽입하여 LTU 프레임을 생성하여 전송한다. 수신 측 LTU에서는 역기능을 수행한다. 이러한 기능 이외에 LTU는 파장 신호의 생성, 변조 및 복조 기능 등을 한다.

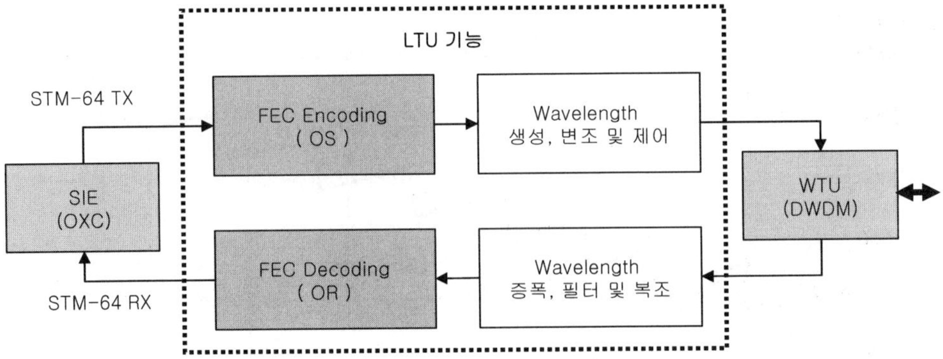

그림 3.8 LTU의 기능

3.1.2.2 순방향 오류정정(FEC)

3.1.2.2.1 오류정정코드 사용시 이점

순방향 오류정정(FEC, Forward Error Correction) 코드는 초장거리 광전송 시스템에서 전송 성능을 향상시킬 수 있고, 광증폭기 사이의 거리를 증대시킬 수 있어 사용 광증폭기 수를 줄일 수 있는 경제적인 이점이 있다. 이 때문에 초장거리 광전송 시스템뿐만 아니라 메트로 네트워크 시스템에서 가격을 낮추기 위해서 분산 허용치를 초과하는 구간에 분산보상모듈을 대체하기 위해서 사용하고 있다. FEC는 신호를 인코딩해서, 송신하여 전송 중에 생기는 에러를 수신단에서 검출하고 정정하는 기법이다. FEC를 사용함으로써 광전송 시스템에서 잡음이나 신호왜곡에 대한 마진을 향상시킬 수 있다. 이러한 마진 향상은 광증폭기 구간길이와 전송거리 또는 시스템 용량을 증가시킬 수 있다. DWDM 시스템에서 용량 증대는 채널의 전송속도를 증가시키거나 주어진 대역폭 내에서 채널 간의 간격을 좁혀 많은 채널을 전송함으로써 가능하다. 이럴 경우 시스템의 구성이 복잡하게 되는 단점이 있다. [표 3.6]은 전송 시스템에서 FEC 사용시의 장점과 단점에 대해 보여준다. 이러한 FEC 사용의 장·단점은 항상 상충관계에 있다. 예를 들어 전송성능 향상을 줄이면 잉여(Redundancy) 비트의 감소로 대역폭 손실을 줄일 수 있다. 실제 시스템에서 가장 적합한 코드를 선택하기 위해서는 전송 성능의 요구 조건을 먼저 결정해야 한다.

표 3.6 FEC 코드 사용시 장 · 단점

장 점	단 점
- 광증폭기의 구간 길이 증가 - 시스템 마진 증가 - 비트율 향상 - 저속에서의 낮은 에러율	- 터미널 장비가 복잡해짐 - 타사 제품과의 비호환성 - 높은 속도에 대한 표준화 부재 - 채널상의 높은 잡음에 대한 에러율

3.1.2.2.2 Reed-Solomon 코드

현재 대부분의 대양횡단 광전송 시스템에서 사용되는 FEC 코드는 처리 속도가 빠르고, 연속 에러 정정능력이 있는 Reed-Solomon(RS) 코드를 사용하고 있다. RS 코드는 Block 코드, Cyclic 코드와 BCH(Bose, Chaudhuri, Hocquenghem) 코드의 종류로서, Non-binary 코드이다. 즉 RS 코드는 Word 단위로 에러정정을 하기 때문에 연속 에러 정정능력을 가지고 있고, Block 코드이기 때문에 빠른 데이터 처리속도를 가지고 있어서 대역폭이 큰 광전송 시스템에서 사용하기에 적당하다. RS(N,K) 코드의 경우 K개의 q-ary 심볼이 N개의 심볼로 대응되어 전송하게 된다. 즉 대역폭을 증가시켜 전송데이터들의 최소거리를 증가시킴으로써, 전송 후 데이터 포인터 간의 판별에서 이득을 얻을 수 있다. RS(N, K) 코드에 대한 파라미터는 다음과 같다.

$$N = q - 1 = 2^k - 1$$

$$K = 1, 2, 3, \ldots, N - 1$$

$$Dmin = N - K + 1$$

$$R_C = \frac{K}{N} \qquad \text{(식 3.2)}$$

여기서, D_{min}은 데이터 판결의 척도가 되는 데이터 간의 최소거리, Rc는 코드 rate, K는 데이터 비트들이 q-ary 알파벳으로 대응되는 파라미터, q는 q-ary로 2의 power ($q=2^k$)로 결정되는 파라미터이다.

한편, RS 코드의 오류정정 성능을 나타내어 보면 다음과 같이 t Byte만큼의 오류정정 성능을 갖는 것을 알 수 있다.

$$t = \left\lceil \frac{D_{min} - 1}{2} \right\rceil \qquad (식\ 3.3)$$

ITU-T G.975 FEC(Reed-Solomon 255, 239)를 사용하는 경우 약 7%의 전송 트래픽량의 증가를 가져오지만 넓은 대역폭을 가지고 있는 광통신에서는 적은 트래픽에 불과하다. [그림 3.9]에서는 ITU-T G.975 FEC를 사용함으로써 수신 측에서 BER을 2.4×10^{-4}에서 1.0×10^{-11}로 향상됨을 보여주고 있으며, Super FEC(Reed-Solomon 239,223+255,239)를 사용시 BER을 3.9×10^{-3}에서 1.0×10^{-11}로 향상시켜 약 8.0dB의 FEC 이득을 얻을 수 있음을 보여주고 있다. 또한 ultra FEC을 사용하면 1.9×10^{-2}으로 수신되는 BER을 1.0×10^{-11}로 향상시켜 약 9.4dB 이득을 얻을 수 있다.

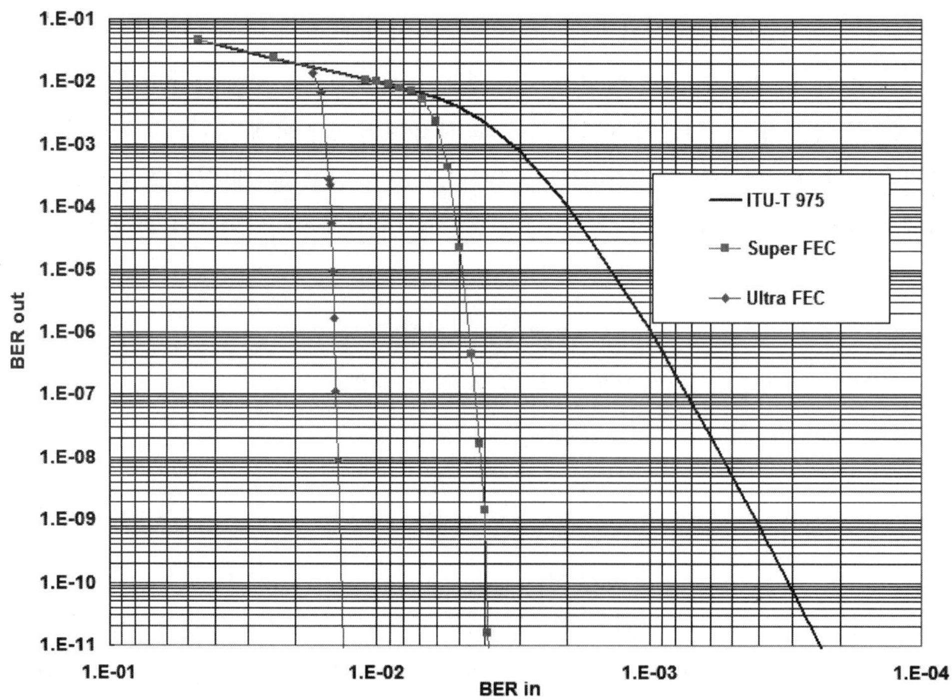

그림 3.9 ITU-T G.975 FEC, Super FEC 및 Ultra-FEC 성능 비교

| 표 3.7 | ITU-T G.975 FEC, Super FEC 및 Ultra-FEC의 비교

구분	G.975 FEC	Super FEC	Ultra-FEC
주파수	10.66Gbps	11.43Gbps	12.47Gbps
오류율 향상	From 2.4×10^{-4} to 1.0×10^{-11}	From 3.9×10^{-3} to 1.0×10^{-11}	From 1.4×10^{-2} to 1.0×10^{-11}
잉여 비트	7%	14%	25%
FEC 이득	5.7dB@1.0×10^{-11}	8.0dB@1.0×10^{-11}	9.4dB@1.0×10^{-13}

3.1.2.3 라인 코딩(Line Coding)

DWDM 광전송망에서 전송 용량을 증가시키기 위해 채널당 전송 속도가 고속화되고 채널 간 간격이 좁아지면서 기존의 NRZ 변조 방식은 광섬유의 비선형 현상에 취약하여, LTU에서는 라인코드로 NRZ 신호 대신 RZ 변조 방식을 많이 사용한다. NRZ 라인코드는 주파수 효율이 매우 우수하고 전자 소자에 요구되는 대역폭이 작다는 큰 장점이 있어 10Gbps급 전송 시스템에서 주로 사용되고 있으나, 장거리 고속 전송에서 NRZ 변조 방식은 광섬유의 비선형 현상으로 인해 신호 왜곡이 심하기 때문에 해저구간의 LTU에서는 RZ 광변조 방식으로 전송하고 수신 측에서는 RZ 신호를 다시 NRZ으로 변환하여 SIE와 상호접속한다.

여러 라인코드 방식의 특징은 [표 3.8]에 간략히 비교되었다. VSB(Vestigial Side-Band) 변조 방식은 스펙트럼 효율을 증가시키기 위해 변조된 DSB(Double Side-Band) 스펙트럼의 1/4 이상을 VSB 필터를 사용하여 제거하는 것이다. 이는 DSB 변조 방식보다 스펙트럼 효율이 약 50% 향상된다. VSB 변조 방식의 또다른 장점은 수신단 이후에 전기 소자를 이용하여 분산 보상이 가능하다는 것이다.

복이진(Duo binary) 변조 방식 신호는 DWDM 광전송에서 분산에 강하여 분산 보상 없이 장거리 전송을 하기에 좋은 방식이다. 복이진 변조방식은 기존의 디지털 통신에서 사용되어 왔던 방식의 1/2 대역폭으로 데이터를 전송하기 위하여 고안되었다. 송신 측에서 ISI(Inter Symbol Interference)를 제거하기보다 오히려 제어된 ISI를 첨가하여 보내고 수신단에서 특별한 수신 방법을 통하여 그 제어된 ISI를 제거하는 방법이다.

CSRZ(Carrier-Suppressed Return-to-Zero) 변조 방식은 RZ의 파워 스펙트럼에서 정

보 전송에 기여하지 않는 반송파를 제거함으로써 전송 전력 이득을 얻는 방식이다.

NRZ 변조 방식은 0, 1 데이터를 보낼 때 신호가 있고 없음을 구분하여 전송하는 방식이다. 디지털 통신에서 흔히 OOK(On-Off Keying) 방식이라고 불린다. NRZ는 구조가 간단하여 지금도 가장 널리 쓰이고 있으며 IM-DD(Intensity Modulation-Direct Detection) 전송의 대표적인 변조 방식이다.

RZ 변조 방식은 '1'의 신호를 전송하는 신호 펄스가 비트 주기의 일부분에만 존재한다는 것이 NRZ 변조 방식과 다르다. 예를 들어, 역율(duty-cycle)이 50%인 경우는 비트 주기의 1/2 동안만 신호 펄스가 존재하고 1/2 동안은 신호 펄스가 꺼져 있게 된다. DWDM 채널에서 최적의 광변조 방식은 시스템에 사용될 광섬유의 색 분산 및 비선형성, 전송신호의 속도, 주파수 효율성 등 여러 변수들에 따라 달라질 수 있다.

표 3.8 DWDM 채널의 라인코딩 방식

구분	NRZ	RZ	Duo binary	CSRZ	VSB
대역폭	2B	〉4B	B	3B	~40% 감소
분산	보통	약함	매우 강함	약함	개선됨
비선형	보통	강함	보통	매우 강함	-
구현 용이성	매우 용이	다소 복잡	복잡	다소 복잡	다소 복잡

3.1.2.4 고장감시 기능

시스템상호연결장비(SIE)로부터 입력되는 동기식디지털전송계위(SDH)프레임 수신 신호에서 고장이 검출되면, LTU는 알람을 표시하는 AMS(Alternate Maintenance Signal) 신호를 다운스트림에 관련된 장비에 송신한다. [그림 3.10]은 SIE로부터 수신되는 종속 신호에 고장 발생시 LTU에서 고유 프레임에 AMS 신호를 추가하여 보내면 상대의 LTU에서는 AMS를 수신하여 고장을 검출하는 성능 감시기능을 나타내고 있다.

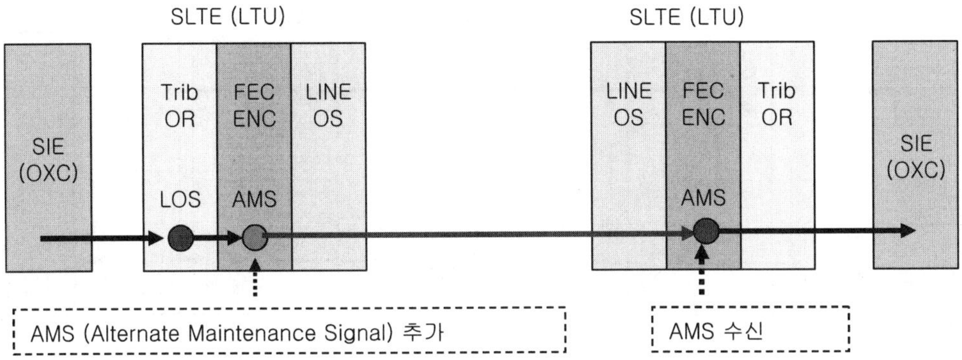

I 그림 3.10 I 수신 종속 신호 장애에 대한 AMS 표시

3.2 선로 감시 장비(LME)

WTU 기능에서 설명하였듯이 선로감시장비(LME, Line Monitoring Equipment)에서 발생시키는 제어 명령어는 광송신기를 통하여 DWDM 회선 신호에 겹쳐 해저 광증폭기로 전송된다. 광증폭기 내의 감시모듈에서 제어명령에 대한 측정결과를 응답함으로써 광증폭기 상태를 감시할 수 있다. 주요 감시 항목으로는 증폭기에 도착하는 입력 및 출력 광 power 값, 광증폭기의 펌핑 LD의 바이어스 전류값 및 광증폭기의 온도 등을 감시할 수 있다. 이러한 감시기능을 구현하기 위해서는 Loopback 기능을 증폭기에서 기본으로 제공하여야 한다. [그림 3.11]에서는 광증폭 중계시스템에서 HLLB 경로가 광증폭기마다 연속하여 제공되는 과정을 나타내고 있으며, Loopback 경로를 이용하여 반대편의 코어로 측정된 신호를 보내어 LME에서 회선감시 기능을 수행하는 것을 보여주고 있다.

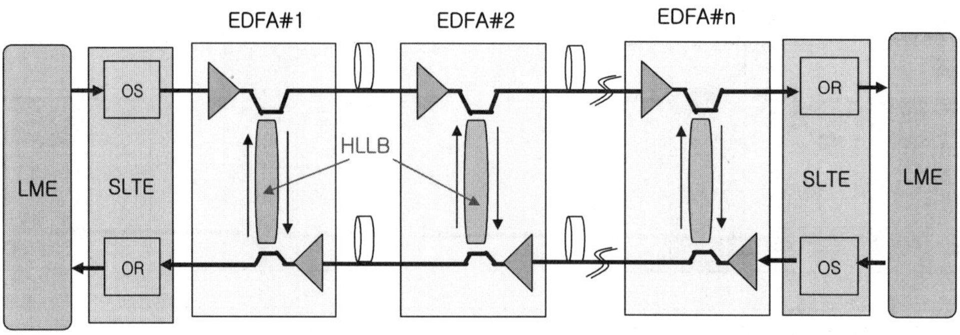

SLTE : Submarine Line Terminal Equipment, LME : Line Monitoring Equipment
HLLB: High Loss Loop Back path, OS : Optical Sender,
OR : Optical Receiver, EDFA : Erbium-Doped Fiber Amplifier

그림 3.11 선로감시시스템 구성도

3.3 시스템 상호 연결 장비(SIE)

DWDM 해저전송 장비는 대용량 노드 사이를 연결하는 점대점 전송장비로 사용되고 있다. 점대점 DWDM 해저전송 시스템에서 시스템상호연결장비(SIE, System Interconnection Equipment)는 전송망 구성의 융통성을 구현하는 핵심 노드 장비로서 회선의 교차연결(Cross-Connection), 분기/결합(Add/Drop), 다중화/역다중화(MUX/DEMUX), 보호/복구 기능을 제공한다. 이러한 기능들을 제공하기 위해 표준 SDH/SONET 장비를 폭넓게 사용하고 있다.

일반적인 SDH 전송장비의 자동보호절체(APS, Automatic Protection Switching) 프로토콜을 대양 횡단하는 해저구간에서 적용시 300ms 미만의 고속 링 보호절체가 어려운 경우가 발생된다. 이를 대비하여 대양횡단(Transoceanic) 프로토콜인 ITU-T G.841로 표준화하여 SDH 장비에 적용되고 있다. 또한 SIE는 클럭 장비로부터 클럭 소스를 제공받아 디지털 통신 네트워크에 클럭을 제공한다. 현재 SIE 장비의 발전은 DCS(Digital Cross Connection)에서 OXC(Optical Cross Connection) 장비로 대체되었으며 완전한 광신호 상태에서 신호처리가 이루지지 않는 광-전-광 변환 기능을 가진 장비가 대부분이다.

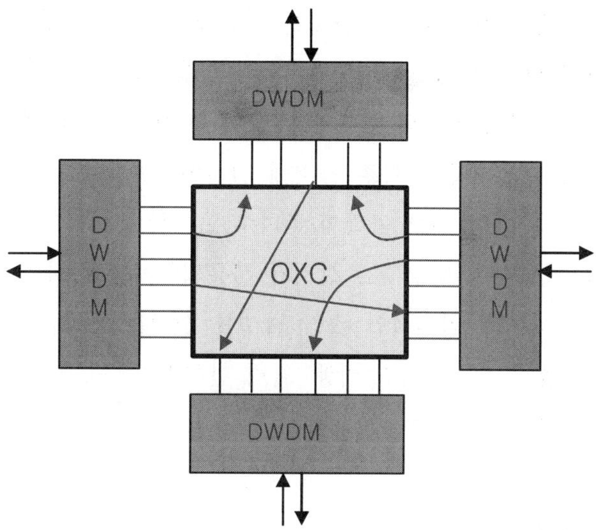

┃그림 3.12┃ OXC 장비의 기능

3.4 통신망 클럭

디지털 통신망에서 여러 개의 전송선로가 모이고 나누어지는 복합적인 전송망의 노드로 구성될 때 모든 정보들이 손실 없이 전달되기 위해서는 타이밍을 동일 수준의 품질로 유지하기 위해 기준 클럭의 설정이 필수적이다. 또한 통신망 내 각 장비의 동작 주파수를 일치시키기 위해서 동기 제어신호가 필요하고 망내의 각 장비는 기준 클럭과 동기가 되도록 연속적으로 자체 클럭과 망의 기준 클럭과의 주파수 변이량을 비교하여 보상한다. 만약 동기가 이루어지지 않으면 슬립(Slip)이 발생되어 데이터가 손상되게 된다. 슬립에 대한 영향을 최소화하는 것이 망동기의 중요한 사항이다.

초기의 통신망에서 각 노드들은 비트 채우기(Bit Stuffing) 방식을 통하여 손쉽게 통신망의 동기문제를 해결하였으나, 목적지 노드에서 다시 추가된 bit를 제거하고 회복하는 과정에서 지터가 생긴다. 이러한 문제를 해결하고자 동기망이 필요하며 동기망을 구축하기 위해서는 클럭원(Clock Source)이 필요하다. 국내 통신망의 외부 동기 클럭원은 현재 한국표준과학연구원에서 제공하는 한국표준주파수(KRF, Korea Reference Frequency)의 세슘(CS) 클럭과 미국의 항법위성시스템(GPS, Global Positioning System) 위성으로부터 받는 방법이 있다. 한국표준과학연구원로부터 받는 방식은 전용회선 임대비용이 발생되어 국내 기간통신 사업자들은 GPS로부터 받는 것을 선호하고 있다. 2008년부터는 유럽의 갈릴레오 위성 항법시스템으로부터도 클럭원을 받을 수 있어 특정한 국가가 소유한 클럭원으로부터 벗어날 수 있게 되었다.

ITU-T G.811에서는 동기망의 기준 클럭에 관하여 제시하고 통신망 간의 연동에 대하여 기술하고 있는데, 망 기준 클럭의 주파수 편차를 1×10^{-11}까지 제한하고 있다. 이 정도의 정확도는 세슘 주파수 표준장치가 사용되어야 가능하다. 망 기준클럭 주파수 편차가 1×10^{-11}일 때 이론적인 슬립 발생률 수치는 1 Slip/70일 정도가 된다. 그러나 각 노드 간 통신시 신호지연 변동, 클럭 편차(Drift) 등으로 실제 슬립 발생률은 70일에 1개 이상이 된다.

| 표 3.9 | 동기망 품질기준

구 분	만족도	성능 저하
1 계위	1×10^{-11} 이하	–
2 계위	1×10^{-10} /일 이하	5.2×10^{-7} /일 이하
3 계위	1×10^{-9} /일 이하	1.04×10^{-6} /일 이하

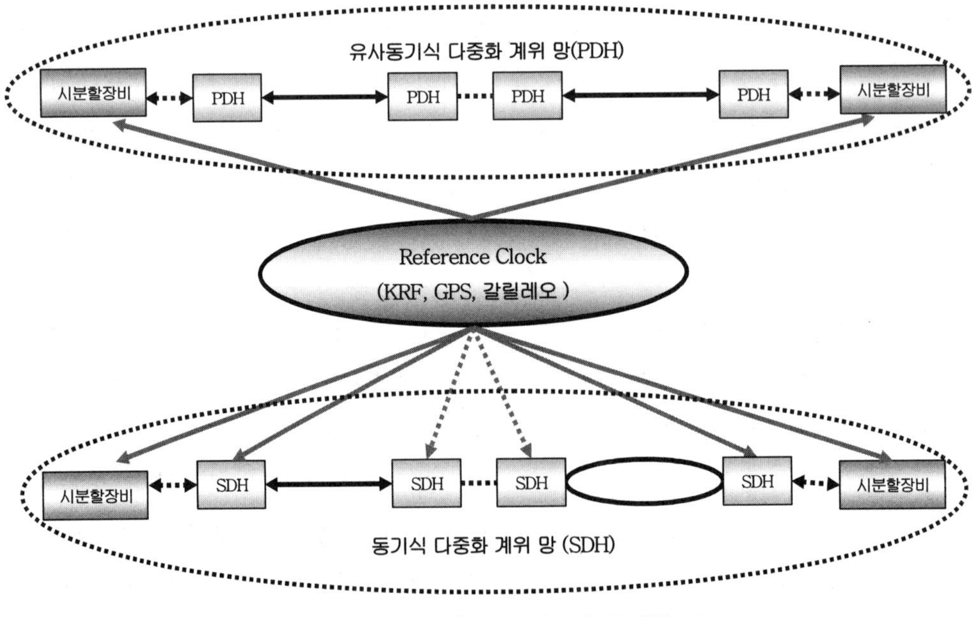

| 그림 3.13 | 전송시스템 클럭원

일반적으로 시분할 전송시스템에서 타이밍을 선택하는 방식에는 External, Through, Free Running, Line, Loop 등이 있다. 다음은 각 타이밍에 대하여 간략히 설명하였다.

3.4.1 External Timing

동기식 장비 내부 클럭이나 수신 클럭과 무관하게 외부로부터 정밀도가 높은 클럭을 공급 받는 방식으로 3계위(Stratum-3) 이상을 사용하는 방식이다.

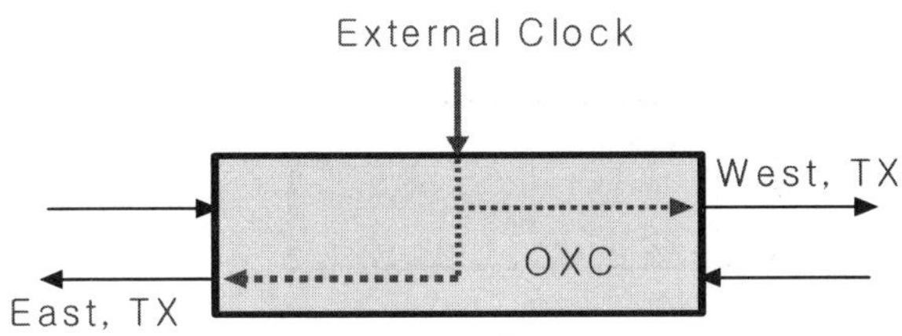

❙그림 3.14❙ External Timing

3.4.2 Through Timing

Line 타이밍의 일종으로 입력신호의 클럭을 같은 방향의 출력 신호 동기화에 사용하는 방식이며, 반대방향 신호의 동기화와는 별개로 동작하는 방식으로 각 방향마다 클럭원을 필요로 한다.

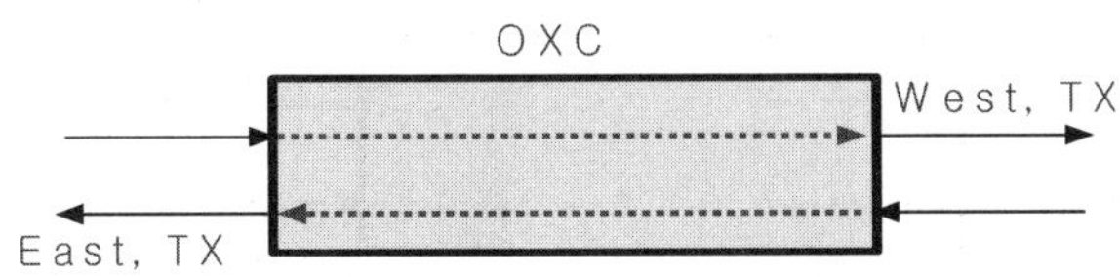

❙그림 3.15❙ Through Timing

3.4.3 Free Running Timing

가장 단순한 방법으로 내부에서 발진되는 클럭을 출력측 신호의 동기화에 사용하는 방식이다.

| 그림 3.16 | Freeruning Timing

3.4.4 Line Timing

수신된 광신호로부터 클럭을 추출하고, 추출된 클럭을 양측 방향 출력측 신호의 동기화에 사용하는 방식이다.

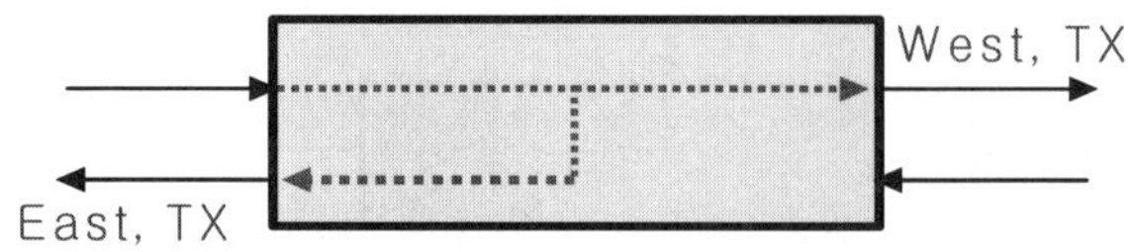

| 그림 3.17 | Line Timing

3.4.5 Loop Timing

Line 타이밍의 일종으로 입력되는 광신호로부터 클럭을 추출하여 되돌아가는 방향의 출력측 신호 및 장비에서 종단되는 모든 신호의 동기화에 사용하는 방식으로 단말 장비에서 주로 사용한다.

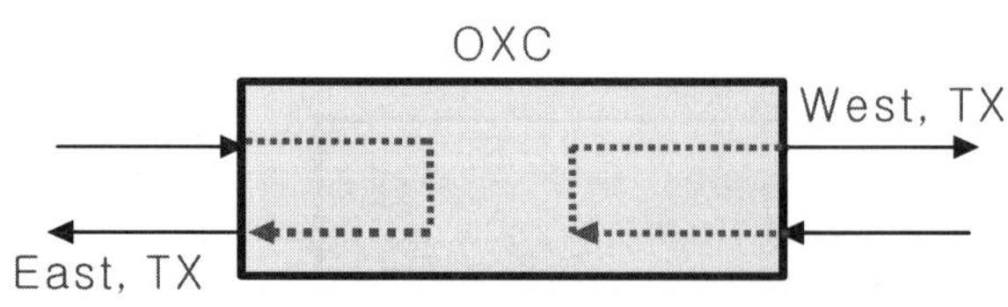

| 그림 3.18 | Loop Timing

3.5 전원공급장비(PFE)

3.5.1 PFE 기능 및 급전 방식

전원공급장비(PFE, Power Feeding Equipment)는 해저케이블의 동튜브를 통해 광증폭기 및 해저 분기장치에 직류 정전류를 공급하는 장비이다. PFE 용량은 해저케이블 구성 및 케이블 길이에 따라 다르게 설계되며 무중계 해저시스템에서는 필요하지 않다. 급전방식은 양쪽 육양국에서 전원을 1/2씩 공급하는 Double-End Feeding 방식과 한쪽 육양국에서만 급전하는 Single-End Feeding 방식이 있다. Double-End Feeding 방식은 부하분담 방식으로 어느 한쪽의 PFE 고장시, 상대국 PFE가 해중설비 전 구간(Segment)의 급전을 담당하므로 신뢰성 및 유지보수성이 높아 주로 장거리 국제해저구간에서 많이 적용하고 있다. Single-End Feeding 방식은 단거리 국제해저구간에서 주로 채택하며 자체 시스템을 이중화하여 전구간을 단독 급전하는 방식이다.

표 3.10 PFE 급전 방식

급전 시스템 방식	특 징
Double-End Feeding	양쪽 육양국에 전구간 전원공급이 가능한 PFE 장비 설치 한쪽 고장시 상대 육양국 PFE 단독 급전 장거리 구간에 주로 사용. 신뢰성 및 유지보수성이 높음
Single-End Feeding	주로 BU에서 분기되는 육양국에 주로 설치하는 시스템 PFE 시스템 이중화(주 · 예비) 주로 단거리 구간에서 채택

3.5.2 PFE 구성

해저케이블을 통신국사로 인입시 전력케이블과 광섬유 케이블을 종단하는 장치를 케이블종단함체(CTB, Cable Termination Box)라고 하며 BMH(Beach Manhole) 또는 육양국 내에 설치한다. CTB에서 분리된 전력케이블은 PFE의 SW Bay에 연결되며, 광섬유 쌍들은 WTU에 종단된다. PFE의 기본 구성은 PR(Power Regulator) Bay, PM (Power Monitor) Bay, LT(Load Transfer) Bay, TL(Test Load) Bay 및 SW(Switch) Bay로 이루어진다. PR Bay의 전압 용량은 해저 시스템에 따라 다르게 설계되며, PR Bay는 통신국사의 DC -48V 전압을 고압 정전류 출력으로 변환한 후 해저설비에 공급하며, PM Bay는 제어, 감시 및 관리 기능을 제공한다.

[그림 3.19]는 Double-End Feeding PFE 시스템에 대한 블록 다이어그램이다. 이 방식은 해저케이블의 동튜브를 이용하여 정전류를 양쪽 국사에서 급전을 하면, 해저

면을 통하여 귀로가 형성되어 해저설비에 전원을 공급할 수 있게 되는 것이다.

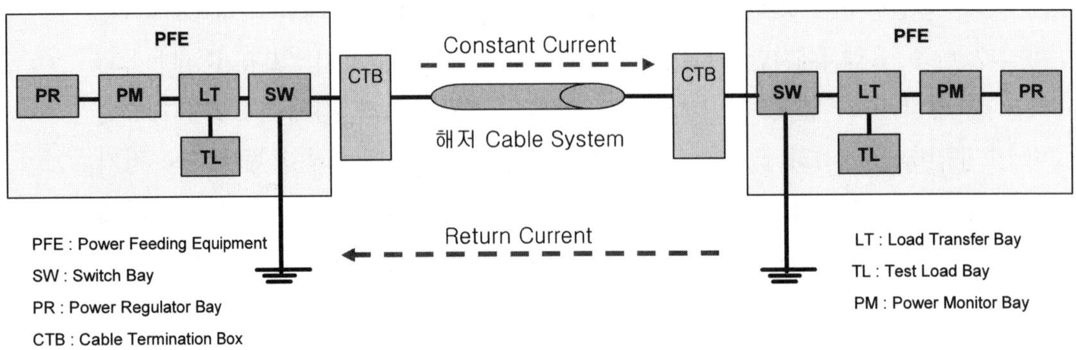

| 그림 3.19 | PFE 양방향 전원공급 구성

3.5.3 PFE의 부가 기능

3.5.3.1 일렉트로딩

PFE는 해저케이블의 동튜브에 교류저주파 신호인 일렉트로딩(Electrding)을 중첩으로 보내어 케이블 고장위치를 확인할 수 있다. [그림 3.20]에 나타난 바와 같이 25 ㎐의 저주파 Electroding 신호는 시스템이 In-Sevice일 때 정상적인 급전전류에 중첩된다. 최대 Electroding 전류는 대략 80㎃$_{0\text{-}P}$(0~peak)이며, PFE 급전전류에는 영향을 미치지 않는다. 또한, 저주파(0~50㎐, 200㎃$_{0\text{-}P}$) Electroding 신호를 DC 500㎃의 Out-of Service 모드에서 보낼 수 있다. 저주파 Electroding 신호는 육양국사 PFE 장치로부터 약 300Km~500Km 떨어진 곳에서 검출이 가능하며 신호가 검출 되지 않을시 그 지점을 고장지점으로 한다.

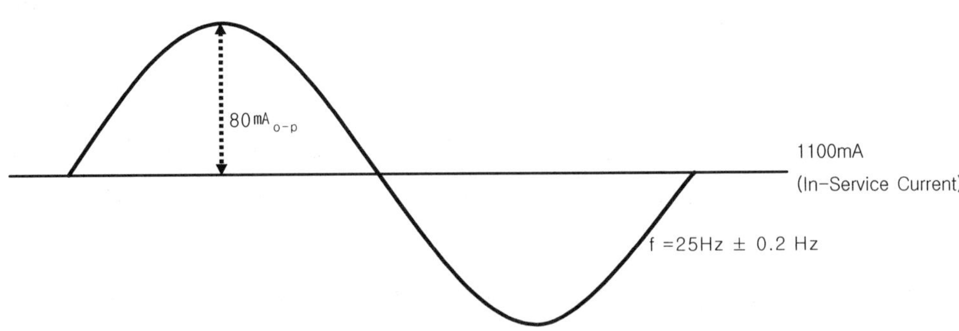

| 그림 3.20 | PFE의 Electroding 신호 (In-Service 모드)

3.5.3.2 고장위치 확인 및 전원 재구성

PFE는 DC 500mA 이하의 낮은 전류를 급전할 수 있으며, 고장위치 확인을 위해 PFE의 전원극성을 변경할 수 있다. 여러 분기장치를 사용하는 해저 시스템에서는 해저망의 고장 상황에 따라 분기장치를 이용하여 전원을 재구성할 수 있다.

3.5.3.3 자동차단 기능

일반적으로 PFE는 출력전류가 사전 설정 값의 ±10%을 초과하는 경우에 PFE의 보호를 위해 감지장치를 통하여 자동 차단하는 기능을 가지고 있다.

3.5.4 PFE 전원 공급망

[그림 3.21]은 EAC 해저케이블 시스템 급전 구성도를 나타내고 있다. 한국 신두리 육양국과 일본 Ajigaura 육양국 구간의 급전은 Double-End Feeding 방식의 예를 보여주는 것으로 한국에서 일본 방향으로 (+) 급전을 하며, 일본에서는 한국 방향으로 (-) 급전을 하여 각각 1/2씩 부하분담하고 있다. 중국 Qingdao 및 대만 Pali 육양국에서는 Single-End Feeding 방식을 적용하여 해저분기장치(BU)까지 전원을 공급하는 구성도를 보여주고 있다.

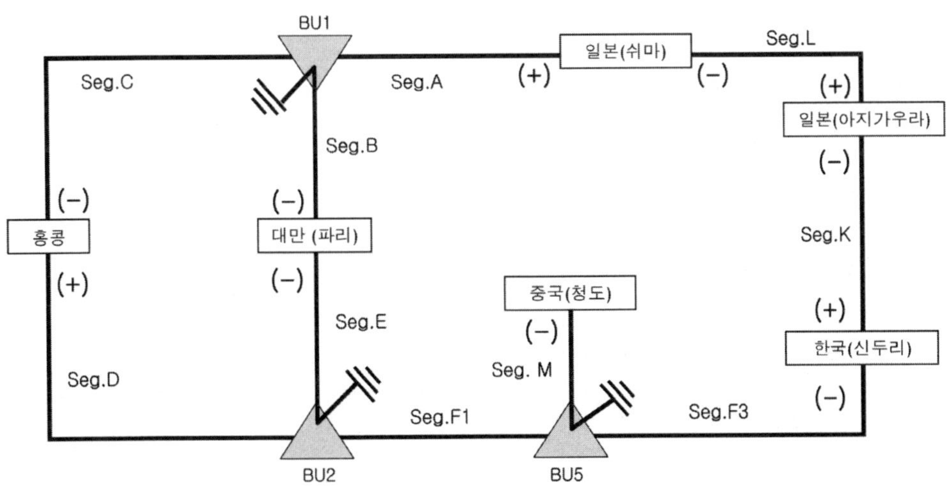

| 그림 3.21 | EAC 해저케이블 전원 공급망 구성도

3.6 망관리 시스템(NMS)

해저케이블 육양국의 전송장치 및 해중설비를 운용 및 유지관리를 위해서 육양국 감시장비(SSE, Station Surveillance Equipment)를 일반적으로 설치한다. SSE는 국제 표준화된 통신망 운용관리기술인 TMN(Telecommunication Management Network) 구조의 표준 인터페이스를 통해 Element 관리 수준에서 해저통신국 장비를 감시하며, 고장발생 시 알람 표출기능을 해 준다. 망관리 시스템은 망관리 기능 중단과 같은 고장을 막기 위해 예비 망관리 시스템을 설치하여 이중화로 운영한다. [그림 3.22]에는 ITU-T TMN 구조와 실제 육양국에서 구현된 망관리 시스템을 나타내었다. 해저측 전송장비를 관리하기 위해 MC(Maintenance Controller)를 설치하여 SSE 역할을 수행하며, Q3 인터페이스를 통해 WTU, LTU, LME 및 PFE를 각각 관리한다. 또한, MC와 별도로 EMS를 설치하여 SIE를 관리한다. 일반적으로 해저시스템에서는 고장관리 및 회선 개통, 성능 관리 등을 한 곳에서 감시할 수 있는 마스터 육양국 또는 망운영 센터(NOC, Notwork Operation Center)를 설치 운영한다.

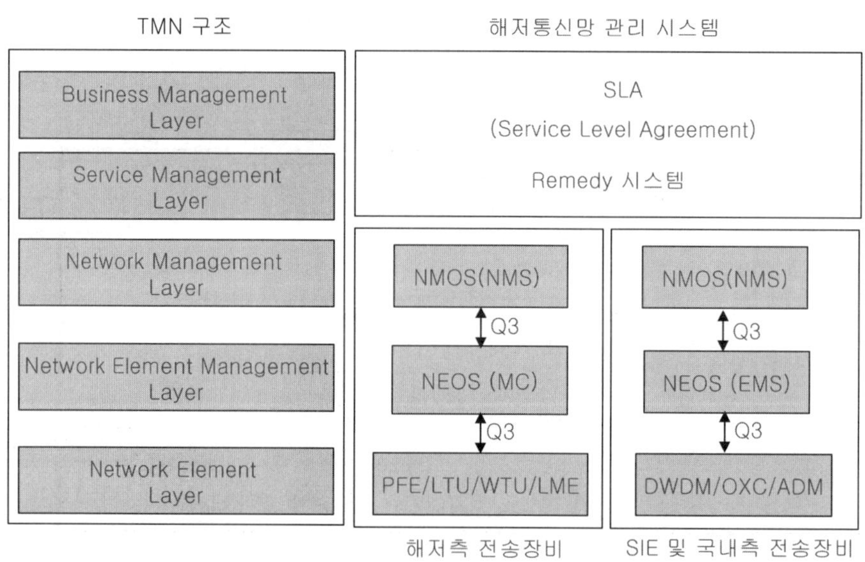

┃그림 3.22┃ 네트워크망 관리 시스템 구성

TMN 관리기능은 표준 인터페이스를 사용하여 관리 정보를 교환하기 위해 다양한 동작 시스템과 통신 장비 간 연결을 위한 구조를 제공함으로써 아날로그망, 디지털망, 공중망, 사설망, 스위치 시스템, 전송 시스템, 통신 S/W, 논리적 망 자원(회선, 경로, 통신 서비스) 등 모든 망과 망 요소의 관리가 가능하다. TMN 개념은 다섯 개의 논리적 계층 관리 구조로 정립되었고 다섯 가지의 FCAPS 관리 기능 영역이 다음과 같이 정의되어 있다.

(1) 고장관리(Fault Management) : 망 관리자가 통신네트워크 또는 OSI 환경의 문제점을 감지, 오류가 발생한 시스템에 대한 감지, 격리, 정정을 위한 메커니즘을 제공하는 기능

(2) 구성관리(Configuration Management) : 임의의 자원에 대한 현재 상태의 수집, 망 요소 및 OSI 계층 소프트웨어에 관련된 파라메터값 설정, 구성 및 변경 기능

(3) 요금관리(Accounting Management) : 망 관리자가 사용자들에게 네트워크 자원을 할당하고 적절한 비용을 부과하는 기능

(4) 성능관리(Performance Management) : 성능 자료 수집, 성능 기록관리 및 검사 기능

(5) 보안관리(Security Management) : 망 관리자가 통신자원의 접근 보호기능을 제공하는 서비스들의 관리기능

제 4 장

해저통신망 운용 및 유지보수

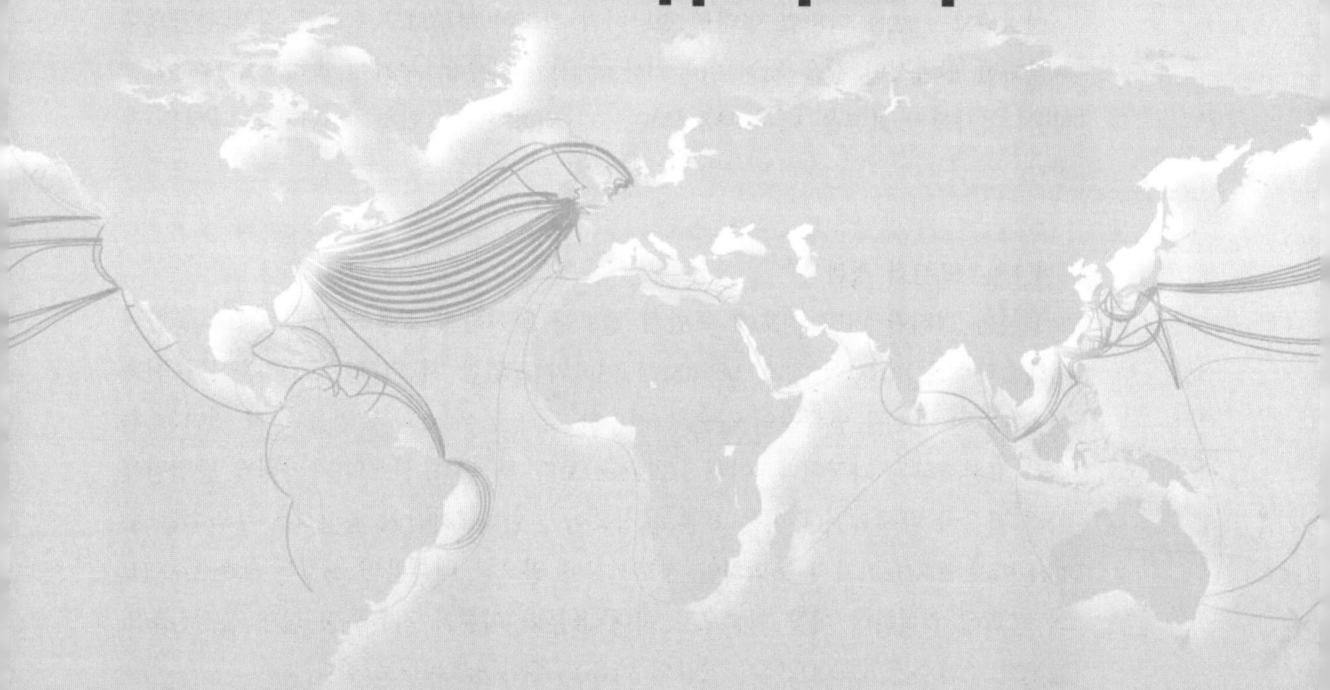

04 해저통신망 운용 및 유지보수

해저통신망의 형태(Topology)는 PTP망 구조에서 환형 구조로 발전되었으며, 현재 대부분의 해저망은 SDH over DWDM 구조로 SDH의 풍부한 운용 유지보수 지원 기능을 활용하고 있다. 향후 통신망이 전광 네트워크(All Optical Network)로 발전됨에 따라 해저통신망 중심 노드의 장비 중에 하나인 SDH 장비도 광교환 장비로 대체되어 메쉬(Mesh) 네트워크 구조로 발전될 전망이다. 이 장에서는 디지털 전송계위에 대하여 서술하였으며, 이를 응용하여 실무에서 적용되는 SDH의 OAM 기능을 설명하였다. 또한 해저통신망의 형태 및 해저케이블 유지보수에 대하여 다루었다.

4.1 디지털 전송 기술

4.1.1 펄스부호 변조

아날로그 신호를 디지털 형태로 전달하기 위하여 아날로그 신호를 일정 간격으로 표본화한 연속적인 값을 갖는 표본치를, 한정된 개수의 구간에 속하도록 양자화한 다음, 양자화된 표본을 다시 부호를 만들기 위하여 부호화하는 3단계의 과정을 말한다.

4.1.1.1 표본화 정리

표본화 정리란 어떤 신호에 포함된 정보를 완전하게 전송하려면 신호에 포함된 최대주파수가 B(Hz)일 경우 1/2B(Sec) 이하의 균일한 시간간격으로 추출하여 전송했을 때 이 신호를 연속적인 값으로 전송한 것과 같은 효과를 얻을 수가 있다는 원리로 표본화하는 과정이다. 이때 1/2B(Sec)보다 클 경우 신호의 측파대가 중첩됨에 따라 잡음이 발생되는데 이를 표본화 잡음이라 한다. 사람의 음성신호 주파수는 수십Hz에서 20KHz까지 분포되지만 정보전달에 필요한 대부분의 신호는 300~3,400Hz의 범위에 위치하여 이를 기본으로 하며 표본화 이론을 적용하면 실제 음성신호의 표본화 주파수는 6,800Hz에서 약간의 여유를 두어 8,000Hz로 한다.

4.1.1.2 양자화(Quantizing)

양자화란 표본화된 PAM(Pulse Amplitude Modulation) 신호를 적당한 레벨로 구분하여 일정범위내의 값을 대표 값으로 나타내 주는 과정을 말한다. 그런데 양자화 수행 과정 중 원래의 신호와 양자화 신호 간에 발생하는 오차로 인해 잡음이 발생되는데, 이를 양자화 잡음이라 한다. 양자화 오차를 줄이기 위하여 양자화 레벨 수를 증가시켜 양자화 단계 폭을 줄이거나 대수법칙을 적용시켜 양자화 단계 폭을 변화시키는 비선형 양자화 방법을 채택한다. 일반적으로 양자화 레벨 수를 256단계로 하는 대신 비선형 양자화 방법을 사용하여 양자화 왜곡의 비율을 크기 별로 일정하게 조정하는 방법을 사용한다.

4.1.1.2.1 선형 양자화

양자화 단계 폭을 일정하게 하는 방식으로 신호의 진폭에 관계없이 잡음크기가 서로 같다. 따라서 신호대잡음비(S/N)는 작은 신호에서 더욱 크게 발생하여 S/N비의 불균형이 초래된다.

4.1.1.2.2 비선형 양자화

신호의 대소에 관계없이 S/N비를 균일하게 하여 상대적으로 오차를 일정하게 하기 위해 대소법칙을 적용하여 양자화 단계폭을 변화시키는 방법으로 압축(Compression)과 신장(Expanding)을 함께하는 압신양자화(Companding) 방법을 사용한다. ITU-T 권고 압신법칙으로 미국, 일본, 한국에서 주로 사용하는 μ-법칙과 유럽, 아프리카, 남미 등에서 사용하는 A-법칙이 있다.

4.1.1.3 부호화(Cording)

양자화된 PAM 신호는 전송 및 처리에 적합하도록 부호화하는 과정으로 2진 신호가 전송회선상에서 재생이 쉬우므로 2진법에 의해 수행한다. 일반적으로 음성신호는 256개의 레벨로 양자화하여 이를 8비트로 부호화한다. PCM화된 음성신호는 초당 8,000개의 표본을 8비트로 부호화하므로 64Kbps의 디지털 신호가 나오게 된다.

4.1.2 다중화

다중화는 여러 개의 저속 신호를 하나의 고속선로로 전송할 수 있도록 하는 방법이다. 선로효율 및 전송속도를 높이는 기술로서 다중화 기술에는 주파수 영역 또는 시간영역에서 중첩시키는 방법인 FDM, TDM, WDM 등이 있다. 주파수분할 다중화(FDM, Frequency Division Multiplexing)는 일정한 시간영역에서 주파수를 다중화하는 방식이며, 시분할다중화(TDM, Time Division Multiplexing)는 일정한 주파수 영역에서 시간을 다중화하는 방식이다. 이 장에서는 주로 시분할 다중화 방식인 비동기식(유사동기식)과 동기식 전송계위를 중심으로 설명하기로 한다.

4.1.2.1 유사 동기식 디지털계위(PDH) 시분할 다중화

각 신호들이 자신의 시간대에서만 전송로를 공유하여 여러 개의 정보가 같이 전송될 수 있도록 하는 방법을 시분할다중화라 한다. 이때 각 신호들이 차지하는 시간을 타임슬롯(time slot)이라 하며, N개의 타임슬롯을 묶은 한 주기를 프레임이라고 부른다. 유럽 방식은 30개의 통화로 타임슬롯과 2개의 신호 및 동기용 타임슬롯을 사용하며, 북미방식은 24개의 통화로 타임슬롯을 사용하는 방식이다.

표 4.1 T1과 E1 비교

구분		북미 방식 (T1 : 24CH)	유럽 방식 (E1 : 32CH)
음성주파수대역		300~3,400Hz	300~3,400Hz
표본화주파수		8,000Hz	8,000Hz
전송속도		1.544Mbps	2.048Mbps
프레임당	타임슬롯수	24	32
	통화로수	24	30
압신법칙		μ-law (μ = 255)	A-law (A=87.6)
데이터전송속도(채널당)		56Kbps	64Kbps

구분	북미 방식 (T1 : 24CH)	유럽 방식 (E1 : 32CH)
프레임 구조	• 프레임당 193bit로 8bit의 채널 타임슬롯 24개와 1개의 프레임 동기 비트로 구성. • 6번째 프레임마다 각 채널의 8번째 bit를 신호 bit로 사용.	• 프레임당 32개 타임슬롯 중 2개 타임슬롯은 신호 및 동기, 경보용으로 사용되며 30채널은 통화용임.
특징	• 음성 전송시에는 지장이 없으나 디지털 데이터 전송시에는 전송능력이 56Kbps로 제한됨. – AMI 방식 : 7개의 비트가 연속적으로 "0"이면 8번째 비트를 1로 만듬.	• 신호채널을 별도로 사용하므로 디지털 전송데이터 전송능력이 64Kbps임. – HDB3 방식

[그림 4.1]은 유사동기식 디지털 계위의 다중화 절차를 나타내었다. PDH는 고속 전송을 위해서 복잡한 다중화 과정을 거치며 북미식, 유럽식, 일본식이 있다.

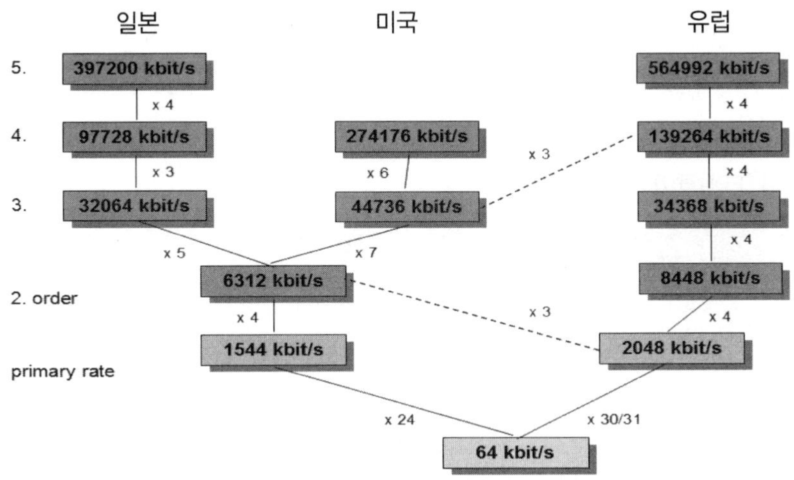

그림 4.1 유사 동기식 디지털 계위(PDH)

4.1.2.2 동기식 디지털 계위(SDH) 시분할 다중화

광통신장비가 급속한 속도로 발전/보급됨에 따라 통신 사업자 간의 호환성에 대한 사용자들의 요구가 증대되기 시작하였다. 즉 서로 다른 제조업체의 광장비를 사용하는 통신사업자들 간에 서로 다른 망의 접속이 발생됨에 따라 상호 타기종 간의 접속

호환성 부재로 인한 문제들이 발생되었다. 이러한 문제를 해결하고자 광통신망 접속 표준을 정하던 중 광대역종합통신망(B-ISDN)의 표준으로 사용할 수 있도록 일반화 시킨 것이 동기식 디지털 계위(SDH)이고, 이 SDH에 의한 전송방식이 동기식 전송 방식이다. SDH는 유료 부하 신호들을 적절히 처리하여 전송망을 통해서 수송할 수 있도록 새로이 표준화한 계위이다. SDH는 155.520Mbps 비트율의 신호를 N개 바이트 교직다중화(BIM, Byte Inter-leaved Multiplexing)시킨 형태를 갖는 동기식 전송모듈(STM, Synchronous Transport Module)만이 존재하게 된다.

SDH를 동기식이라 함은 비동기 계위 신호들이 STM-1신호로 다중화되는 과정이 동기식 다중화 구조를 채택하고 있기 때문이며, 이 동기식 다중화 구조를 사용할 때의 장점으로는 다중화/역다중화가 단순하고, 저속 계위신호에 접근하기가 용이하며, 운용 및 유지보수(OA&M) 기능을 향상시킬 수 있고, 초고속 전송으로 확장성이 용이하다는 장점이 있다. 기존의 디지털 전송방식을 비동기식 전송방식이라고도 하는데 이것은 동기가 요구되지 않는다는 개념이 아니라 동기식 다중화 과정에서 요구되는 동기방식이 아니라는 뜻으로 동기식방식에 대한 상대적인 의미로써 비동기식이라고 부르게 된 것이다. 모든 디지털 전송방식에서는 동기과정이 필요하게 되며 동기과정의 차이에 따라 동기식 방식과 비동기식 방식(유사동기 방식)으로 구분된 것이다.

표 4.2 PDH와 SDH 비교

구 분	유사 동기식 디지털 계위(PDH)	동기식 디지털 계위(SDH)
• 다중화 원리	비동기된 입력신호들을 동기화 시킨 후 비트 인터리빙하여 다중화	동기된 입력신호들을 동기화 하는 과정을 거치지 않고 단순 인터리빙하여 다중화
• 다중화 기술 – 프레임 주기 – 인터리빙 방식 – 고계위신호 다중화 – 출력신호의 비트레이트	 – 125μs(8kHz)가 아님(2계위이상) – 비트의 순차적 할당 – 단계적 다중 – 입력신호 비트 레이트의 정수배보다 조금 높음	 – 125μs(8kHz) – 바이트 단위의 순차적 할당 – 한 단계 다중 – 입력신호 비트 레이트의 정수배
• 망구성	PTP, Mesh	Ring, Star, Mesh
• 유지보수(OA&M)	수동, 반자동의 운용 및 유지보수	전송로 장애시 보호 절체 용이, 전국적인 통신망관리(TMN)가능

구 분	유사 동기식 디지털 계위(PDH)	동기식 디지털 계위(SDH)
• 충분한 오버헤드 확보	불가능	가능(MS, RS, Path)
• 동기기술	입력신호를 공통클럭에 맞추기 위해 정위치 맞춤 수행	포인터를 사용한 정/영/부 위치 맞춤수행
• 경제성	고차군의 다중화 비용 증가	고차군의 다중화 비용 저렴
• 망의 진화	139Mbps 이상의 국제 표준 부재 북미식 계위(1.544Mbps 기본) 유럽식 계위(2.048Mbps 기본)	초고속 다중화 용이 국제 단일 표준(155.52Mbps) 북미/유럽식 동시 수용

4.1.3 SDH(Synchronous Digital Hierarchy) 개요

SDH는 고속 디지털 통신을 위한 광전송 방식의 국제 표준이다. 미국의 벨코어가 개발하고 미국표준협회(ANSI, American National Standards Institute)가 표준화한 고속 광전송 방식의 표준 규격인 동기식 광통신망(SONET, Synchronous Optical Network)을 바탕으로, 전기 통신 국제 표준화 기관인 ITU-T가 1988년 G.707, G.708, G.709로 만든 표준이다. SDH는 광섬유의 고속 디지털 전송 능력을 활용하기 위한 디지털 신호의 동기 다중화 계층과 속도 체계 및 인터페이스를 정의한다.

SDH는 SONET과 호환성이 있는 표준이라는 의미에서 SONET/SDH라고도 부른다. SDH의 기본이 되는 다중화 단위는 동기전송모듈(STM)이며, 최저 다중화 단계인 STM-1의 전송 속도는 155.520Mbps이다. STM-1을 STM-4, STM-16 등과 같이 단계적으로 일정한 정수배로 다중화하는데 다중화 단계와 전송 속도는 [표 4.3]과 같다.

┃표 4.3┃ SONET/SDH 디지털 전송계위

계위명 및 전송속도				비고
SDH	SONET(광신호)	SONET(전기신호)	전송속도(Mbps)	
	OC-1	STS-1	51.84	SONET 기본속도
STM-1	OC-3	STS-3	155.52	SDH 기본속도
	OC-9	STS-9	466.56	
STM-4	OC-12	STS-12	622.08	
	OC-18	STS-18	933.12	

계위명 및 전송속도				비고
SDH	SONET(광신호)	SONET(전기신호)	전송속도(Mbps)	
	OC-24	STS-24	1244.16	
	OC-36	STS-36	1866.24	
STM-16	OC-48	STS-48	2488.32	
STM-64	OC-192	STS-192	9953.28	
□ STM-N : Synchronous Transport Module-N □ OC-N : Optical Carrier-N □ STS-N : Synchronous Transport Signal-N				

SDH는 다양한 전송장비를 상호 접속하기 위한 광신호와 인터페이스 표준을 제공하고, 고도의 망 운용·관리·유지보수(OA&M) 기능을 제공하여 B-ISDN에서 응용을 위한 구조를 규정하고 있다. SDH가 탄생하기 전까지는 북미, 유럽, 일본 등 지역별로 다른 3종류의 다중화 계층과 속도 체계가 존재하고 있었으나, SDH의 등장으로 각기 다른 속도의 고속 전송을 유연하게 다중화할 수 있고 통일적인 망 운용·관리·유지보수를 실현할 수 있게 되었다.

4.1.3.1 동기식 전송 방식 특징

① 125μs

프레임 구조가 125μs 단위로 구성되었으며, DS-0 신호로 쉽게 접근할 수 있으며 모든 데이터 처리를 바이트 단위로 할 수 있다.

② 디지털 계층의 통합

다중화와 역다중화 기술이 단순하며 동기식 다중화 구조는 북미식 및 유럽식 디지털 신호를 모두 수용할 수 있어 범 세계적인 통신망으로 통합할 수 있다.

③ 계층화 구조

통신망을 크게 경로(path)와 구간(section)으로 계층화하여 구간에서는 경로에서 필요한 오버헤드를 처리하지 않고 투명하게 통과시킨다.

④ 오버헤드의 체계적 활용

풍부한 오버헤드는 통신망 운용 및 관리를 용이하게 지원할 수 있다.

⑤ 포인터에 의한 동기화

PDH 다중화에서는 비트 채워 넣기(Bit stuffing)로 동기화를 하지만, SDH 다중화에서는 바이트 단위의 포인터 삽입으로 통신망 동기화를 실시한다.

⑥ 일단계 다중화

PDH 신호를 DS-1계위 신호 VC-11, TU-11, TUG-2, VC-4, AU-3 중간 신호를 거쳐서 직접 STM-n 신호로 다중화 되는 구조이다. 즉 모든 중간신호는 다중화 과정을 거치지 않아도 저속 계위로 직접 액세스할 수 있다.

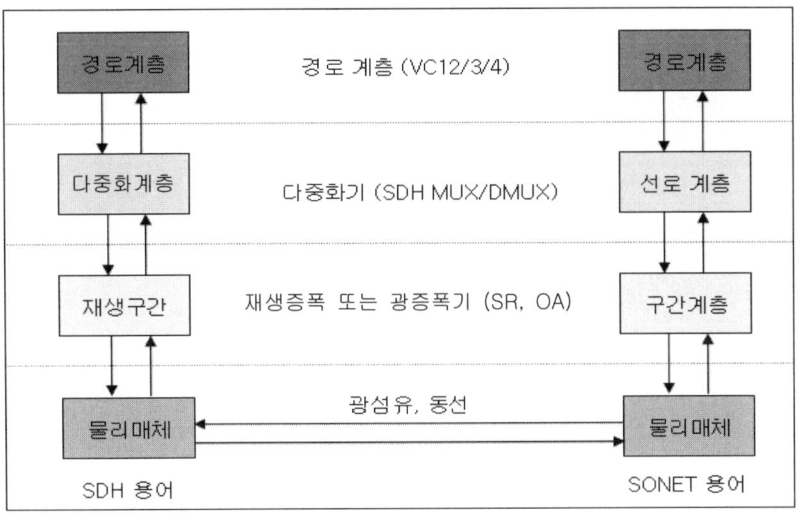

| 그림 4.2 | SONET/SDH 계층구조

4.1.3.2 SDH 기본 프레임

[그림 4.3]은 STM-1 프레임 구조를 보여주고 있다. 먼저 구간오버헤드(SOH)는 STM-n 신호가 구성될 마지막 단계에 삽입되어 STM-n 신호의 전송 성능 표시와 운용관리 및 유지보수(OA&M) 등을 목적으로 재생기(Regenerator), 다중화기(Multiplexer) 구간에서 삽입/추출된다. 재생기구간 오버헤드(RSOH)는 3×9Byte(1.728Mbps)이며, 다중화기구간 오버헤드(MSOH)는 5×9Byte(2.880Mbps)로 구성된다. AU-포인터는 1×9Byte(0.576Mbps)로 가상상자(VC, Virtual Container)가 계위단위(TU, Tributary Unit) 또는 관리단위(AU, Adminisrative Unit) 신호로 정렬될 때, TU 또는 AU 프레임 내에 VC가 시작되는 주소를 지정한다. 경로 오버헤드(POH, Path Overhead)는

1×9Byte(0.576Mbps)로 구성되며 VC 신호가 구성될 때마다 삽입되고 해당 VC가 조성되는 점과 해체되는 점 사이의 End-to-End 통신을 위해 사용된다.

STM-1 유료부하는 9×260Byte(149.760Mbps)로 구성된다. STM-1의 프레임 구조는 125μs동안에 9×270Byte 크기의 공간을 점유하므로 155.520Mbps의 비트율을 갖게 된다. 따라서 STM-n의 프레임 크기는 n×9×270Byte이고 n×155.520Mbps의 비트율을 갖는다.

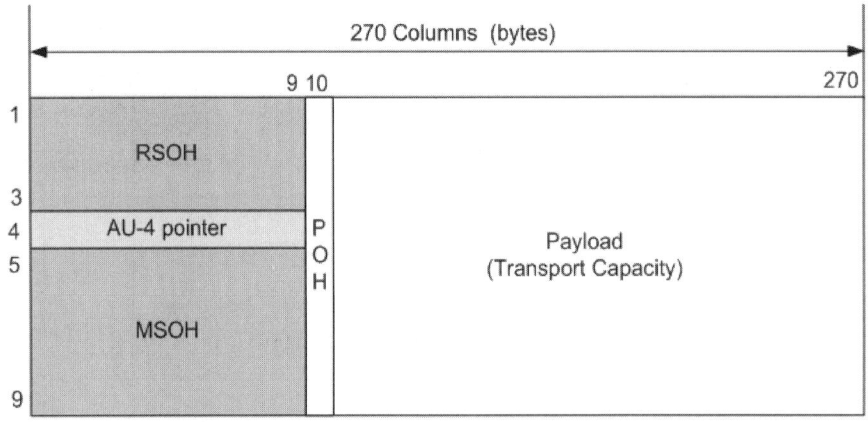

그림 4.3 STM-1 프레임 구조

한편, SONET은 STS-1(Synchronous Transport Signal)의 프레임 크기가 9B×90 = 810Byte로 다음과 같은 계산에 의해서 51.84Mbps가 된다.

$$810(\text{Bytes/Frame}) \times 8000(\text{Frames/Sec.}) \times 8(\text{Bits/Bytes}) = 51.84\text{Mbps}$$

전송 오버헤드는 9×3B = 27Bytes가 되고, 유료부하 용량(Payload Capacity)은 9×87B×8000×8 = 50.112Mbps가 된다. 따라서, 전체 이용 가능한 유료부하는 9×84 = 756Bytes = 48.384Mbps가 된다.

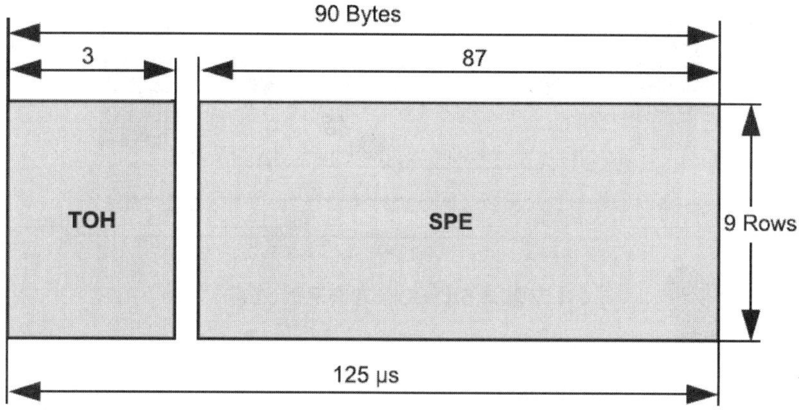

❙그림 4.4❙ SONET STS-1 프레임 구조

4.1.3.3 SDH 계층 구조

SDH 계층의 오버헤드와 전송기능은 4단계로 나뉘어진다. 광계층(Physical layer)은 광전송 및 전자 신호를 광신호로의 변환을 담당하고, 구간계층(Section layer)은 물리적 매개체로 STM-n 프레임의 전송, Framing, 스크램블링, 구간 계층에서의 에러 발생을 감독 및 구간 레벨에서의 오버헤드를 첨가시킨다. Line 계층은 물리 매체를 통하여 VC-3, VC-4 경로 계층(Path layer) 유료부하와 다중화기 구간 오버헤드(MSOH, Multiplexer Section Overhead)를 전송하며 경로 계층에서의 유료부하(Payload)의 신뢰성 있는 전송, 경로 계층에 대한 동기화와 다중화를 제공한다. 경로 계층(Path layer)은 경로종단장비(PTE, Path Terminating Equipment) 간의 서비스 전송을 다룬다.

구간종단장비(STE, Section Terminating Equipment)는 SDH의 물리계층과 Section 계층을 만들고 분해하는 NE(Network Equipment)로서 재생기 구간 오버헤드(RSOH)를 해석하고 처리하며 재생중계기 또는 LTE(Line Terminating Equipment)의 한 부분이 될 수 있다. LTE는 Line 신호를 만들어 내거나 분해하는 네트워크 장비(NE)로서 다중화기 구간 오버헤드를 해석하고 처리한다. 재생중계기를 제외한 다른 어떠한 SDH장비(예: ADM)도 될 수 있다. 경로종단장비(PTE)는 경로 오버헤드(POH)를 만들거나 분해하는 네트워크 장비(NE)로서 SDH VC-3, VC-4 유료부하(Payload)를 종단하는 장비가 해당된다.

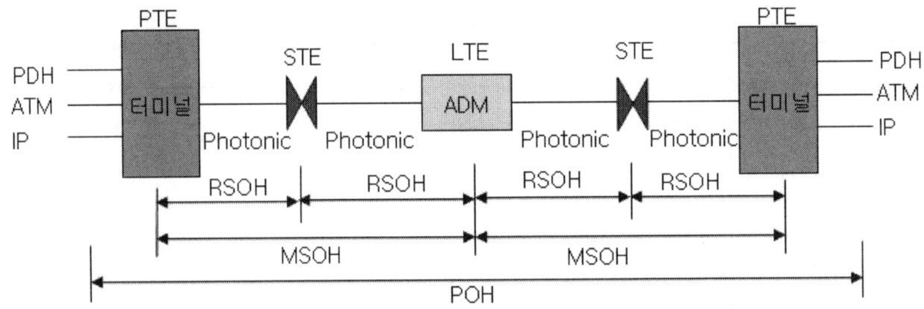

| 그림 4.5 | SDH 계층구조 개념

4.1.3.4 SDH 신호 다중화 과정

상자(Container)는 동기식 다중화 구조를 구성하는 기본 단위로 기존 PDH 신호를 상자(C)속에 매핑하는 동기식 다중화의 기본 과정이다. VC는 동기식 전송에 있어서 경로 계층 간의 연결을 지원하기 위한 신호단위로 정보를 채운 유료부하 공간과 경로오버헤드로 구성된다.

TU는 하위 경로 계층과 상위 경로 계층 간의 적응 기능을 제공하기 위한 신호단위로 하위 VC가 상위 VC 프레임 시작점으로부터 어긋난 정도를 표시(TU 포인터)한다. 계위 신호 단위 그룹(TUG, TU Group)는 TU를 한 개 이상 결합해서, 상위 VC 유료부하 공간 내에 정해진 위치에 정렬시킨 것으로 TU를 결합하고 TUG를 구성할 때는 오버헤드가 없다.

AU는 상위 경로 계층과 다중화기 구간 계층 간의 적응기능을 제공하며 유료부하 프레임이 다중화기 구간 프레임의 시작점으로부터 어긋난 정도를 표시(AU 포인터)한다. AU들이 한 개 이상 결합하여 STM 유료 부하 공간내의 정해진 위치에 정렬하고 3개의 AU-3에 의해 구성된다.

동기식 수송 모듈 STM-n은 실제 동기식 전송망에 전송되는 신호로 AUG를 n개 바이트 교직다중화(BIM, Byte Inter-leaved Multiplexing)시킨 후, 구간 오버헤드(SOH)를 부착하여 만들어진다.

[그림 4.6]은 다중화 과정의 예로 140Mbps의 PDH 신호를 동기식 다중화를 하기 위해 C4에 매핑한다. C4에 종단 간 연결을 위한 경로 오버헤드를 부가하여 VC4를 만든다. STM 프레임내의 VC4의 위치지정과 동기화를 위해 포인터를 부가하여 AU4를 생성한 후 구간오버헤드를 부가하여 STM-1 신호를 만든다.

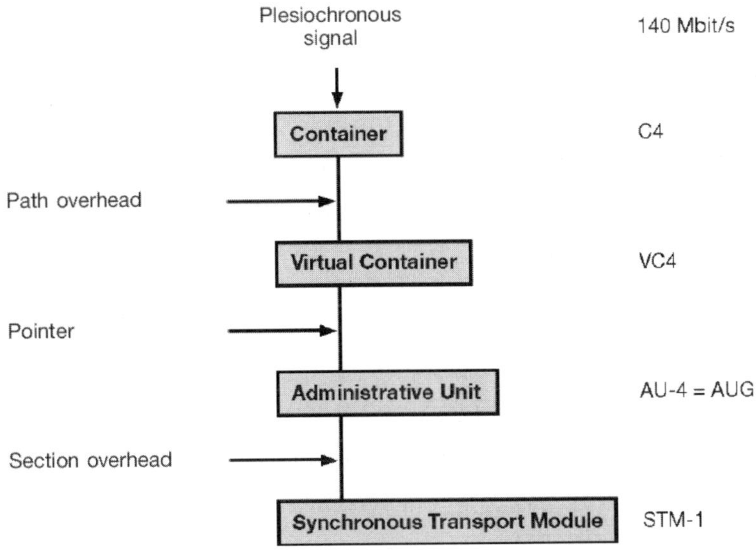

| 그림 4.6 | PDH 신호가 SDH로 다중화되는 과정

4.1.3.5 SDH 오버헤드(Overhead)

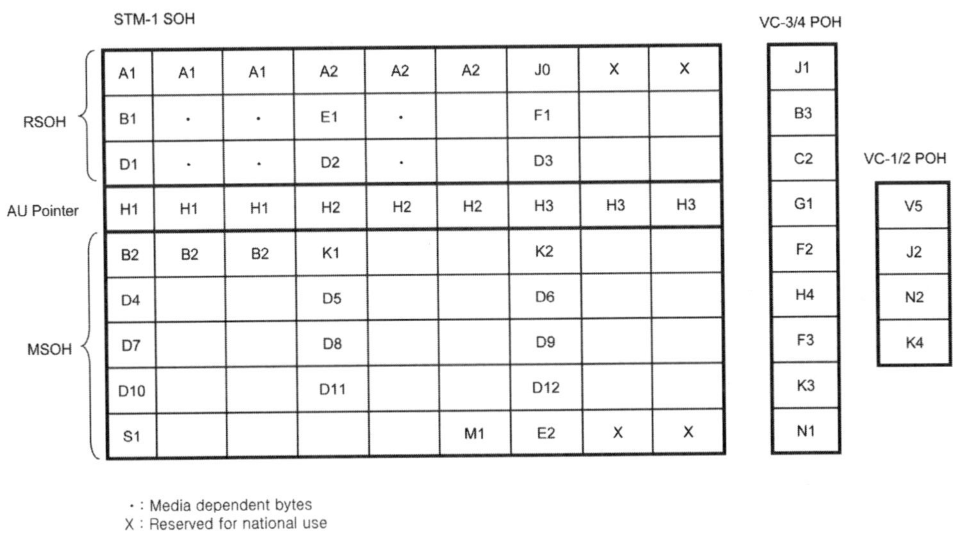

| 그림 4.7 | SDH 오버헤드

4.1.3.5.1 재생기 구간 오버헤드(RSOH, Regenerator Section Overhead)

① A1, A2 : STM-1 프레임의 시작을 표시하는 동기용 바이트

② J0 : 구간경로 추적용, STM-1 신호마다 대문자 1개씩 첫 번째 바이트만 사용

③ B1 : BIP-8(Bit Interleaved Parity-8). 중계기 상호 간 혹은 중계기와 전송단국 장치 간의 부호오류 감시에 사용, SDH에서 패리티(parity) 연산은 짝수 패리티를 사용

④ E1 : 중계기 상호 간, 혹은 중계기와 전송단국 장치 간의 음성 채널 구현에 사용되는 바이트

⑤ F1 : 네트워크 운용자가 자유롭게 사용할 수 있는 바이트

⑥ D1, D2, D3 : 중계기 상호 간 또는 중계기와 전송단국장치 간에서 감시제어정보 전송을 하는 192kb/s의 데이터 통신채널(DCC, Data Communication Channel)

4.1.3.5.2 다중화기 구간 오버헤드(MSOH, Multiplexer Section Overhead)

① B2 : 전송단국장치 상호 간의(다중화기 구간) 부호오류 감시에 이용되는 바이트로 3바이트로 정의. BIP-24란 모든 정보를 24bit마다 분할하여 감시하는 것을 의미하며, BIP-8에 비해 보다 상세한 감시가 가능함.

② K1, K2 : 자동보호절체(APS, Automatic Protection Switch)에 이용하는 바이트로, 전송시스템의 중계기나 전송매체의 고장에 대해 전송단국 장치 간 시스템 절체를 제어하는 신호의 주고받음과 경보상태의 표시에 사용

③ D4~D12 : 전송단국 장치 간에 감시제어정보의 전송을 하는 576Mbps의 데이터 채널

④ E2 : 전송단국장치 상호 간의(다중화기 구간) 음성 채널 구현에 사용되는 바이트

4.1.3.5.3 경로 오버헤드(POH, Path Overhead)

① J1 : 연속적인 연결을 확인하기 위한 바이트. 경로 수신측에서는 송신측과의 접속이 계속되고 있는지, 즉 경로의 도통 확인 가능

② B3 : 경로의 오류감시에 이용하는 바이트로, 1프레임 전의 VC-3의 모든 bit에 대해서 연산

③ C2 : 전송되는 VC-3의 구성내용을 확인하여 주기 위한 신호 라벨 바이트

④ G1 : 경로상태표시 바이트. 수신한 경로의 오류감시 결과를 VC-3, 혹은 VC-4

경로의 송신측으로 반송하는 기능(FEBE, Far End Block Error)과 경로의 종단 상태를 송신측으로 반송하는 대국경보표시기능(FERF, Far End Receive Failure)에 이용

⑤ H4 : 다중프레임 정렬 바이트. 구성 유료부하들의 다중 프레임 표시

⑥ F1, F2 : 사용자 채널, 네트워크 운용자가 자유로이 사용할 수 있는 바이트

⑦ K3 : VC-4/3 단위의 APS에 이용하는 바이트

⑧ N1 : TCM(Tandem Connection Monitoring) 기능 제공

4.1.3.5.4 포인터

STM-1 프레임내 포인터는 가상상자 유료부하의 첫 번째 바이트의 시작점 번지를 나타내고 그 시작점이 변화할 때 변화관계를 나타낸다. 포인터의 구성과 기능으로 H1(V1), H2(V2)는 해당 가상상자의 시작점 번지와 그 변화관계를 표시하고 H3(V3)은 부위치 맞춤용 바이트이다.

① H1 및 H2 byte

- 4 bits NNNN : NDF(New Data Flag)로 새로운 데이터인지의 여부를 표시
- 2 bits SS : 해당 프레임의 형태 및 데이터 크기를 구분하는데 사용
- 10 bits IDIDIDIDID : 해당 가상상자의 시작점 주소를 기록하며, 주소 값의 증감을 표시 포인터의 변화가 필요 없는 동안에는 가상상자 시작점의 주소를 표시하다가 포인터 값의 변화가 필요하게 되면 I와 D bits들을 반전시키고 새로운 주소를 표시함.

② H3 byte

- 부 위치 맞춤 집행 시 유효 데이터를 싣는데 사용됨
- 정 위치 맞춤 집행 시에는 H3 직후의 H4 바이트에 무효 데이터를 실어 보냄.

포인터에 의한 동기화 방법으로 가상상자의 비트율이 AU/TU보다 상대적으로 느릴 때 그 차이가 1바이트(주소 1개에 해당하는 크기만큼)가 될 때까지 대기하다가 H3 직후의 H4 바이트에 무효 데이터를 하나 보내면서 가상상자 시작점 번지를 한 번지 늦추고 이를 포인터에 표시해 주는 정위치맞춤(Positive Justification)과 가상상자의 비트율이 AU/TU보다 빠를 때 그 차이가 1바이트(주소 1개에 해당하는 크기만

큼)가 될 때까지 대기하다가 H3에 유효 바이트를 삽입하면서 가상상자 시작점 번지를 한 번지 앞으로 당기면서 이를 포인터에 표시해주는 부위치 맞춤(Negative Justification)이 있다.

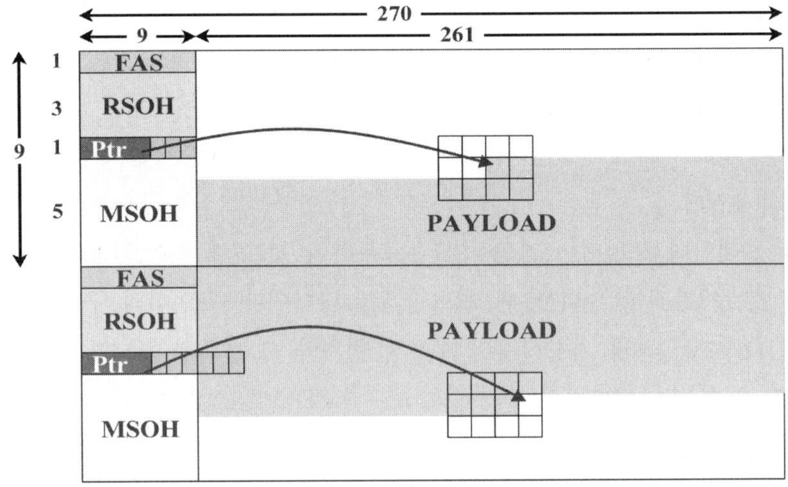

| 그림 4.8 | 부위치 맞춤

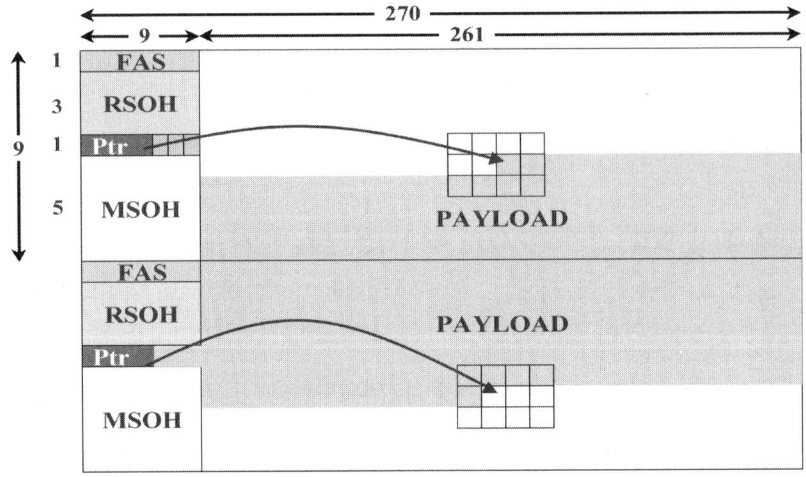

| 그림 4.9 | 정위치 맞춤

4.1.3.5.5 AU-4의 연접

전송할 유료부하가 AU-4의 전송용량보다 클 경우에는 AU-4를 n개 연접시킨 AU-4-nC를 사용할 수 있다. 이것은 외형상으로 AU-4n과 같기 때문에 AU-4-nC 포인터 바이트를 이용해서 연접 표시(Concatenation Indicator)를 해준다.

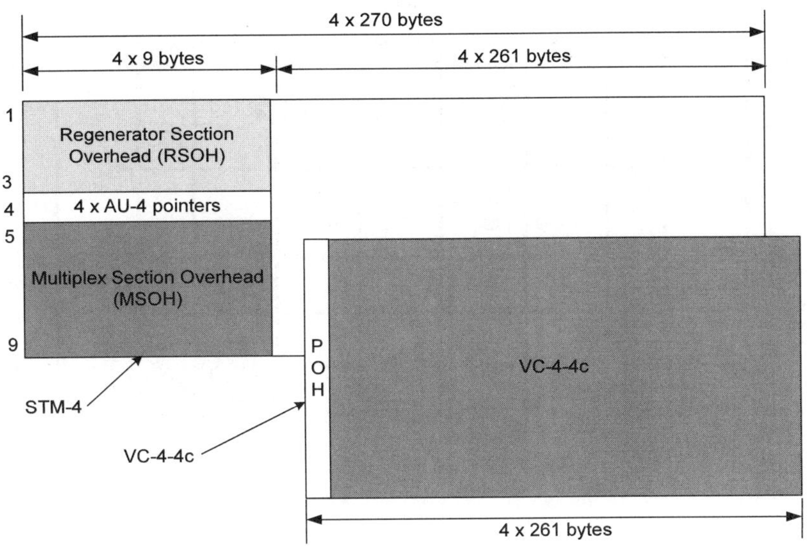

| 그림 4.10 | AU-4 연접

4×AU-4 포인터의 첫 번째 포인터는 J1의 위치를 표시하고 나머지 모든 포인터는 연접표시로 채워진다.

4.1.4 알람 및 에러 감시

STM 프레임의 구간 오버헤드 정보는 고장 원인을 빠르고 쉽게 확인할 수 있도록 한다. [그림 4.11]에서와 같이 수신하는 네트워크 장비에서 신호 또는 프레임 손실이 발생했을 경우 트래픽 하향 방향으로 AIS(Alarm Indication Signal)가 삽입된다. 송신 네트워크 장비는 회귀경로의 오버헤드로 전송된 RDI(Remote Defect Indication)를 사용하여 고장에 대한 정보를 인지하게 된다. RDI는 다중화기 구간에서 K2 바이트의 Bit 6, 7, 8을 상위경로(HOP, High Order Path)에서는 G1바이트의 Bit5를 사용한다. 수신신호에 오류가 포함되어 있다면 B1, B2, B3 바이트에 의해 모니터 된다. 송신 네트워크 장비는 회귀경로의 오버헤드에 의해 전송된 REI(Remote Error Indication)를 사용하여 오류를 인지한다. REI는 상위경로의 G1바이트 Bit1~4를 사용한다.

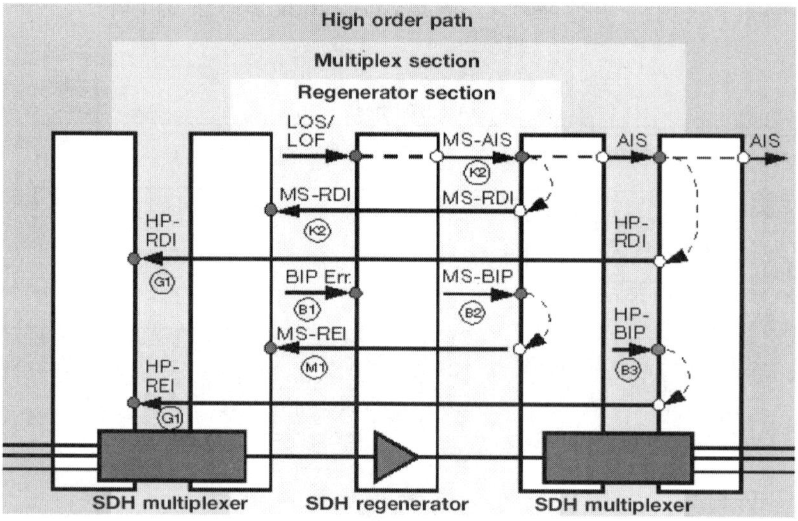

| 그림 4.11 | SDH 프레임의 알람 기능

4.2 동기식 전송망의 생존성

동기식 전송망의 용량은 수십 Gbps 급 대용량 시스템이므로 전송로나 장비에 손상이 발생하면 서비스에 치명적인 영향을 미치게 된다. 따라서 동기식 전송망을 구축시 망이 손상을 입더라도 중단 없는 서비스 제공을 해야 한다. 망의 생존성은 SDH/SONET 전송망 차원(전송경로 및 구간 계층)에서 고려할 수 있고, 상위 계층(예 : ATM)에서 구현할 수 있으며, 광교환과 WDM의 경우는 광기술 차원(물리매체)에서 고려할 수 있다. 망의 생존성은 망의 구조(PTP, Ring, Mesh)에 따라서 다른 접근 방법을 통해 확보할 수 있다. 망의 생존성 요구와 이를 만족하는 망구조를 계획하는 일은 경제성과 비용 사이의 상충관계를 고려하여 구축해야 한다.

4.2.1 자동보호절체 방법

보호란 망노드 간에 대기중인 보호채널을 이용하여 고장 난 운용채널(회선)을 대체하는 것이고, 복구는 망 내의 여분의 채널 용량을 우회채널 구성용으로 할당하여 고장시 활용하는 것으로 보호 방식에는 전용보호 방식과 공유보호 방식이 있다.

전용보호 방식은 데이터가 운용경로와 보호경로 양측으로 전송되고, 수신측에서 품질이 좋은 쪽을 선택하는 방식이다. 이는 수신 측에서 평상시 운용경로 측으로 데이터를 수신하다가 고장시 자체적으로 보호절체하는 방식으로 보호속도가 빠르며, PTP 망의 1+1 전용보호 방식에서 주로 사용되고, 고장 복구시 자동으로 원위치 되지 않는 비복귀성 절체방식이다.

공유보호 방식은 고장이 발생하면 송신측과 수신측이 운용경로에서 보호경로로 절체하는 방식으로 수신측이 고장을 감지시 고장정보를 송신측에 전달하기 위해서 K바이트를 활용하는 방식이다. 즉 동기식 전송망에서 자동보호절체(APS) 메세지를 송신측에 전달하기 위해, 다중화기 구간에서는 K1, K2 바이트를, 상위경로 구간은 K3, 하위경로 구간은 K4 바이트를 사용한다.

4.2.2 망 형태별 보호절체 방식

4.2.2.1 점대점(PTP)망 보호절체

운용선로와 보호선로를 별도로 두고, 운용회선 고장시 보호회선으로 자동보호절체되는 방식으로 두 노드 간의 스팬(Span)이 서로 절체되므로 스팬 절체라고도 한다.

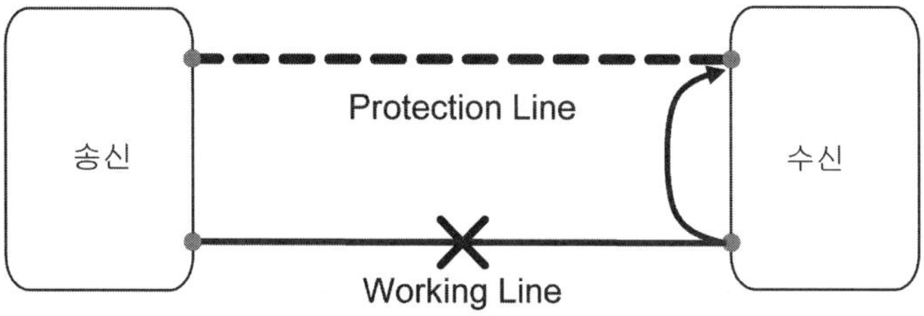

| 그림 4.12 | PTP 방식

4.2.2.1.1 1+1 방식

송신기가 트래픽을 운용회선과 보호회선 양쪽으로 동시에 전송하는 것을 말하며, 수신측에서 운용회선으로 사용중 고장 발생시 보호선로로 절체하는 방식으로 수신측에서 절체를 실시하므로 절체 시간이 빠르다. 고장회선이 회복되어도 운용회선으로 되돌아가지 못하는 비복귀성 절체 방식이다.

4.2.2.1.2 1:1 방식

두 개의 선로 중 운용선로 측으로만 트래픽이 전송되고, 보호선로는 대기상태로 운용하다가 운용회선의 고장시 수신측에서 감지하여 APS 메시지를 송신 측에 요청하여 절체하는 방식으로 1+1방식보다 절체가 늦은 편이다. 복귀성/비복귀성 방식이 가능하다.

4.2.2.1.3 1:n 방식

n개의 운용선로들이 하나의 보호선로를 공유하도록 하여 서비스를 보호하는 방식으로 복귀성 절체 방식이다.

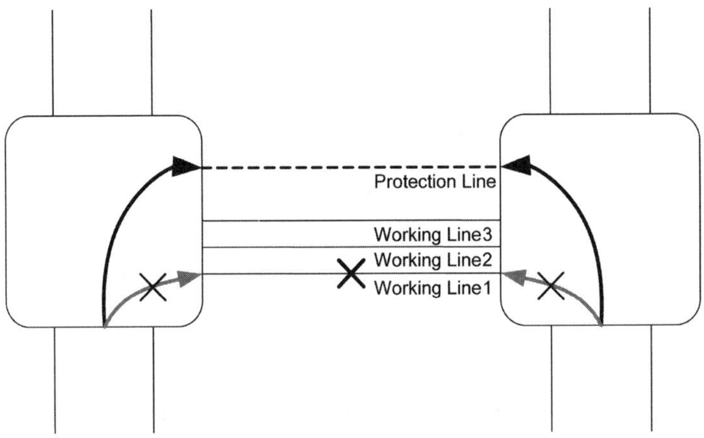

그림 4.13 PTP의 1:N 보호절체 방식

4.2.2.2 환형망 보호절체

환형망은 두 개의 경로가 있어서 고장에 강인한 보호절체 기능을 가짐에 따라 SDH/SONET 망에서 많이 사용한다. SDH/SONET의 환형망 복구는 고장검출, 보류, 전파 지연 등을 포함하여 50ms 이내에 복구하도록 권고되어 있다. 링 종류는 광섬유의 개수와 트래픽 방향성에 따라 단방향 경로 절체링(UPSR 또는 USHR)과 양방향 경로 절체링(BLSR 또는 BSHR)으로 나뉜다. 또한 BSHR은 광섬유 수에 따라서 BSHR/2와 BSHR/4 방식으로 구분한다.

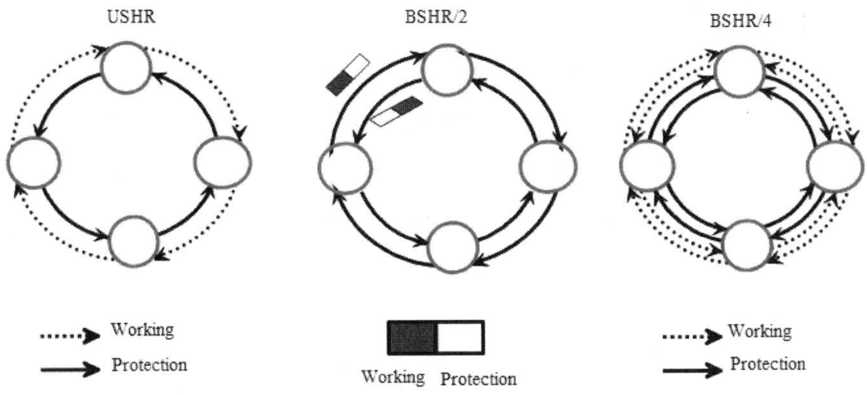

┃그림 4.14┃ 환형망 보호절체 방식

4.2.2.2.1 USHR(Unidirectional Self Healing Ring)

PTP의 1+1 보호와 유사한 구조로 트래픽은 운용선로 및 보호선로로 동시에 전송되고 방향은 서로 반대이다. 수신 측에서 운용선로로 사용하다가 고장시 보호선로로 보호절체하는 방식이다.

4.2.2.2.2 BSHR/2(Bidirectional Self Healing Ring with 2 fibers)

두 개의 광섬유로 구성되는 방식으로 각 노드의 양방향인 운용회선과 보호회선에 각각 절반씩 트래픽을 실어 운용한다. 운용회선과 보호회선에 각각 50%씩 트래픽을 할당하였다면, 어느 한쪽의 고장시 반대편의 나머지 절반이 보호 채널로 할당하여 보호한다. 스팬 보호 방식은 불가능하고 구간 보호방식만 제공하므로 BSHR/4 방식에 비하여 비효율적이다. 장점으로는 BSHR/4 방식에 비하여 선로 및 장비 가격이 경제적이며, 링 관리측면에서 복잡성이 낮다.

4.2.2.2.3 BSHR/4(Bidirectional Self Healing Ring with 4 fibers)

4개의 광섬유로 구성되며, 두 개의 광섬유는 운용선로, 나머지 두 개의 광섬유는 보호선로로 구성하는 방식으로 스팬 보호 기능과 구간 보호방식을 제공하므로 BSHR/2 방식에 비하여 효율적인 보호기능을 갖는다. BSHR/4 방식은 여러 구간에서 BSHR/2 방식에 비하여 더 많은 고장에 대한 보호 기능 제공과 서비스를 제공할 수 있다. 단점으로는 관리측면에서 BSHR/2 방식보다 복잡하다.

4.2.2.3 메쉬망의 보호

환형망 구조에서는 각 노드가 두 개의 인접 노드로 연결되나, 메쉬망의 경우는 두 개 이상의 인접 노드로 연결되는 구조로 대부분의 노드가 회선분배 기능을 포함하고 있다. PTP 망이나 환형망에 비하여 보호절체가 복잡하고 보호절체를 위해 여분의 용량을 모든 링크에 확보해야 하므로 경제성이 낮다. 메쉬망 구조에서는 보호절체 개념보다는 복구가 선호될 때 많이 사용된다.

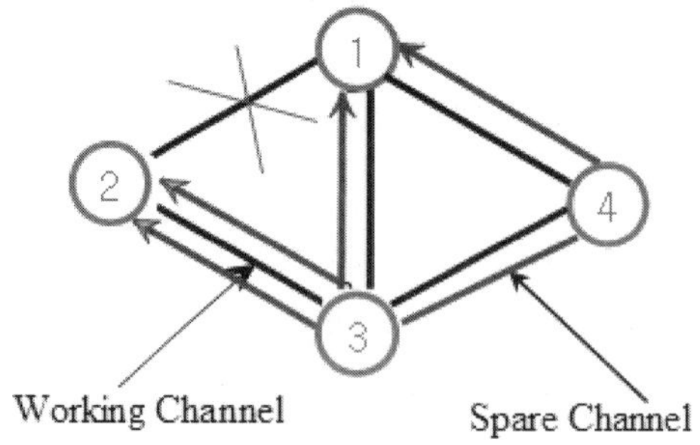

| 그림 4.15 | 메쉬(Mesh)망 복구

4.3 광 전달망(OTN)

기존의 SDH/SONET은 단순히 입력 신호를 전달하여 주는 파이프 역할만을 수행하였으나, 광 전달망(OTN, Optical Transport Network)이 많이 보급되고 적용되는 신호 프로토콜이 다양해짐에 따라, OTN 자체에서 표준을 정하여 다양한 신호들을 받아 들이며 망 관리를 독립적으로 할 필요성이 생기게 되었다. 이에 따라 광네트워크 핵심인 DWDM 기술을 이용하여 초광대역 네트워크를 지원하기 위해 ITU-T G.872와 G.709에 의해 OTN 기술 표준이 이루어졌다. 광 전달망에서는 광채널 단위로 다양한 프로토콜을 갖는 신호들을 수용하여 전달해주며 이들을 관리하기 위한 프로토콜을 구현한 것으로 다양한 신호를 굳이 SDH로 변환하지 않아도 되므로 네트워크에서 값비싼 SDH 장비의 수요를 최소화할 수 있다.

OTN은 어떠한 형태의 데이터 포맷이나 데이터속도를 수송할 수 있는 투명한 기능을 제공하기 위하여 SDH/SONET에서 제공하는 성능감시, 보호절체 및 관리기능을 위한 OAM 기능을 제공하며, 순방향 오류정정(FEC) 기능 등을 제공한다.

4.3.1 OTN 계층 구조

OTN은 3계층 구조로 광전송 구간(OTS, Optical Transmission Section), 광다중화 구간(OMS, Optical Multiplex Section) 및 광채널(OCh, Optical Channel) 계층 구조를 갖는다. 광 채널(OCh)계층은 SDH, PDH, ATM, 이더넷, IP 등과 같은 서로 다른 형태를 갖는 사용자 서비스를 투명하게 전달하는 기능을 제공하며, 광 채널유료부하 단위(OPU, Optical Channel Payload Unit), 광 채널 데이터단위(ODU, Optical channel Data Unit), 광 채널 전달단위(OTU, Optical Channel Transport Unit)의 3개 부 계층으로 나누어진다. 광다중화 구간(OMS)은 다중파장 광신호의 네트워킹을 위한 기능을 제공하며 광 채널을 개개의 파장으로 매핑해 주는 분기결합(OADM), 교차연결 등의 파장단위의 교환기능을 제공하는 계층이다. 광전송 구간(OTS)은 광전송 매체를 통하여 광신호를 전송하는 기능을 제공하는 계층이다.

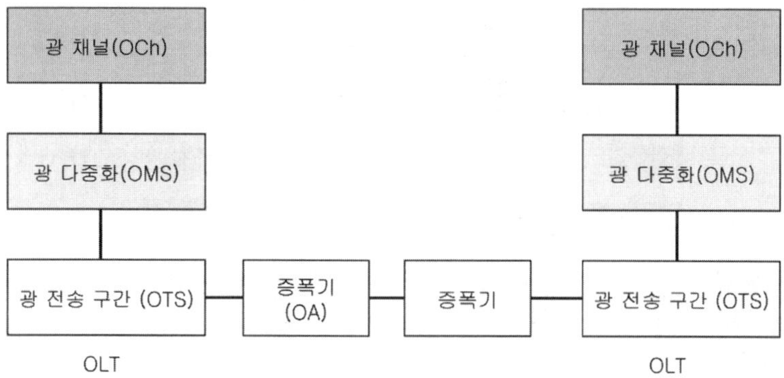

그림 4.16 광 전달망(OTN) 구조

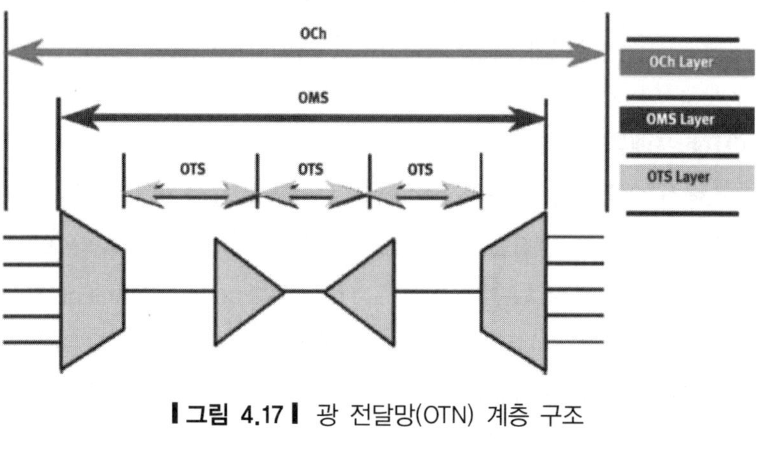

그림 4.17 광 전달망(OTN) 계층 구조

4.3.2 OTN 다중화 과정

OPU는 사용자 데이터 속도와 OTN 부하의 속도를 적응시키는 기능을 수행하며, ODU 부계층은 종단 간 데이터 연결과 일련의 연결 감시 기능을 지원한다. OTU 계층은 ODU계층 데이터를 광채널 위에 실어 나르는 기능을 수행한다. OCC(Optical Channel Carrier)는 하나의 파장채널을 나타내며 OCh는 하나의 OCC로 변조된다. OCC는 유료부하(OCCp, OCC payload)와 오버헤드(OCCo, OCC overhead)로 구분되며, OCCp는 할당된 파장에 헤더와 트레일러 부분을 포함한 OTU 데이터를 싣는다. 여러 개의 OCCp가 WDM 그룹으로 취급되어 OMS, OTS 유료부하 공간에 실린다. OCCo는 여러 개의 OCCo가 OTM(Optical Transport Module) 오버헤드 신호(OOS, OTM Overhead Signal)로 그룹지어 별도로 전달되는 구조이다.

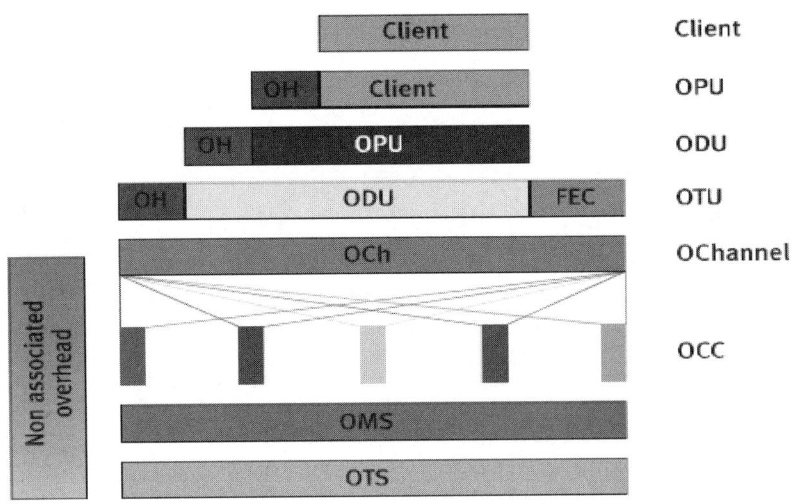

▌그림 4.18▌ 광 전달망(OTN) 다중화 절차

4.3.3 OTN 프레임 구조

OTN 구조에서 OCh는 오버헤드 구간(OH section), 클라이언트 신호 및 FEC 세그먼트를 포함하는 구조를 가짐을 알 수 있다. 광채널 오버헤드(OCh OH)는 OTN 관리기능을 제공하기 위하여 OPU, ODU, OTU, FAS(Frame Alignment Signal) 4개의 서브구조를 갖는다. 클라이언트 신호는 실제적으로 수송되는 유료부하 공간으로 SONET/SDH, GFP(Generic Framing Procedure), IP, GbE 등의 모든 프로토콜을 실

을 수 있다.

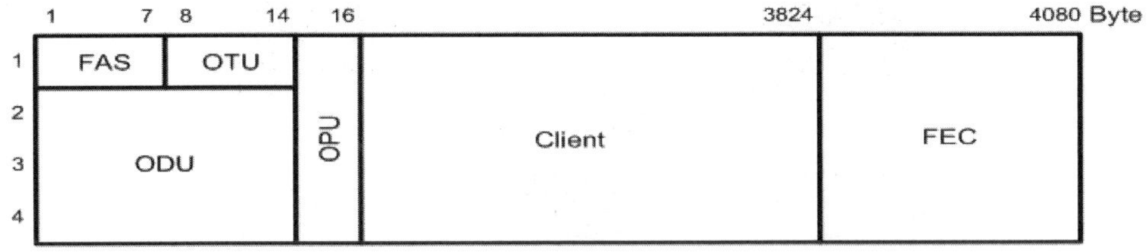

| 그림 4.19 | 광 전달망(OTN) 프레임 구조

4.4 해저통신망 형태

해저통신망 구조는 망의 기하학적 형태이다. 동축 해저케이블 시대에는 망 형태가 점대점 시스템에 국한되어 있었다. 그러나 이후 광통신 시스템 기술의 괄목할 만한 성장으로 해저케이블은 망 형태를 갖출 수 있게 되어 많은 나라의 육양국들을 수용할 수 있게 되었다. 그리하여 해저 케이블망은 과거에 비해 훨씬 큰 규모로 성장하게 되었다. [그림 4.20]은 여러 유형의 망 형태를 나타낸 것이다.

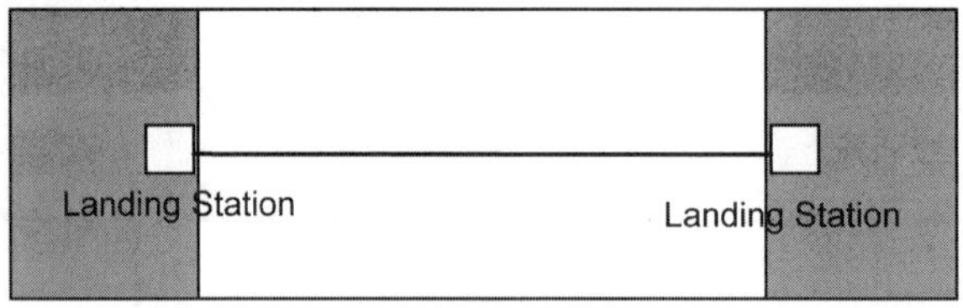

(1) 점대점형

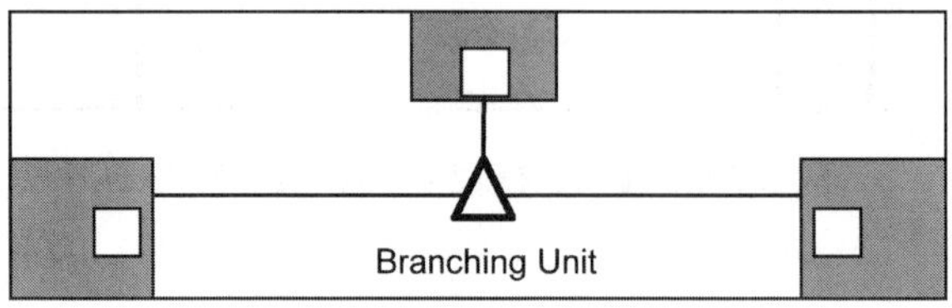

(2) 분기형

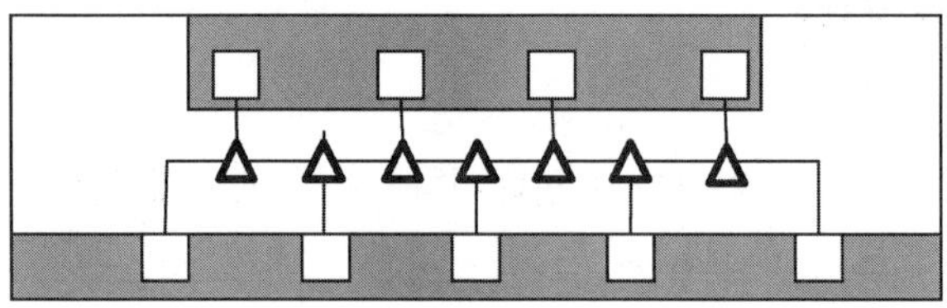

(3) 피쉬본형

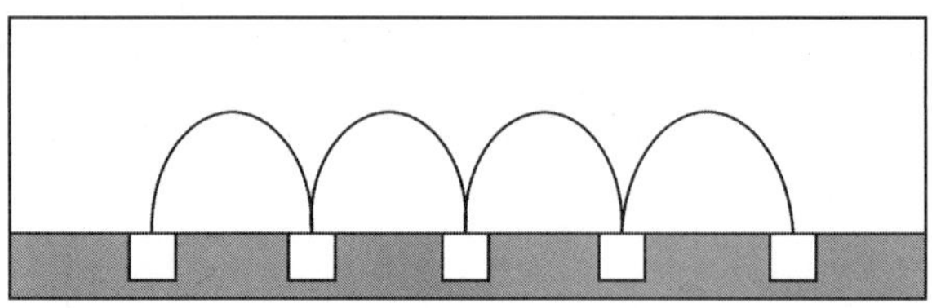

(4) 페스툰형

(5) 환형

❙그림 4.20❙ 망 형태

4.4.1 점대점(Point to Point)

이 형태는 예전에 동축 케이블이나 상대적으로 손실이 많은 초기의 광섬유가 도입되었을 당시에 자주 사용되곤 했다.

4.4.2 분기(Branching)

이 형태는 해저 네트워크가 공동 해역에 해당하는 여러 국가들을 연결하는 데 효과적이다. 해저분기장치(BU)는 해저케이블 3개의 교차 지점에 설치된다. 이에 해당하는 것으로는 TPC-3, TPC-4, R-J-K, G-P-T 등이 있다.

4.4.3 피쉬본(Fish-Bone)

이 형태는 중심 백본회선을 해안으로 설치하며 여러 해저분기장치(BU)를 이용하여 각 나라의 육양국에 연결된 망 구조이다. 이 구조는 분기형 경로와 통과(Express)형 경로와 같은 두 가지 종류의 전송 경로를 구성할 수 있으며, 사업자는 목적지에 따라 다른 경로를 사용할 수 있다. FLAG, SMW-3가 이에 해당하는 전형적인 예이다.

4.4.4 페스툰(Festoon)

이 형태는 해저분기장치가 사용되지 않는다는 점을 제외하면 피쉬본형과 유사하여 케이블 연결이 전부 육지에 육양되는 구조이다. 일본의 JIH가 이에 해당한다.

4.4.5 환형(Ring)

이 형태는 육양국에 설치된 동기식 전송장치를 이용하여 자동 경로 재설정에 의한 고장 방지 능력을 갖추고 있다. 이에 해당하는 전형적인 예로는 TPC-5, China-US, FNAL, Japan-US, APCN2, EAC, C2C 등이 있다.

4.4.5.1 환형 해저통신망

해저시스템은 부품 수를 최소화하고 내구성이 뛰어난 구성요소를 사용하여 이중화 한다면 매우 높은 수준의 신뢰도 요건을 충족시킬 수 있을 것이다. 그러나 어구나 닻과 같은 외적인 가해 요인으로 인한 고장으로부터 완전히 해방되기란 쉽지 않다. 따라서 해저시스템에 고장이 발생한 경우 서비스에 미치는 영향을 최소화하기 위해 신속한 트래픽 보호절체를 필요로 한다. 최근 수 Tbps 이상의 용량을 갖춘 장거리 해저 통신 시스템은 네트워크 내 케이블-온-케이블 복구 방식을 채택하고 있다.

환형망은 [그림 4.21]에서 보는 바와 같이 트래픽 방향성 요소에 따라 단방향(Unidirectional) 링과 양방향(Bidirectional) 링으로 분류될 수 있다. 단방향 링은 링

주변을 따라 한 방향(시계 반대 방향)으로만 트래픽을 전송한다. 노드 A를 기준으로 할 경우 노드 A부터 노드 C까지의 송신 트래픽은 링을 따라 전송된다(예, 경로 A-B-C). 또한 수신 트래픽은 링의 나머지 구역에서 노드 A에서 노드 C까지의 경우와 같은 방향으로 전송된다(예, 경로 C-D-A)

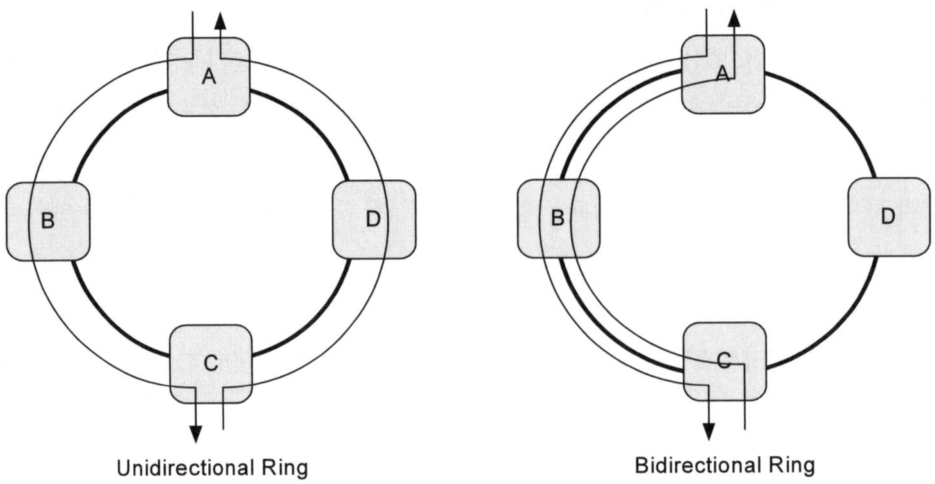

| 그림 4.21 | 정상상태에서의 트래픽 경로

양방향 링은 링의 노드 간에 단일 경로를 통해 양방향으로 트래픽을 전송한다. 노드 A부터 노드 C까지의 송신 트래픽은 경로 A-B-C를 통해 전송된다. 수신 트래픽 또한 같은 경로(예, 경로 C-B-A)를 통해 전송된다.

단방향 링 및 양방향 링은 보호 메커니즘에 따라 구간 보호링(Section Protection Ring)과 경로 보호링(Path Protection Ring)으로 세분화할 수 있다. 구간 보호링에서는 고장난 쪽의 노드에 의해 구간층에서 보호가 수행된다. 스위치 작용은 SDH 구간 오버헤드를 통해 발생된다. 경로보호 링에서는 경로층에서 말단 간 채널 보호가 실행된다. 스위치 작용은 경로층 신호를 통해 유발된다. [표 4.4]는 트래픽 방향성과 보호 메커니즘에 기초하여 링 구조를 분류한 것이다. 이는 또한 ITU-T G.803의 정의와 일치한다.

▌표 4.4▐ 링 구조의 분류

트래픽 전송	보호 메커니즘	ITU-T G.803과 일치하는 점
단방향	경로 보호	서브 네트워크 연결 보호
	구간 보호	다중화 구간 전용 보호 링
양방향	구간 보호	다중화 구간 공용 보호 링

[그림 4.22]는 단방향 경로보호 링의 일례를 제시한 것이다. 광섬유 중 하나는 Working 섬유로, 다른 하나는 Protection 섬유로 사용된다. 정상 상태에서 노드 A로부터의 트래픽은 시계 방향과 반 시계 방향 양쪽으로 전송된다. 이와 같은 두 개의 동일한 신호는 Working 섬유와 Protection 섬유를 따라 전송하다가 노드 C에서 멈춘다. 노드 C는 신호를 지속적으로 감시하여 둘 중에 더 좋은 신호를 선택한다. 노드 C가 Working 섬유의 신호를 사용한다고 가정해 보자. 이 때 노드 A와 노드 D 사이에서 고장이 발생한다면 노드 C는 Protection 섬유를 선택하고 계속하여 노드 A로부터 트래픽을 수신할 수 있다.

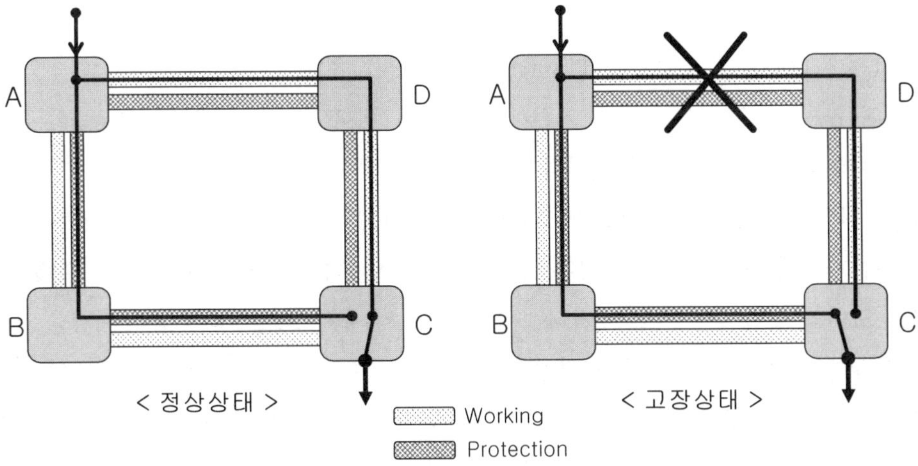

▌그림 4.22▐ 단방향 경로 보호 링 메커니즘의 예시

[그림 4.23]은 양방향 구간 보호 링의 일례를 제시한 것이다. 단방향 링과는 달리, 양방향 링의 Working 트래픽은 링을 따라 양방향으로 전송된다. 예컨대 노드 A에서

노드 C까지의 트래픽은 시계 반대 방향으로 전송되는 반면 노드 C에서 노드 A로의 트래픽은 시계 방향으로 전송된다. 만일 노드 A와 노드 B 사이에서 고장이 발생한다면 노드 A와 노드 B는 Protection 섬유를 사용하여 링의 다른 부분을 거쳐 트래픽을 다시 전송한다.

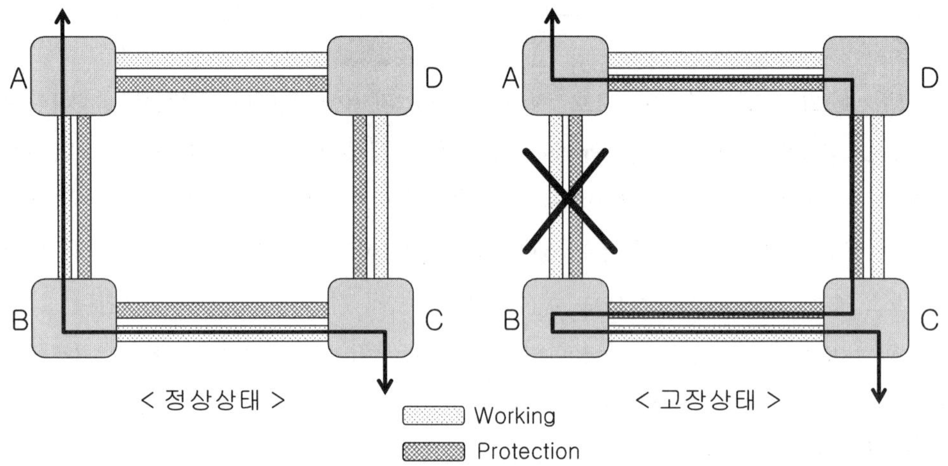

▌그림 4.23▐ 양방향 구간 보호 링 메커니즘의 예시

4.4.5.2 대양횡단 프로토콜(Transoceanic Protocol)

최근 장거리 대양횡단 해저 전송시스템은 링 네트워크를 채택함으로써 네트워크 내 케이블-온-케이블 복구를 실현하고 있다. 이러한 네트워크는 ITU 권고문 G.841의 대양횡단 다중화구간 보호 링(MS-SPRing, Multiplex Section Shared Protection Ring)에 따른다. 케이블이 절단된 경우 고장 지점에 인접한 두 노드가 복구를 수행하는 기본 모델의 일반적인 보호 메커니즘은 [그림 4.23]에서 보는 바와 같이 대양을 여러 번 횡단하는 복구 경로를 통해 진행되는 것이 보통이다. 그래서 이런 트래픽의 전송 경로의 거리 증가로 발생되는 전송 지연은 성능감소 원인이 된다. 이러한 문제는 노드 간의 거리가 1,500Km 이상인 경우 링에서 발생한다. 대양 횡단용 보호 메커니즘은 고장 지점과 인접한 두 노드가 아니라 송신 노드와 최종 상대노드에 의한 보호동작 기능을 통해 대양을 여러 번 횡단하지 않고 직접 해당 노드로 연결되는 Transoceanic Protocol이 적용된다.

광섬유가 고장인 경우에는 대양횡단 보호 메커니즘은 일반 메커니즘과 다르지 않다. [그림 4.24]는 노드 A와 노드 B 사이의 Working 섬유에 고장이 있는 경우의 일례를 나타낸 것이다. 서비스 트래픽은 노드 A와 노드 B 사이의 Protection 섬유를 따라 전송된다. 이것을 스팬 스위치라고도 부른다.

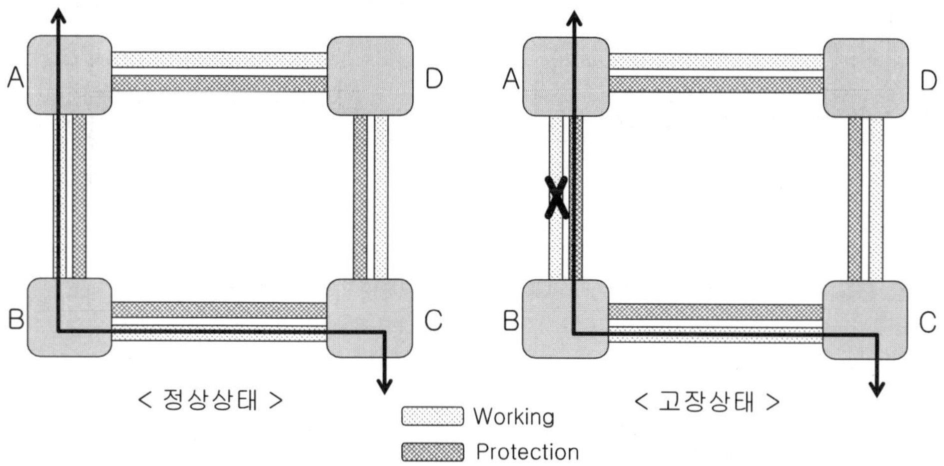

그림 4.24 Working 광섬유 절단시 Transoceanic Protocol

[그림 4.25]는 노드 A와 노드 B 사이의 Working 섬유 및 Protection 섬유가 동시에 고장난 경우의 일례를 제시한 것이다. 서비스 트래픽은 노드 D를 통해 노드 A와 노드 C를 연결하는 Protection 섬유를 따라 전송된다. 이러한 보호 메커니즘은 대양을 여러 번 횡단하는 것을 피할 수 있도록 해 준다.

SDH 구간 오버헤드의 K1 및 K2 바이트는 고장 메시지를 전달하고 보호 작용을 유도하기 위해 사용된다. [표 4.5]는 K1 바이트의 기능에 관한 것이다. Bit 1-4는 신호 고장(Signal Failure), 신호 저하(Signal Degradation), 브릿지 요청 승인과 같은 정보를 포함하는 브릿지 요청 코드를 전달한다. Bit 5-8은 상대 노드 ID를 전달한다. [표 4.6]은 K2 바이트의 기능에 관한 것이다. Bit 1-4는 송신 노드 ID를 전달한다. Bit 5는 메시지를 전달하는 단경로 또는 장경로 코드를 표시한다. Bit 6-8은 브릿지 상태, 스위칭 상태와 같은 송신 노드 정보를 포함하는 상태 코드를 전달한다. 노드 ID 코드는 4 비트를 사용하므로 링은 최대 16개의 노드를 수용할 수 있다.

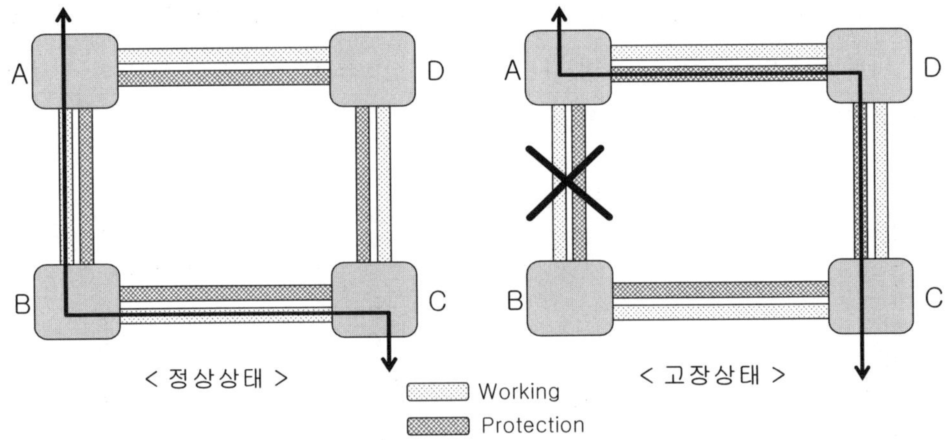

그림 4.25 케이블 절단시 Transoceanic Protocol

표 4.5 K1 바이트 기능

브릿지 요청 코드				목적지 노드 ID			
Bit 1	Bit 2	Bit 3	Bit 4	Bit 5	Bit 6	Bit 7	Bit 8
0000 No Request				목적지 노드의 ID값			
1100 Signal Fail(Span) SF-S							
1011 Signal Fail(Ring) SF-R							
0010 Reverse Request(Span) RR-S							
0001 Reverse Request(Ring) RR-R							
....							

표 4.6 K2 바이트 기능

송신 노드 ID				장/단	상태		
Bit 1	Bit 2	Bit 3	Bit 4	Bit 5	Bit 6	Bit 7	Bit 8
송신 노드의 ID값				0=단거리 경로 코드(S) 1=장거리 경로 코드(L)	000 Idle		
					001 Bridge(Br)		
					010 Bridge and Switched(Br&Sw)		
					....		

[그림 4.26]은 단방향 신호 고장의 경우 보호 절체 작용의 절차를 나타낸 것이다. 이는 노드 D로부터 노드 A에 이르는 Working 섬유에서 고장이 발생한 경우이다. 노드 A는 노드 D의 Working 채널에서 신호 고장 상태를 탐지한다. 이어서 단거리 경로 및 장거리 경로를 따라 노드 D에 SF-S 요청 메시지를 전송한다. 장거리 경로의 노드 B와 노드 C는 이 요청을 수신하면 경로 통과 상태로 되어 경로 연결은 변경되지 않는다. 단거리 경로의 노드 A로부터 전송된 메시지를 수신한 노드 D가 브릿지 작용을 실행하면 Working 섬유와 Protection 섬유에 동일한 트래픽이 전송된다. 노드 D는 단거리 경로에 역 요청(Reverse Request)을 전송하며, SF-S 요청 메시지를 수신하였고 현재 브릿지 상태에 있음을 노드 A에 알린다. 노드 D는 또한 장거리 경로를 통해 SF-S 요청 메시지를 전송한다.

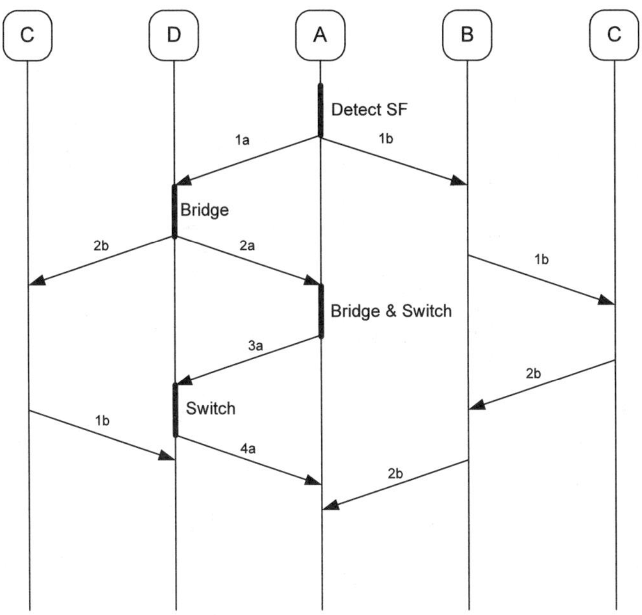

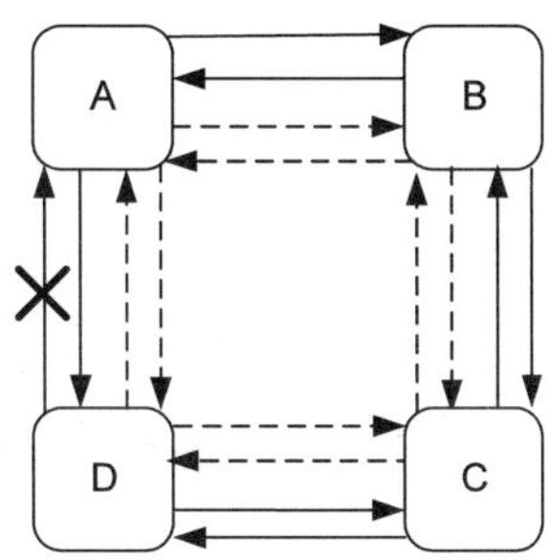

	K1	K2
1a	SF-S/D	A/S/Idle
1b	SF-S/D	A/L/Idle
2a	RR-S/A	D/S/Br
2b	RR-S/A	D/L/Br
3a	SF-S/D	A/S/Br&Sw
4a	RR-S/A	D/S/Br&Sw

▌그림 4.26▐ 보호절체 동작 절차(단방향 고장)

노드 A는 역 요청을 수신하면 브릿지 작용과 스위치 작용을 실행함으로써 Working 섬유와 Protection 섬유의 노드 D에 동일한 트래픽이 전송되고 Protection 섬유의 노드 D로부터 트래픽이 선택된다. 노드 A는 신호 고장-스팬(Signal Fail-Span) 브릿지 및 스위치에 대한 요청 메시지를 갱신한다. 노드 D는 단거리 경로의 노드 A로부터 메시지를 수신하면 Protection 섬유를 선택한다. 이어서 단거리 경로를 통해 역 요청을 전송하여 현재 브릿지 및 스위치 상태에 있음을 노드 A에 알린다.

[그림 4.27]은 양방향 신호 고장의 경우 보호 작용의 절차를 나타낸 것이다. 이는 노드 A와 노드 D 사이에서 케이블 절단이 발생한 경우이다. 노드 A와 노드 D는 Working 채널과 Protection 채널 양쪽의 신호 고장 조건을 탐지하고 단거리 경로 및 장거리 경로를 통해 상호 간에 신호 고장-링(Signal Fail-Ring) 요청 메시지를 전송한다. 양방향으로부터 장거리 경로를 통해 상기 요청을 수신한 노드 B와 노드 C는 사전에 결정된 트래픽 패턴 맵에 따라 브릿지 및 스위치 동작을 실행한다.

노드 A는 장거리 경로를 통해 노드 D로부터 SF-R 요청을 수신하면 트래픽 패턴 맵에 따라 브릿지 작용 및 스위치 작용을 실행한다. 이어서 노드 A는 SF-S 브릿지 및 스위치에 대한 요청 메시지를 갱신한다. 노드 D 역시 같은 과정을 수행한다.

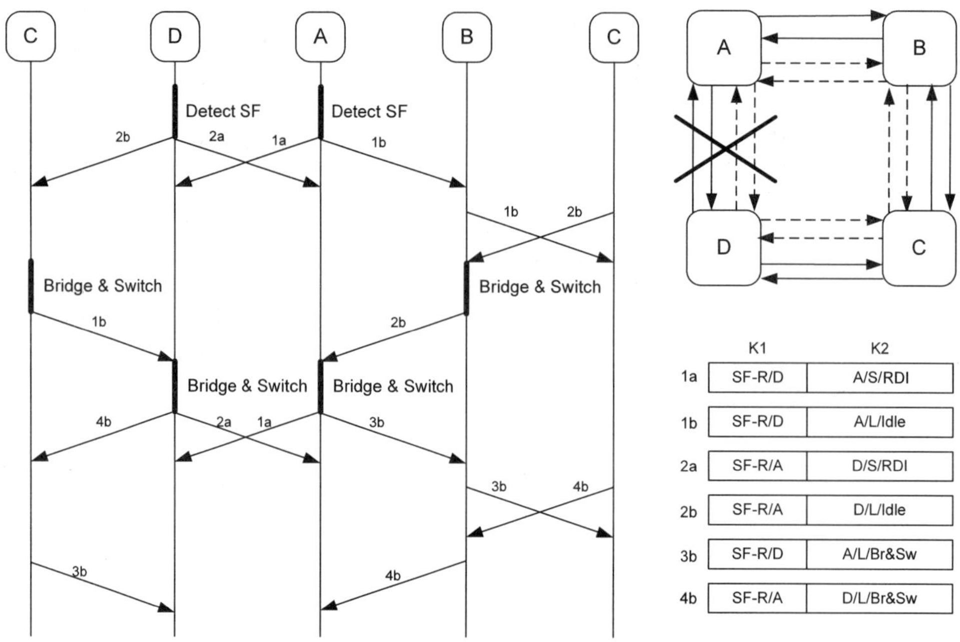

	K1	K2
1a	SF-R/D	A/S/RDI
1b	SF-R/D	A/L/Idle
2a	SF-R/A	D/S/RDI
2b	SF-R/A	D/L/Idle
3b	SF-R/D	A/L/Br&Sw
4b	SF-R/A	D/L/Br&Sw

| 그림 4.27 | 보호 절체 동작 절차(양방향 고장)

4.5 해저케이블 유지 보수

4.5.1 해저케이블 고장 원인

해저 광케이블은 기본적으로 25년 간 운용이 가능하도록 설계되나 해저케이블의 절단, 절연 고장 등 여러 가지 원인으로 해저케이블 고장이 다수 발생하고 있으며, 고장 발생 원인을 살펴보면 어로 활동, 해저 지진, 암반 간 장력, 케이블 교차지점, 조류, 빙산이나 화산 활동, 해일 등이 있다.

4.5.1.1 어로 활동

해저케이블에 위협을 주는 트롤 어선은 수심이 200m 이하인 대륙붕에서 어로 활동을 하며, 현재 심해부 트롤 어선은 1,500m 아래 대륙 사면까지 가능하다. 트롤 어선은 평상 운행 중에 그물을 전개하기 위한 쇠로 만들어진 전개판이 해저 표면에 내려갈 때 바닥을 파헤칠 수 있어 매설되지 않은 케이블에 고장을 일으킨다. 또한 큰 닻을 이용하는 안강망 어선은 한국 근해의 20m~80m 정도 되는 수심에서 어로 활동을 하며, 어망을 고정시킨 닻이 강한 조류에 의해 해저면에 끌리어 해저면에 깊게 관통하며, 이러한 닻에 의해 매설된 케이블이 손상을 받을 수 있다. 천해부에서 가장 큰 케이블 고장 요인 중의 하나가 어선의 닻으로 모래와 경질 점토로 구성된 해저에 닻을 고정할 경우 닻개비 한 개의 길이와 비슷한 2.2m 정도가 관통하며 연질의 해저에서는 더 깊게 관통한다. 예를 들어, 1.6m 닻가지를 가진 앵커는 부드러운 진흙으로 구성된 해저에 5m까지 통과할 수 있으며, 이로 인해 케이블이 닻에 걸려 절단될 가능성은 높아진다.

연승은 2,000m 이상의 심해부에서 조업 활동이 활발하며, 바닥에 고정하여 작업하는 어선의 갈고리는 경량 케이블에 손상을 입힌다.

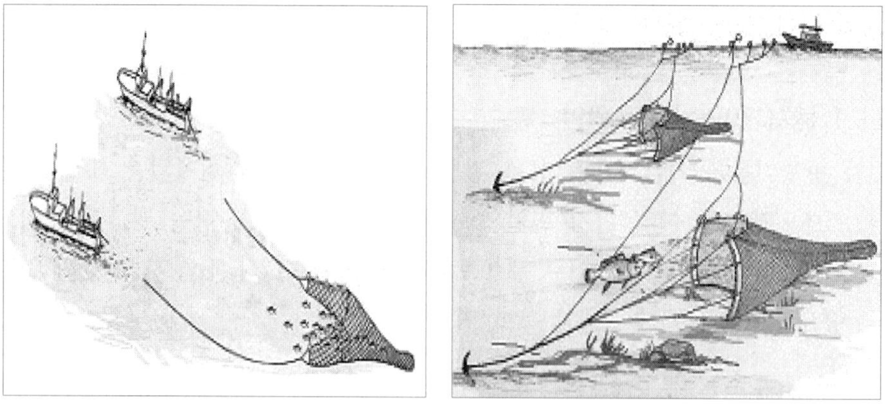

〈저인망〉 〈안강망〉

그림 4.28 해저케이블에 위협을 주는 어법

4.5.1.2 해저 지진

자연 재해의 원인 중 하나인 해저 지진은 세계적으로 통신대란을 일으킬 수 있을 정도로 피해 범위가 상당히 크다. 실제 사례를 살펴보면 2006년 12월 26일 대만 수도 타이베이 남쪽 450km, 대만 남단 헝춘 남서쪽 23km 해저에서 규모 6.7의 지진이 발생하여 해저케이블 고장이 다수 발생하였다. 우리나라에 육양된 APCN, APCN2, C2C, FNAL, EAC, SMW3, FEA, CUCN 등 국제해저케이블 14개 지점에서 고장이 발생하였으며, 완전 복구하는데 수 개월이 소요되었다. 대만 남해 지진에서 보듯이 해저케이블 경로 선정 시, 해저 지진이 많은 지역을 피하도록 설계해야 함을 알 수 있다.

그림 4.29 대만 남해 지진 발생(2006. 12. 26)

4.5.1.3 고장원인 분석

국제 해저케이블의 가장 큰 고장 원인은 어로 활동으로서 약 70%가 어구와 닿 때문이며, 나머지 30%가 지진, 마찰, 빙하 등 자연 재해 때문으로 나타나고 있다. 해저 수심별 고장 발생 현황을 살펴보면 어로 활동이 가장 활발한 수심 200m 이내 지역에서 가장 많이 발생하고 있으며, 그 다음으로는 자연 재해가 주로 발생하는 수심 1,000m 이상 지역에서 많이 발생함을 알 수 있다. 그리고 우리나라 주변 해저케이블 고장 원인은 90% 이상이 어선의 어로 작업에 의한 것으로 분석되고 있다.

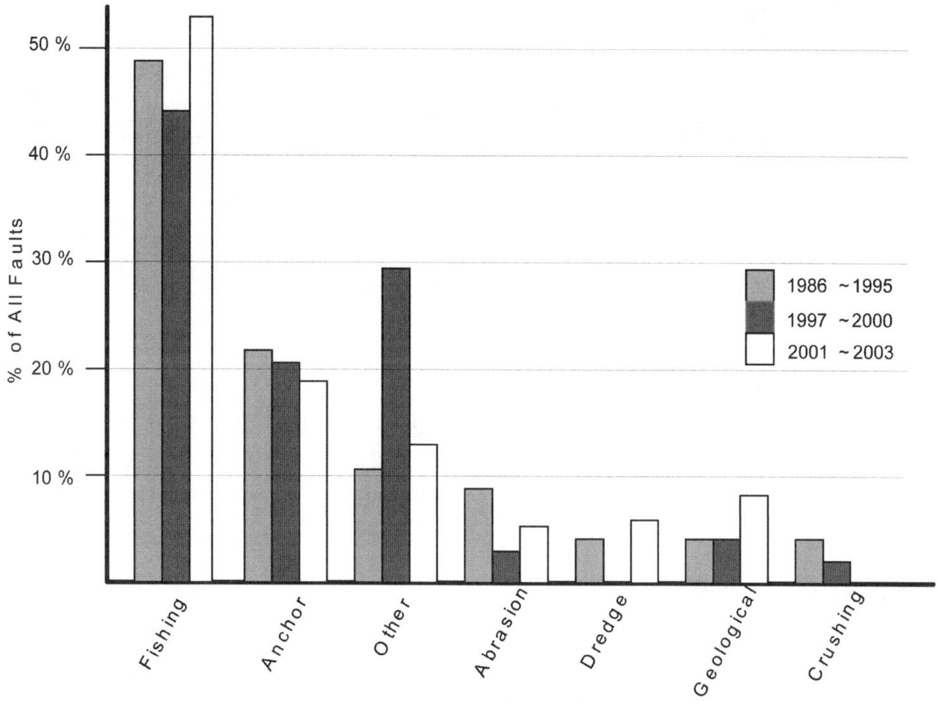

그림 4.30 해저케이블 고장 원인

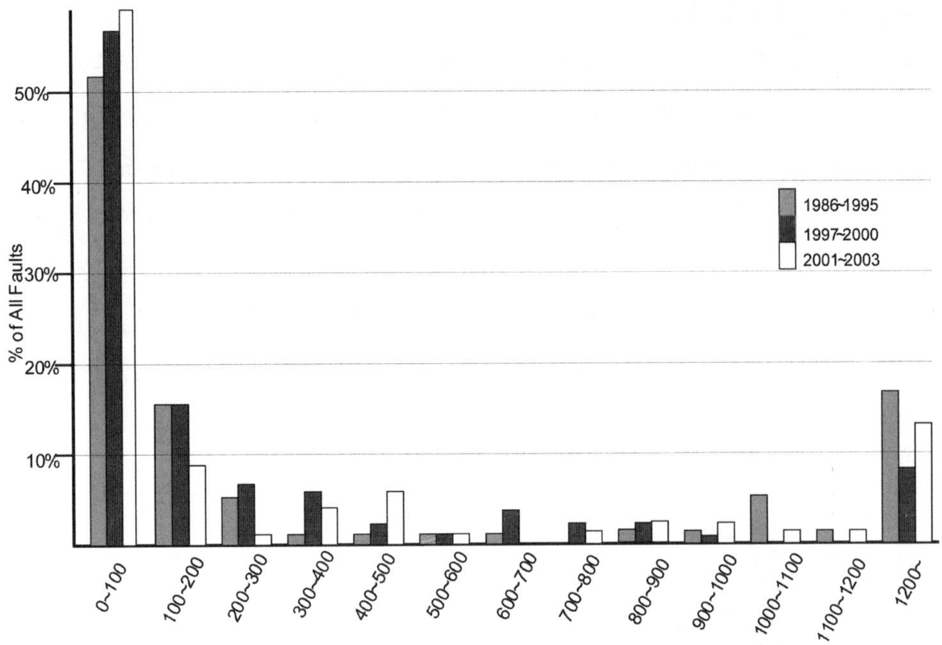

| 그림 4.31 | 수심별 케이블 고장

4.5.2 해저케이블 고장 유형

해저케이블 고장 유형은 케이블의 손상 상태 및 광섬유의 손상 상태에 따라 다음과 같은 고장 유형들이 있다.

4.5.2.1 Shunt Fault

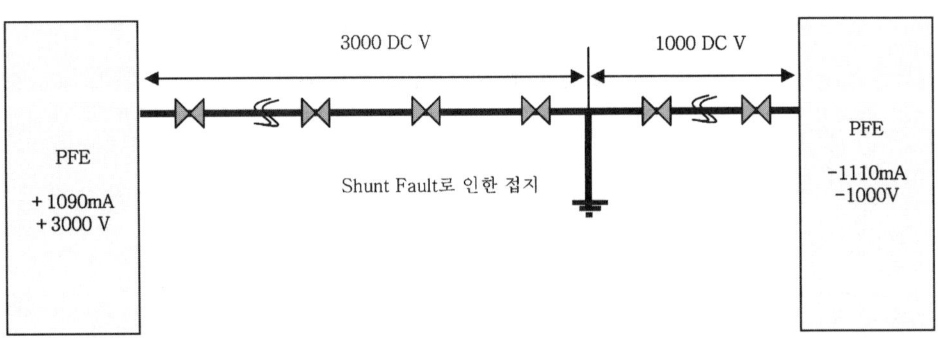

| 그림 4.32 | 해저케이블 Shunt Fault

이 고장 유형은 케이블 절연층이나 중계기 함체 내부에 몰드된 부분 중 일부가 손상되었을 때 발생되며, 공급전류가 손상지점에서 해수로 누설된다. 한쪽 육양국에서만 전원을 공급하는 경우 이러한 고장이 발생한다면, 고장지점 후단 중계기들에게 전원 공급이 불가능하며, 양쪽 육양국에서 전원을 공급하는 경우 한 중계기 구간에 Shunt Fault가 발생하여도 중계기는 양측의 육양국에서 정상적으로 전원을 공급받게 된다. 이러한 경우 케이블 시스템은 손상지점의 광섬유가 절단될 때까지는 사용이 가능하며, Shunt 지점에서 전위차가 0V를 유지할 수 있도록 양측 육양국에서 전원 공급 전압을 조정하여 중계기 등 시스템 고장을 막을 수 있다. 그러나 다른 중계기 구간에 또 다른 Shunt Fault가 발생한 경우 두 고장지점 사이의 중계기에는 전원이 공급되지 않는다. 이때 트래픽을 정상적으로 소통시킬 수 없다.

고장지점은 일반적으로 통신국사의 전압과 전류(V-I)를 측정하여 찾아낸다. 만약 고장이 발생한 지점이 국사에서 가까운 곳이라면 정확한 지점을 찾기 위해 전기적 펄스 에코를 측정하는 방법이 사용된다. 왜냐하면 Shunt fault가 발생되었을 경우 케이블 시스템의 광 특성은 정상으로 측정되기 때문이다.

케이블내의 전원 공급선(동튜브)의 저항은 해저면 온도 3℃에서 약 0.7Ω/Km 정도이다. 중계기로 인한 전압 강하는 중계기 회로 설계에 따라 다르지만 수십 볼트에 이른다. 일반적으로 케이블 저항과 중계기로 인한 전압 강하는 공장에서 출하하기 전 측정되며 측정된 값은 자료로 만들어진다. 정확한 고장 위치를 얻기 위해 온도 계수를 사용하여 해저면의 온도에 공장에서 만들어진 자료로 변환하는 것은 매우 중요하다. 한 쪽에서 V-I 측정으로 고장지점을 찾는 것은 접지 저항 때문에 정확하지 못하다. 만약 고장지점의 접지 저항이 10Ω이라면 10km 이상 오류가 발생된다. 접지 저항은 각 고장지점에 따라 다르다. 고장지점에 전위차가 0V를 유지하도록 조정하면 접지저항의 효과가 제거되므로 양측 육양국으로부터 V-I 측정은 보다 정확한 결과값을 얻을 수 있다.

4.5.2.2 Cable Cut

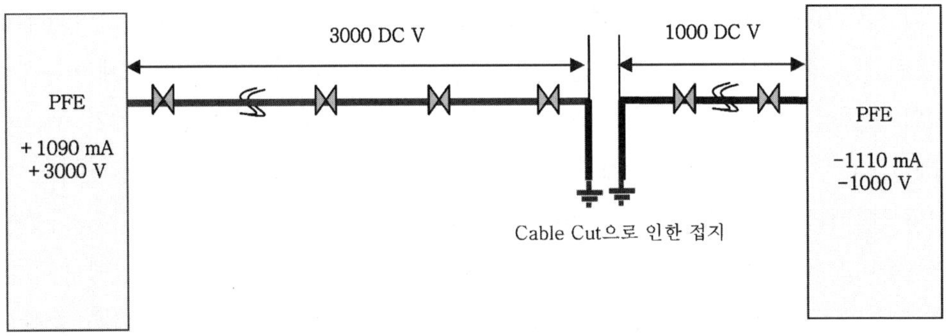

| 그림 4.33 | 해저케이블 절단

해저케이블을 구성하는 광섬유, 전원 공급선, 절연층이 절단된 것이며, Short Fault 라고도 한다. 고장위치는 일반적으로 육양국에서 V-I 측정이나 중계기 감시 시스템을 이용하여 어느 중계기 구간에 고장이 발생하였는지 확인할 수 있다. 또한 C-OTDR(Coherent-OTDR)장비를 이용한 측정은 육양국으로부터 고장위치까지 거리를 알 수 있으므로 해저시스템에서 정확한 고장위치 탐색을 위해 많이 사용된다. 육양국과 첫 번째 중계기 사이에서 Short Fault가 발생한 경우에는 재생증폭 중계시스템이나 광증폭 중계시스템에 상관없이 OTDR(Conventional OTDR)을 이용하여 고장지점을 탐색한다.

4.5.2.3 Open Fault

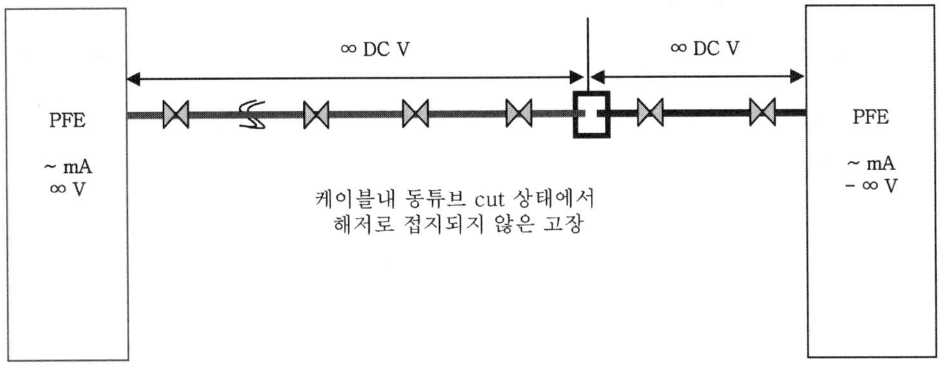

| 그림 4.34 | 해저케이블 Open Fault

Open Fault는 케이블 내부의 전원 공급선이 절단된 상태에서 해수에 노출되지 않았을 경우를 의미한다. 이러한 고장은 매우 드물며, 선박의 닻이 해저케이블을 매우 강한 장력으로 끌었을 때나 절연층이 케이블 전원 공급선의 절단된 끝부분을 덮어버렸을 때 발생한다. 고장위치를 찾아내기 위해서는 케이블에 전원이 공급되지 않기 때문에 정전 용량을 측정하는 방법 이외에는 없다. 만약 육양국 근처에서 이러한 고장이 발생한다면 전기적 펄스 에코 측정을 통해서 위치 탐색이 가능하다.

Open Fault의 경우, 전원 공급선과 바닷물은 폴리에틸렌 층에 의하여 분리, 전기적으로 개방된다. 육양국에서 고장지점까지의 정전용량은 그 부분의 케이블 길이에 비례한다. 다시 말해, 측정된 정전용량은 각 케이블 구간의 전하 용량들의 합이 된다. 일반적으로 각 케이블 구간의 정전용량은 제조 공장에서 출하하기 전에 측정하여 유지보수를 위해 제공된다. Open Fault가 육양국과 첫 번째 중계기 사이에서 발생되었을 경우, OTDR을 이용하여 고장 지점을 찾는다.

4.5.2.4 Fiber Break

해저케이블 Fiber Break Falut는 절연층이나 전원 공급선의 손상 없이 광섬유가 끊어졌을 경우이다. 해저케이블 시스템에 전원이 정상적으로 공급되며 중계기 감시 시스템에 의해 어느 중계기 구간에서 발생되었는지 탐색이 가능하며 광 증폭 시스템에서는 C-OTDR을 이용하여 육양국으로부터 고장지점을 찾아낸다. 만약 육양국과 첫번째 중계기 사이에 고장이 발생되었을 경우에는 OTDR을 이용하여 고장지점을 찾는다.

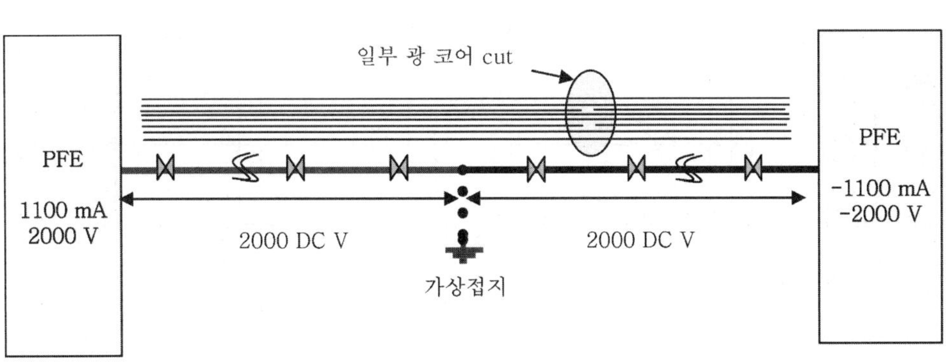

그림 4.35 해저케이블 Fiber Break Fault

표 4.7 해저케이블 고장별 트래픽 영향

고장 유형	광섬유 손상 여부	전원공급선 손상 여부	트래픽 영향
Single Shunt	없음	있음	영향 없음
Double Shunt	없음	있음	영향 있음(동일 구간인 경우 없음)
Cable Cut	있음	있음	영향 있음
Open Fault	있음	있음	영향 있음
Fiber Break	있음	없음	영향 있음

4.5.3 해저케이블 고장 탐지 방법

4.5.3.1 LME 측정

중계기 감시 시스템(LMS, Line Monitoring System)은 해저광중계기 내의 광증폭 여기용 LD(Laser Diode) 상태 및 중계기 구간 손실을 확인하여 고장케이블의 중계기 구간을 탐지한다. 터미널에서는 특정 주소를 가지는 광중계기에 PWM(Pulse Width Modulation) 형태의 요청신호를 저속도 부반송파 ASK(Amplitude Shift Keying) 신호로 변조하여 WDM신호와 함께 라만 증폭기를 거쳐 해저 광중계기로 보내면 요청을 받은 광중계기는 상태 값을 응답신호로 터미널로 보내게 된다. 여기서 라만 증폭기는 WDM신호보다 더 짧은 파장에만 높은 이득을 주므로 WDM신호에는 영향을 주지 않아 In-Service 상태에서 감시 신호를 사용할 수 있다.

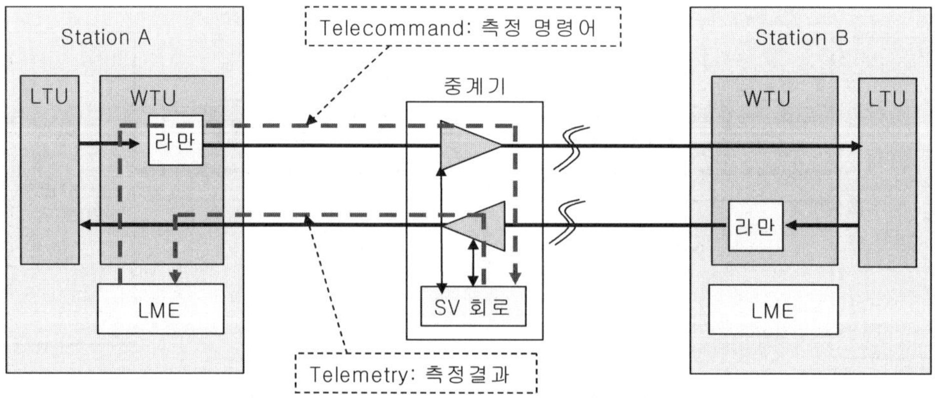

그림 4.36 중계기 감시장비(LME) 구성도

4.5.3.2 OTDR 측정

OTDR(Optical Time Domain Reflectometer)은 광섬유에 광 펄스를 입사시켜, 섬유 길이 방향의 각 점에서 반사되어 되돌아오는 광량의 분포를 해석하여 광섬유의 손실 접속점까지의 거리와 접속 손실, 접속점으로부터의 반사량 및 섬유가 파손된 경우의 파손점까지의 거리 등을 측정하는 장비로 광선로의 건설 유지보수용 측정기로 널리 사용되고 있다.

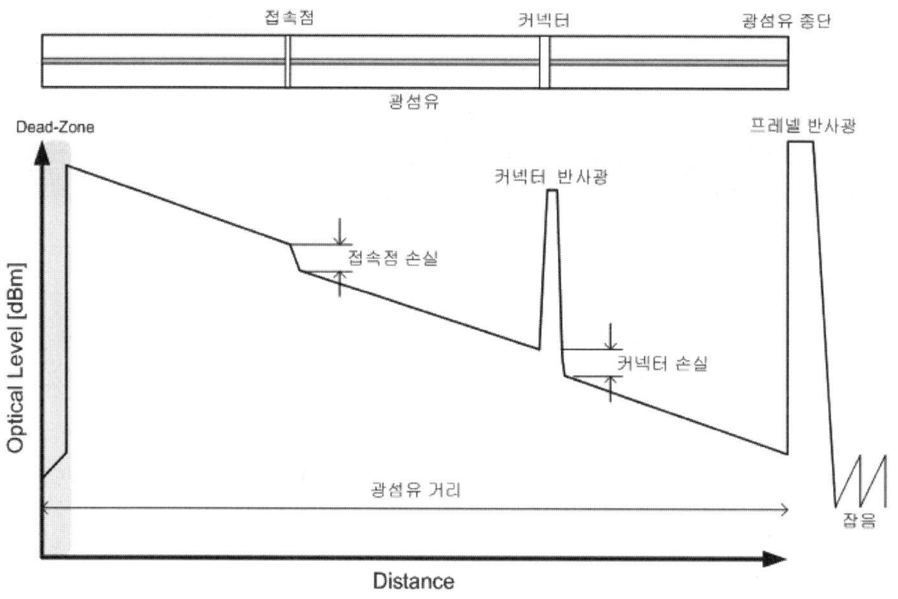

┃그림 4.37┃ OTDR 이용한 손실 및 거리 측정

4.5.3.3 C-OTDR 측정

기존 OTDR은 터미널에서 첫 번째 중계기까지만 측정이 가능하지만 C-OTDR (Coherent Optical Time Domain Reflectometer)은 광중계기 내에 있는 OTDR 경로를 이용하여 중계기 후단까지 광섬유의 상태를 측정할 수 있는 장비이다. 케이블에 Shunt Fault가 발생하면 전력이 공급되는 광중계기 다음 구간까지만 측정할 수 있다.

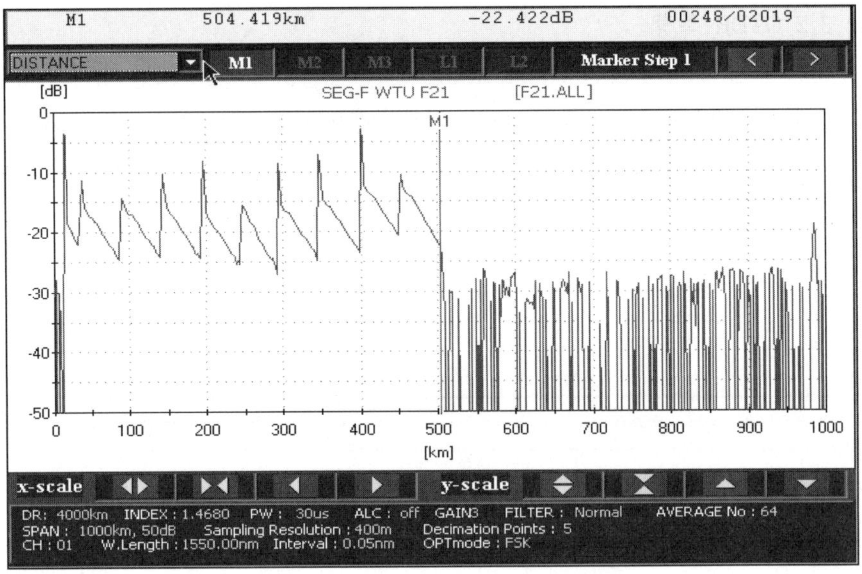

| 그림 4.38 | C-OTDR 측정 파형

OTDR의 광섬유 반사광 검출방식은 직접 검출과 Coherent 검출방식으로 분류된다. 직접 검출방식의 OTDR은 일반적으로 육상의 광케이블 시스템에 널리 사용되고 있으며 Coherent 검출방식은 자연증폭방출(ASE, Amplified Spontaneous Emission)이 존재하는 상태에서 약한 후방산란 신호를 높은 감도로 검출할 수 있어 해저케이블 중계시스템에 사용된다. 기존 OTDR을 광증폭기 시스템에 적용할 때 간헐적인 Probe 광으로 인해 시간에 따라 일정치 않으며, 이 문제를 해결하기 위해 연속적인 파형을 가진 C-OTDR이 고안되었다. Probe 신호는 연속적인 전력을 가진 FSK(Frequency Shifted Keying) 광이며, 이는 광증폭기에서 전력의 파동을 피하고 Probe 광 파형을 유지하는데 효율적이다. C-OTDR은 파장을 조정할 수 있는 광원과 C-대역과 L-대역을 커버하는 광파장 범위를 가진 광대역 수신기로 구성되어 있다. Probe 광의 파장 정확도, 해상도, 안정성은 0.05nm 이상이다.

▮표 4.8▮ OTDR과 C-OTDR의 비교

	OTDR	C-OTDR
측정 거리	수백 Km	수천 Km
측정 원리	후방산란광 검출 중계기 후단 측정 불가	후방산란광 검출, 광증폭기 내 OTDR 경로를 이용하여 중계기 후단 측정가능
측정시 사용 광섬유 수	송·수신 각각 1개 광섬유	송·수신 2개 광섬유 사용
장비 가격	저가	고가

4.5.3.4 정전용량 측정

해저케이블의 동 튜브 정전용량(Capacitance)을 측정하여 고장지점까지 거리를 구하는 방법으로서 원리는 다음과 같다. 먼저 케이블의 정전용량 C1에 V1전압으로 충전한 후, C1은 적분기 OA의 입력으로 절체한다. OA의 정전용량 C2는 C1의 충전전압에 의해 충전된다. OA가 이상적일 경우 V1과 V2는 다음과 같이 표현된다.

$$Q = C1 \times V1 = C2 \times V2 \qquad \text{(식 4.1)}$$

V1, C2, V2값은 알고 있으므로

$$C1 = (V2 \times C2) / V1 \qquad \text{(식 4.2)}$$

으로 표현되며 케이블의 길이는

$$L(Km) = C1/Co \qquad \text{(식 4.3)}$$

식 (4.3)에서 Co는 케이블의 단위길이(Km)당 정전용량이다. 케이블의 저항과 리액턴스는 영향을 주지 않으나 릴레이를 고려한 보상이 필요하며, 단락상태 및 절연이 좋지 않을 경우에는 사용될 수 없다. 그러므로 측정 전 절연저항을 측정하여 절연상태가 100MΩ 이상인지 확인한다.

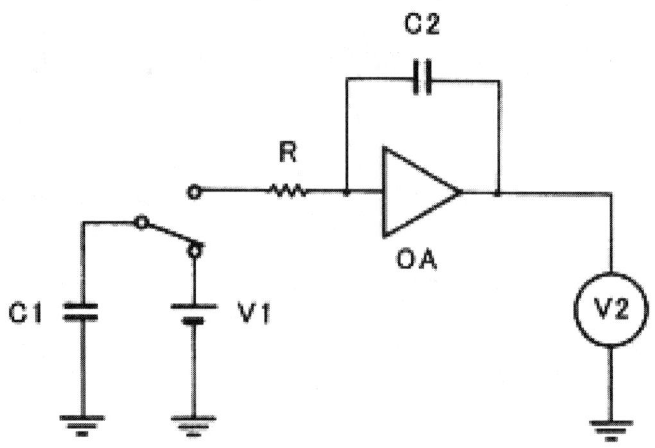

그림 4.39 정전용량 측정의 기본회로

4.5.3.5 전원공급장치(PFE) 전압/전류 측정

해저케이블의 동 튜브가 해수면에 노출 접지되었을 때 전원공급장치(PFE, Power Feeding Equipment)의 공급전압 값을 읽어 계산하는 방식으로 수식은 다음과 같다.

L (Km) = (측정된 PFE 전압 - Vc) / (저항 × 전류) (식 4.4)

L : 인접한 광중계기에서 고장지점까지 거리
Vc : 국사에서 고장지점에 인접한 광중계기까지의 전압 강하값
저항 : 해저케이블의 단위저항 값 (예 : OCC 케이블 0.684Ω/Km)
전류 : 정상 전류공급 값 (예 : EAC 시스템 1.1A)

해저케이블의 동 튜브 저항 값 및 광중계기의 전압강하 값은 제조업체마다 다르며 해저케이블 및 광중계기 제조업체에서 제공한다. 해수면 온도변화에 따른 단위저항 변화값을 적용하면 더 정확한 고장지점을 탐지할 수 있다.

4.5.3.6 전원공급장치(PFE) Electroding

수리선박이 해저케이블 고장지점을 찾기 위해 터미널에 있는 전원공급장치에서 Electroding 신호를 보내면 고장지점까지 케이블 주위로 전자기장이 방사형으로 퍼져간다. 수리선박의 ROV(Remotely Operated Vehicle)에 장착된 감지기로 신호가 급

격히 떨어지는 고장지점을 찾을 수 있다. EAC 전원공급장치는 In-Service상태의 전류공급상태에서 저주파 Electroding 신호(예, 25Hz)를 해저케이블 동 튜브에 중첩하여 보내게 된다. Electroding 신호의 최대전류가 80mA일 때 300Km 떨어진 곳에서 약 10mA를 측정할 수 있다. Out-of-Service 전류공급 상태에서는 최대 200mA로 약 500Km~700Km 지점까지 보낼 수 있다.

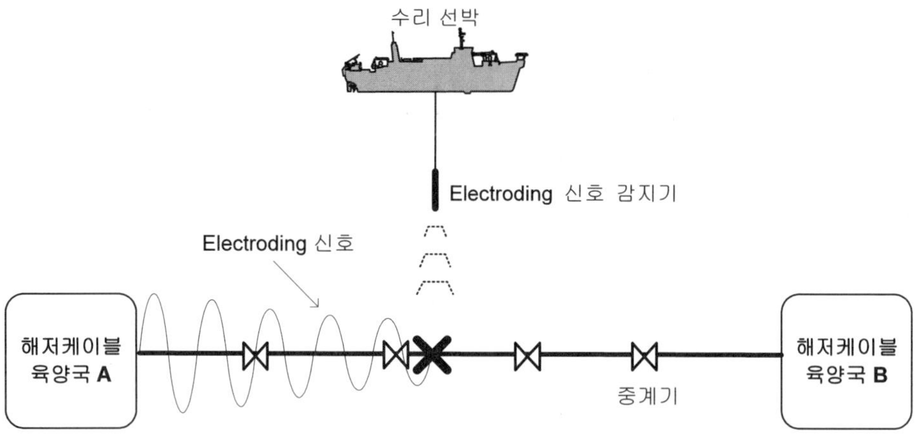

| 그림 4.40 | Electroding 고장 탐지

| 표 4.9 | 고장 탐지 방법

고장 상태		측정 방법	적용 측정 장비
Shunt Fault		DC 전압/전류 특성 LMS	PFE LME
Cable Cut (Short Fault)		C-OTDR LMS DC 전압/전류 특성	C-OTDR LME PFE
Open Fault	첫 번째 중계기 이내	OTDR	OTDR
	첫 번째 중계기 이후	정전용량	Capacitance Meter
Fiber Break	첫 번째 중계기 이내	OTDR	OTDR
	첫 번째 중계기 이후	C-OTDR LMS	C-OTDR LME

4.5.4 해저케이블 고장 수리

해저케이블 고장은 케이블 선박, ROV, 예비설비(케이블, 접속부품, 중계기 등) 등을 포함한 케이블 수리비가 육상 케이블 수리 비용 보다 많이 들기 때문에 해저케이블 시스템 수리는 빠르고 경제적으로 이루어져야 한다. 일반적으로 해저케이블 수리는 아래 과정에 의해 이루어지며 육양국으로부터 거리, 해상 날씨, 수심이나 수리 방법과 같은 요인들에 의해 수리 완료까지 1~3주가 소요된다.

(1) 육양국으로부터 고장 위치 확인
(2) 필요시 트래픽 우회 복구
(3) 고장 지점 근처의 케이블 경로, 중계기/분기장치 위치 및 해저면 상태를 토대로 수리선박이 적재할 예비 설비의 종류와 수량, 수리 방법 결정
(4) 수리 선박에 예비 설비 적재, 고장 지점으로 이동
(5) 수리 선박에 의한 수리
(6) 육양국 간의 시험
(7) 트래픽 정상화
(8) 수리 후 남은 자재 하선 작업

해저케이블 수리를 보다 빠르고 경제적으로 진행하기 위해서는 고장 지점 측정의 정확성, 케이블 종류, 수심 및 해저면 상태, 조류의 방향, 중계기/분기장치 위치, 중계기/분기장치 교체 필요성 등과 같은 정보를 기초로 위의 각 단계마다 세심한 준비가 필요하다.

4.5.4.1 해저케이블 수리 절차

4.5.4.1.1 비매설 케이블 수리

일반적으로 케이블 고장 수리시 수리용 케이블의 여장은 수심의 2~2.5배를 필요로 한다. 일반적인 케이블 수리 절차는 다음과 같다.

(1) 고장 위치 탐색을 위해 해저케이블에 교류 저주파 신호를 육양국에서 송출하며 케이블 선박의 교류 자기센서 등에 의해 케이블을 탐색한다.
(2) 그라프넬 장비를 이용하여 고장 지점의 케이블을 절단하고 인양한다.
(3) 선상으로 인양된 케이블에 광시험 및 전기시험을 실시하여 고장 지점을 파악한 후, 케이블에 부표를 설치하고 다른 한쪽 케이블을 회수한다.

(4) 케이블 고장 부분을 절단한 후 예비케이블을 삽입하여 1차 접속한다.

(5) 먼저 설치한 부표를 향하여 케이블을 포설한다.

(6) 부표를 회수하여 케이블 끝단을 선상으로 인양한 후 포설된 삽입케이블에 회수된 케이블을 접속한다.

(7) 육양국 간의 시험결과를 확인한 후 케이블 접속부를 해중에 투입한다. 매설지역인 경우 ROV 등을 이용하여 재매설한다.

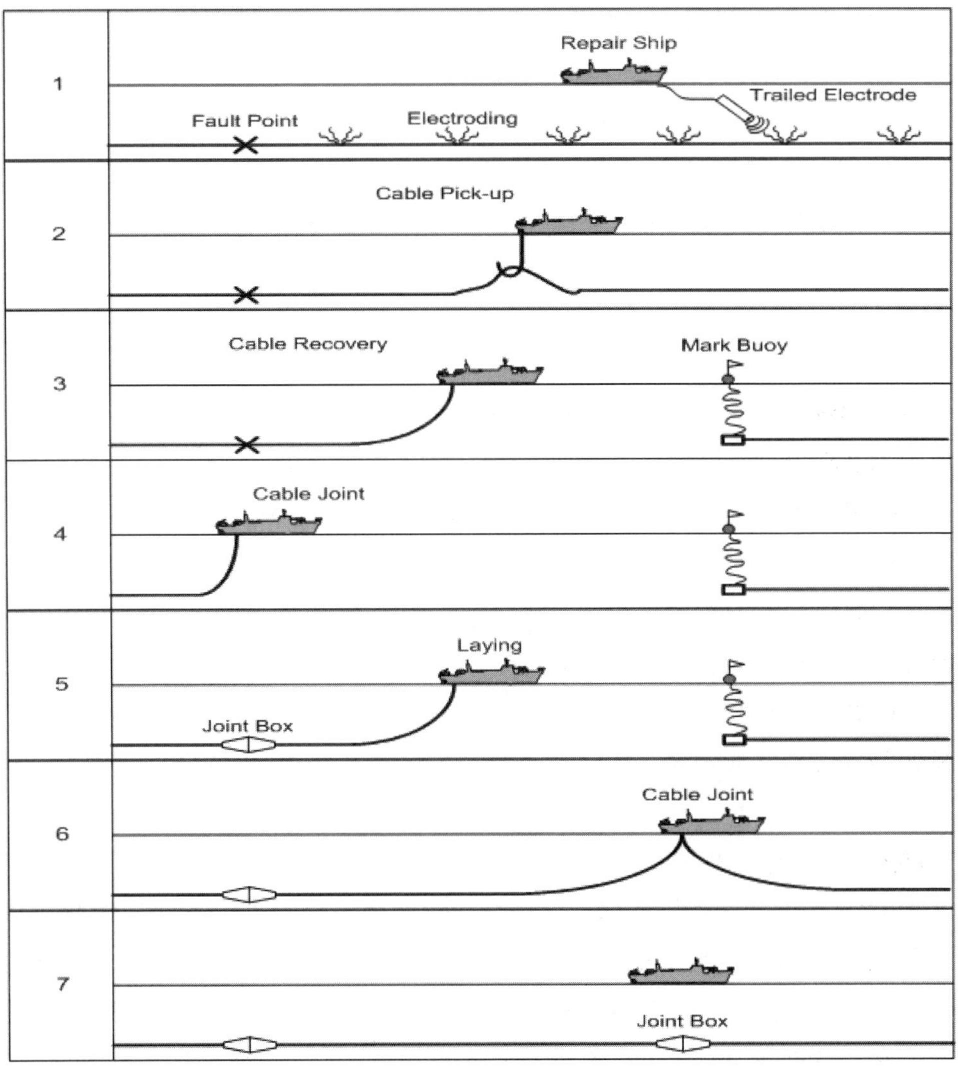

▌그림 4.41▌ 케이블 수리 절차

4.5.4.2 수리작업시 정보 교환

효율적이고 순조로운 해저케이블 수리를 위해 케이블 수리 선박과 유지보수국(MA, Maintenance Authority) 간에 정보 교환이 필요하다.

4.5.4.2.1 케이블 수리 시작 전

케이블 고장 발생시 관련된 육양국은 고장 지점을 찾기 위해 전류 및 전압 측정, LME, C-OTDR 시험(첫 중계기 구간의 경우, OTDR 시험)을 수행해야 한다. 측정 결과를 기초로 유지보수국(MA)은 고장 지점을 추정하고 케이블 주변의 수심, 케이블 종류, 매설 상태(매설/비매설 상태, 매설 깊이)와 같은 정보를 수집한다. 또한 유지보수국(MA)은 ROV와 PGU(Power Grounding Unit)의 사용 여부를 결정하여 선박 운영자에게 이러한 정보를 알린다.

선박운영자는 유지보수국(MA)에게 선박에 선적된 예비설비(케이블, 접속함체, 중계기, BU 등)의 종류와 수량, 스케줄 및 수리작업 절차서를 제공한다.

4.5.4.2.2 케이블 수리 기간

유지보수국(MA) 대표자는 선박에 승선하여 케이블 수리 진행 과정을 감독한다. 또한 선장과 기술자 및 MA 대표자 간에는 의사소통이 중요하며 적기에 적당한 결정이 이뤄져야 한다. 절차가 변경될 경우, 작업절차서(MOP, Method of Procedure)는 대표자들의 승인 후에 개정되고 MA와 각 육양국에 전달되어야 한다. 수리 선박은 기상 상태, 수리 진행 상황 등 24시간 동안 진행된 업무 및 다음 24시간 동안 진행될 업무를 포함한 일일 보고서를 MA에게 전달해야 한다. 한편, 육양국 기술자와 수리선박 간의 원활한 정보교환을 위해서 PSO(Power Safety Officer)를 지정하고, 모든 진행절차는 PSM(Power Safety Message)을 수리선박과 주고 받으면서 진행한다.

4.5.4.2.3 케이블 수리 후

케이블 수리 후 선박이 항구로 이동하여 남은 설비들을 하선하기 전에 선박은 MA에게 남은 수량과 재사용가능 여부 등을 보고해야 한다. 고장 수리시 회수된 케이블이나 중계기는 MA에게 전달되어 원인을 분석하게 된다. 선박 운영자는 수리 후 한 달 이내에 수리 보고서를 제출해야 한다. 수리 보고서에는 시간 별로 수리 항목, 정확한 고장 지점, 고장 원인, 사용된 설비 및 남은 설비, 수리 후 케이블 위치 자료,

매설 결과 등의 정보들을 포함해야 한다. 향후, MA는 케이블 보호의 필요성 고려와 선박 운영자의 수리작업 개선 필요성 등을 위해 보고서 내용을 분석한다.

4.5.4.3 케이블 수리 장비

케이블 수리를 위해서는 케이블 선박에 다음과 같은 장비들이 필요하다.

4.5.4.3.1 ROV와 AUV

수리 기간 단축과 수리시 필요한 예비 설비의 수량을 최소화하기 위해 정확한 고장지점 파악은 중요하다. 육양국으로부터 고장지점 파악은 오차가 있으며, 고장지점 측정 오류가 20Km라면, 케이블 수리를 위해 소모될 케이블은 20Km 이상이 필요하고 케이블 접속수도 증가할 수도 있다. 이런 상황을 피하기 위해 케이블 고장위치 탐색에 ROV(Remotely Operated Vehicle)나 AUV(Autonomous Underwater Vehicle)를 이용한다. ROV와 AUV는 육양국에서 보내는 저주파 신호(20~25Hz) 톤의 크기변화를 감지하여 고장지점을 찾거나 케이블이 매설되지 않은 경우, 장착된 카메라에 의해 시각적으로 고장지점을 찾아낸다. 매설된 케이블의 경우에 수리 후에는 재매설이 이루어져야 하며 일반적으로 ROV를 이용하게 된다. ROV는 해저면 상태에 따라 수m 깊이까지 매설 가능하다.

그림 4.42 ROV(Remotely Operated Vehicle)

4.5.4.3.2 그라프넬

그라프넬은 해저케이블을 포설하고 회수하기 위하여 사용되며, 회수될 해저케이블 종류 및 해저면의 지질 상태 등에 따라 적당한 그라프넬을 사용해야 한다.

일반적으로 사용되는 그라프넬의 종류 및 특성은 다음과 같다.

표 4.10 그라프넬 종류 및 특성

종 류	특 성
Gifford	단단하고 거친 해저면 지질에 이용 경량 케이블 및 열악한 조건의 외장케이블 적용
Rennie (암반형)	매우 단단한 암반의 해저면 지질에 이용
Sliding Prong (갈퀴형)	모래 및 진흙의 해저면 지질에 이용 날의 크기는 10인치 및 24인치(24인치는 매설용)
Bolted Prong	자갈 및 산호초의 해저면 지질 이용
Flat fish (가오리형)	케이블이 열악한 환경에 놓여 있을 때 해저면의 지질이 부드러운 모든 장소에 적용
Round Bottom	모래 및 진흙 등의 해저면 지질에 이용
Cut and hold (절단 취부형)	진흙 및 모래의 해저면 지질에 이용 케이블의 중량으로 케이블의 한쪽 부분만 회수시 이용

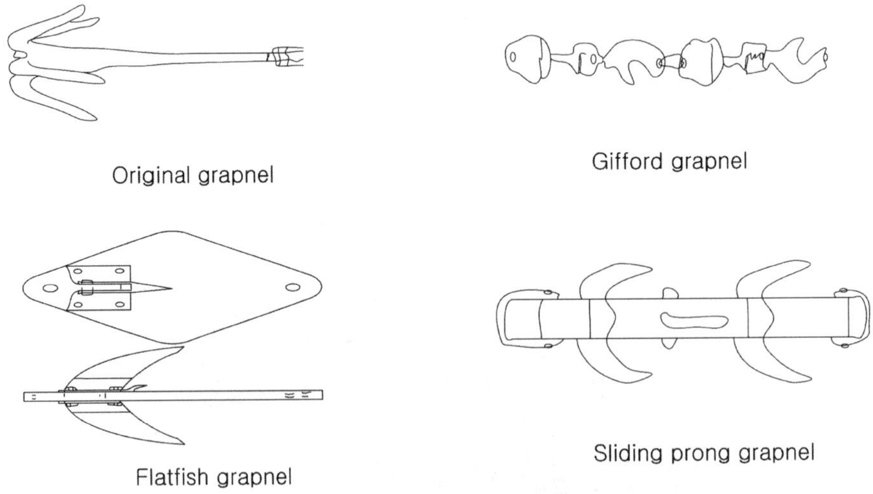

Original grapnel

Gifford grapnel

Flatfish grapnel

Sliding prong grapnel

그림 4.43 그라프넬 종류

4.5.5 해저케이블 유지보수

유지보수란 해저 광케이블이 어선의 어로활동, 지진 및 해저 층의 변동 등으로 손상을 받은 경우 긴급히 고장지점을 파악한 후 케이블을 수리하는 작업을 말한다.

4.5.5.1 컨소시엄 해저케이블 유지보수

컨소시엄 케이블의 경우 C&MA(Construction and Maintenance Agreement)가 포함된 항목은 다음과 같다.

(1) 서명 당사자

- 계약에 서명하고 케이블 시스템을 함께 소유 및 관리하는 사업자

(2) 케이블 시스템 구간(Segment)

- 소유와 책임을 분명히 하기 위해 분할된 케이블 구간

(3) 서비스 준비 완료일(RFS, Ready for Service Date)

- 서비스 개시 예정일

(4) 의무 및 권리

- 당사자가 케이블 시스템에 대하여 가져야 할 의무 및 권리에 관한 조항

(5) 시스템 조달 방법

- 당사자들 간 건설 책임을 지는 케이블 시스템의 조달 방법에 관한 설명

(6) 소유권

- 케이블 시스템에 대한 각 당사자의 소유권 비율

(7) 유지보수 당사자

- 케이블 시스템의 유지보수 책임을 담당하는 당사자 지정

(8) 건설, 운용, 유지보수 비용의 배분

- 소유권과 소유자 배분 비용 간의 관계에 관한 설명

(9) 청구 및 지불

- 청구 및 지불 일정, 연체료 등에 관한 설명

(10) 계약 기간

- 계약 유효 기간 지정

건설 및 유지보수 계약에 이어 케이블 프로젝트는 당사자들 간에 조직된 관리위

원회(MC)의 통제 하에 진행 된다. 관리위원회는 최고 의사결정 권한을 가진 조직으로서 시스템 조달, 프로젝트 비용, 기술 문제, 회로 배분, 청구 및 지불, 운용 및 유지보수 문제 등을 관리하기 위해 그 아래에 여러 개의 소위원회를 정립할 수 있다.

일반적으로 케이블 유지보수 문제를 처리하기 위해 관리위원회 아래에 운용 및 유지보수 소위원회 또는 유지보수 업무 그룹(O&MSC 또는 MWG, Operation & Maintenance Subcommittee 또는 Maintenance Working Group)이 조직된다.

4.5.5.2 사설 케이블 유지 보수

사설 해저케이블 시스템의 경우, 케이블 프로젝트를 계획 및 진행하고자 하는 투자 회사가 케이블 조달 방법은 물론 기본 유지보수 방법에 관하여 의사결정 권한을 가진다. 해저케이블 유지보수는 대부분 회사가 사적으로 계약을 맺은 선박에 의해 수행되나, 케이블의 유지보수 존(Zone)에 가입함에 따라 존에 소속된 선박에 의해 관리되는 경우도 있다.

4.5.5.3 세계 유지보수 협정 및 존(Zone)

케이블 시스템마다 케이블 유지보수 선박을 보유하려면 너무 많은 비용이 소요되어 여러 케이블 시스템 사업자들이 유지보수 존을 정하여, 유지 보수 협정을 체결하여 소유지분에 따라 소요 비용을 분담하고 있다. 대양별 유지보수 협정이 있으며 유지보수 구역은 요코하마 존, 북미 존, 피지 존, 하와이 존, 싱가포르/필리핀 존, 대서양 West 존, 대서양 East 존, 지중해 존, 북해 존 등 총 9개 구역으로 분류되어 있다. 각각의 존은 평균적으로 1~3대의 대기선박이 지정되어 정해진 기간(통상 6개월~12개월) 동안 지정된 장소에서 대기하고 있다가 해당 Zone내에 해저케이블의 손상이 발생하면 빠른 시간 내에 수리 · 복구를 진행한다. 케이블 선박 운용회사들은 정해진 존 내에 대기하면서 존 별로 유지보수 협정을 체결한 통신사업자들로부터 각 통신사업자들의 케이블 소유 지분에 따라, 대기료(Standing charge)와 해저케이블 고장 발생 시 수리작업 비용(Running cost)을 받는다.

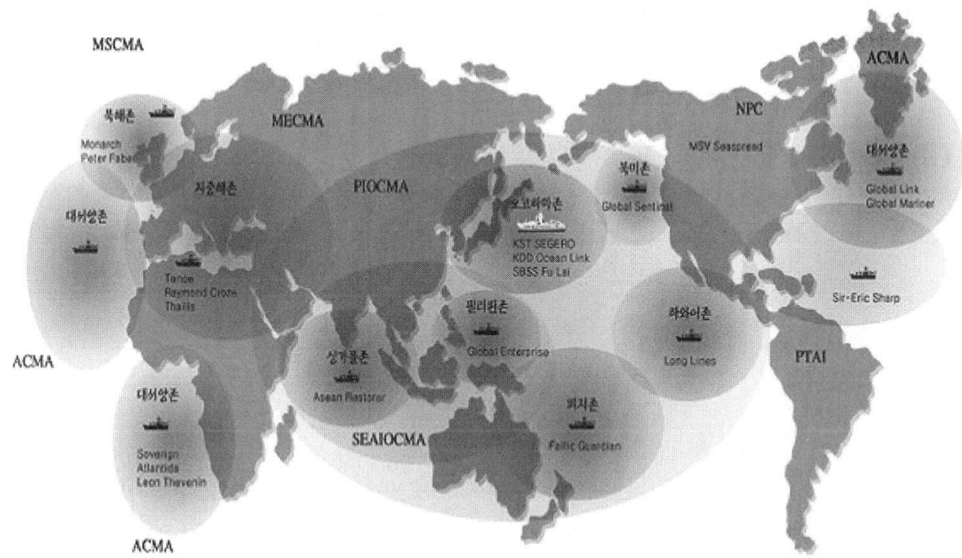

▌그림 4.44▐ 세계의 유지보수 구역

4.5.5.3.1 태평양과 인도양 지역의 해저케이블 유지보수 협정(PIOCMA)

태평양 및 인도양 지역에는 요코하마, 거제 및 우진을 기지 항구로 하는 요코하마 존, 포틀랜드를 기지 항구로 하는 북미 존, 호놀루루를 기지 항구로 하는 하와이 존, 피지를 기지 항구로 하는 피지 존, 마닐라, 싱가포르 및 코친을 기지 항구로 하는 SEAIOCMA 존 등 다섯 개 존이 있다. 요코하마 존은 일본 KDD 오션 링크를 구역 선박으로 하여 한국의 세계로, 중국 Fu Lai 등 3대의 케이블 선박이 배치되어 있으며, 후자의 2대는 6개월 주기로 유지보수 업무를 담당한다. 북미 존 및 피지 존에는 각각 1대, 하와이 존에는 2대, SEAIOCMA 존에는 3대가 배치되어 있다.

4.5.5.3.2 대서양 지역의 해저케이블 유지보수 협정(ACMA)

북미, 영국, 프랑스, 스페인, 버뮤다 지대의 지정 구역에 7대의 케이블 선박을 갖추고 있다.

4.5.5.3.3 지중해, 흑해, 홍해지역의 해저케이블 유지보수 협정(MECMA)

프랑스, 스페인, 이탈리아의 지정 구역에 3대의 케이블 선박을 갖추고 있다.

4.5.5.3.4 북해 지역의 해저케이블 유지보수 협정(NSCMA)

영국과 덴마크의 지정 구역에 2대의 케이블 선박을 갖추고 있다.

표 4.11 세계 유지보수 협정 및 구역(Zone)

유지보수 협정 명	Zone 구분	기지 항구	선박수
태평양/인도양 (PIOCMA)	요코하마 존	Yokohama, Geoje, Wujin	3
	북미 존	Portland(미)	1
	피지 존	Suva(피지)	1
	SEAIOCMA	Batangas(필), Senbawang(싱) Cochin(인도)	3
	하와이 존	Hawaii	2
대서양 (ACMA)	West 존	Brest(프), Curacao(네) Baltimore(미)	6
	East 존		1
지중해 (MECMA)	지중해 존	Marseille(프),Valenica(스), Catania(이탈리아)	3
북해 (NSCMA)	북해 존	Southampton(영), Korsoer(덴)	2

- PIOCMA : Pacific and Indian Ocean Cable Maintenance Agreement
- ACMA : Atlantic Cable Maintenance Agreement
- MECMA : Mediterranean Cable Maintenance Agreement
- NSCMA : North Sea Cable Maintenance Agreement
- SEAIOCMA : South East Asia and Indian Ocean Cable Maintenance Agreement

4.5.6 케이블 수리 선박

케이블 선박은 케이블 탱크나 케이블 엔진과 같은 특수한 구조를 필요로 하며 선박 제작자는 다양한 크기의 선박을 직접 제조하기도 하고, 다른 용도의 선박을 케이블 선박으로 개조하기도 한다.

4.5.6.1 케이블 선박 크기

선박 크기는 세 개의 범주로 나뉘며 총 길이 90m 이하는 소형, 90~130m는 중형, 130m 이상일 때 대형으로 분류한다.

태평양에서 유지보수를 위한 케이블 선박은 일반적으로 크기가 커야 하지만 중형 이상 선박뿐만 아니라 소형 선박도 태평양에 설치된 케이블을 유지 보수할 수 있다. 그러나 겨울에 거센 풍랑과 악천후 속에서 때때로 수리선박은 풍속 25m/s와 높이 8m 파도에 직면하게 되면 운영의 어려움을 겪게 된다. 북태평양에서는 한 주에 이틀 내지 사흘 정도는 풍속 15m/s, 높이 6m가 넘는 파도가 출몰한다.

이러한 환경에서 피항 없이 케이블을 수리해야 하므로 선박은 강력한 추진 시스템, 자세제어용 측면 트러스터(thruster)와 높은 상갑판이 갖추어져 있어야 한다.

중형의 배는 이런 환경에서 배가 좌우로 흔들리므로 수리 진행이 쉽지 않으며, 대형 케이블 선박은 작업을 수행하기 위한 강력한 추진 시스템을 구축해야 한다. 그러나 추진 시스템과 상갑판을 제조하는데 많은 비용이 소요되므로 태평양에서 수리하지 않을 선박은 큰 크기로 건조할 필요는 없다.

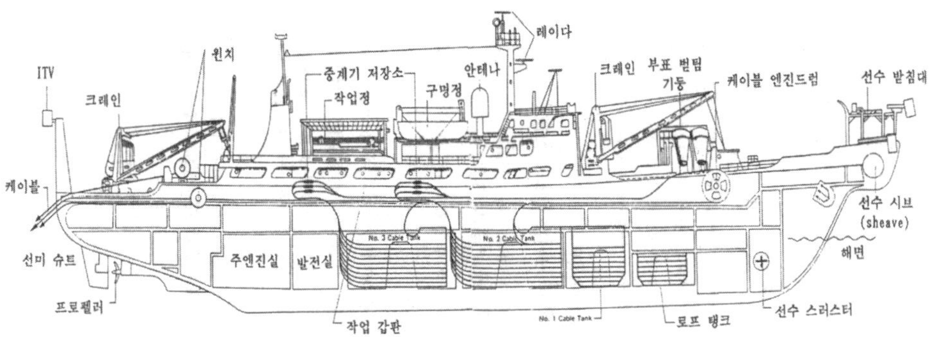

▌그림 4.45▐ 케이블선박 구조

4.5.6.2 선박 구조

4.5.6.2.1 선체

선체는 주갑판까지 이중 바닥과 두 개의 선체로 된 구조이다. 케이블 탱크는 탱크 맨 위쪽에서 중갑판까지 탱크 벽을 용접한 주갑판까지 배치시킨다. 케이블 조종 갑판은 주 갑판 위에 만들고 케이블 탱크 사이에는 칸막이를 위치시킨다.

개조된 선박의 경우, 케이블 탱크는 보통 비용 절감을 위해 주갑판에 설치하지만 이에 따라 적재량은 한정된다.

엔진이나 발전기는 추진 시스템이나 선박 길이에 따라 케이블 탱크 앞이나 뒤에 위치한다. 최근에 건조된 배는 높은 속력을 내기 위해 뒤편에 발전기실을 만든다. 케이블 장비는 내부에 설치하지만 비용 절감을 목적으로 드럼 케이블 엔진(DCE, Drum Cable Engine)이나 선형 케이블 엔진(LCE, Linear Cable Engine)과 같은 장비를 외부갑판에 설치한 선박도 많이 있다.

4.5.6.2.2 추진 장치

CPP(Controllable Pitch Propeller)나 FPP(Fixed Pitch Propeller)가 일반적으로 사용된다. 터널 트러스트를 가진 CPP와 FPP 시스템을 많이 사용하였지만 최근에는 방위 트러스트가 많이 사용된다.

4.5.6.2.3 자동위치 보정장치(DPS)

DPS(Dynamic Positioning System) 시스템은 진보된 컴퓨터 기술을 활용하며 선박의 이동은 DP 콘솔로부터 지시를 받는다. DP는 추진 장치의 하나로 선박의 위치를 예측하여 실제 항행한 실거리 사이의 차이를 계산할 수 있다. DP는 피드백을 통해 실제 위치를 최종 위치로 조정한다.

마이크로파 시스템, 음향 시스템과 같은 위치 참조 시스템도 있지만, DGPS (Differential Global Positioning System)가 가장 많이 사용된다. DGPS는 4~7m 정도의 작은 오차 범위 내에서 선박을 유지시킬 수 있다. DP와 DGPS는 이중 구조를 갖는다. DP는 또한 매설시 이용되는 ROV를 위해 선박을 제어할 때 사용된다. DP는 매설기(Plow)를 견인하는 동안 인장력이 일정 이상 증가하였을 때 추진력을 자동으로 감소시키기도 한다. [그림 4.46]은 DPS 선박이 이동 가능한 도면을 나타낸 예로 어떠한 방향이나 1.5Kt 조류뿐 아니라 23m/s 이상 바람이 불 때 같은 위치를 유지할 수 있음을 보여준다.

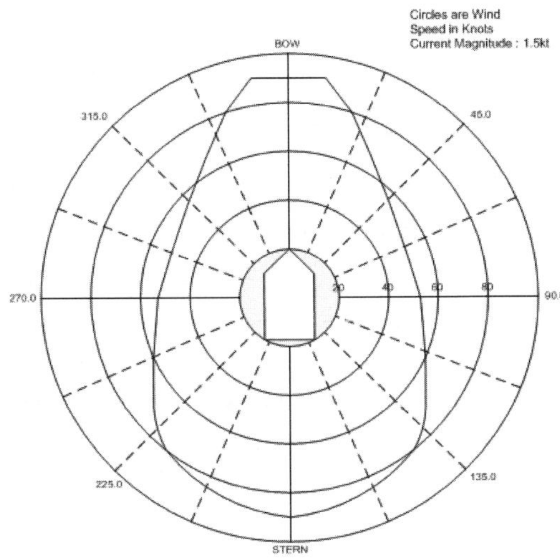

▌그림 4.46▐ DP적용 선박의 능력

4.5.6.3 케이블 제어

케이블 선박은 케이블이 적당한 길이로 포설되었는지, 케이블, 중계기 및 접속 함체가 원하는 곳에 위치하였는지, 수심과 해저면 상태가 탐사한 자료와 일치하는지 여부를 항상 제어하고 감시한다. 케이블 조출 속도가 예기치 못한 경사각으로 인해 변한다면, 통제실에서는 선박 속도를 줄여 케이블 조출 속도를 감소시킨다.

케이블 설치시, 케이블 설치 시스템에 필요한 모든 자료를 저장해 놓는다면 케이블이 자동으로 원하는 경로에 포설되고 선박 속도나 케이블 조출 속도도 변경될 것이다.

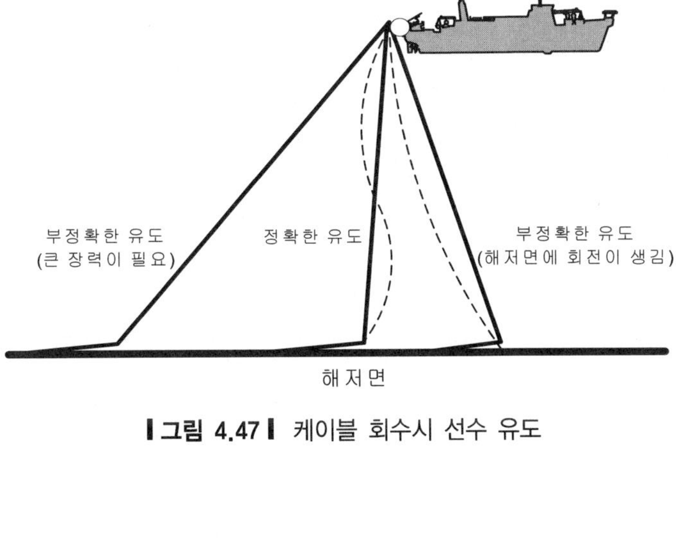

▌그림 4.47▐ 케이블 회수시 선수 유도

4.5.6.4 케이블 엔진

드럼 케이블 엔진(DCE)은 주갑판에 설치되지만 선형 케이블 엔진(LCE)은 케이블 벨 마우스가 있는 갑판에 설치된다. 일반적으로 두 개의 DCE 또는 DCE + LCE 혼합형이 일반적으로 케이블 엔진으로 사용된다. 그러나 심해 지역에서 케이블을 수리할 선박은 2DCE + LCE 구조로 설치된다.

4.5.6.5 케이블 탱크

케이블 탱크는 케이블 선박 중앙부에 위치하며, 케이블 선박이 해양 기상의 악조건으로 흔들릴 때 적재된 케이블을 지탱하기 위하여 견고하게 지어져야 한다. 또한 빠른 속도로 케이블 포설시 얽히는 것을 방지하기 위해 크리놀린(Crinolline)을 놓기도 한다. 케이블 탱크에서 후미까지의 케이블 통로는 항상 확보되어 있어야 하며 케이블 탱크에는 신선한 공기가 유입되어야 한다. 그리고 케이블을 다루는 공간에서는 비자외선 방출광을 사용해야 한다. 주 탱크 이외에 몇 개의 보조 탱크를 주 탱크에 가깝게 위치시킨다.

4.5.6.6 후미 갑판

후미 갑판은 해저케이블을 포설하고 유지보수하는 장소이므로 가능하면 넓어야 한다. 매설기는 윈치, 운반차, A-프레임이 필요하므로 기술자는 효율적인 방법으로 매설기를 배치하여야 한다. 하중이 있는 분기장치나 중계기 이동을 위하여 모노레일이나 이동 크레인을 설치한다.

4.5.6.7 A-프레임

A-프레임은 쟁기식 매설기 조작이나 케이블 수리시에 필요한 장비이다. A-프레임은 버섯 모양의 앵커나 그라프넬을 입수/회수할 때나 천해부에서 회수된 케이블을 절단할 경우에 이용된다. A-프레임은 해저케이블을 깊게 매설할 경우 사용되기도 한다.

4.5.6.8 선실

케이블 건설이나 수리가 1개월 이상 경과하는 경우가 있기 때문에 기술자는 사생활을 보호받고 보다 편안하게 쉴 수 있도록 개인용 선실을 제공 받는다. 선실에서는 인터넷과 인공위성을 이용한 TV 시청이 가능하며 냉장고도 갖추어진 곳이 있다.

4.5.6.9 케이블 선박 건조/개조

[그림 4.48]은 40여 년 동안 건조되거나 개조된 선박의 총톤수를 나타낸다. 1989년부터 2002년 사이 건조되거나 개조된 케이블 선박 수는 1988년 전의 케이블 선박 수보다 3.5배 증가했고 총톤수도 6배 이상 증가했다.

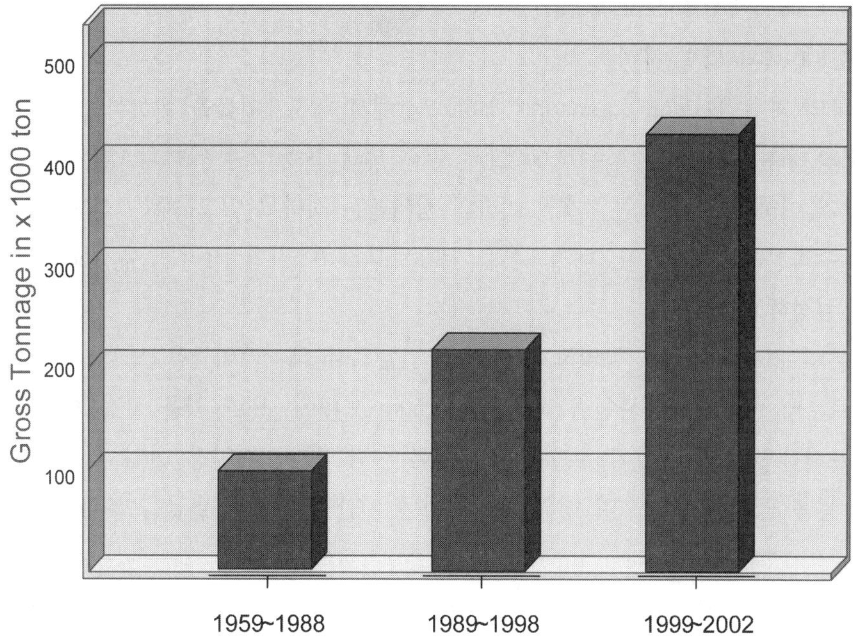

| 그림 4.48 | 케이블 선박의 총톤수 증가 현황

4.5.6.10 케이블 선박의 특징

조정성과 위치 보정 능력은 발전하였지만 선속은 DPS를 갖추지 않은 선박과 비교했을 때 감소되었다. 대양 한 가운데에서 케이블 수리를 할 경우 케이블 수리선박이 수리지역까지 도달하는 데는 수일이 필요하다. 케이블 용량은 점점 증가하고 있으므로 고출력 추진 시스템이 장착될 것이다. 케이블 자동 포설 시스템은 좀더 효율적이고 쉬운 조작을 위해 개발될 것이고 케이블 선박은 특정한 기능을 가진 필수적인 도구로서 ROV 및 AUV를 설치해야 할 것이다.

4.6 해저 광케이블 보호

해저케이블의 안정성을 확보하기 위하여 세계적으로 해저시설 보호 관련 법규를 제정하여 해저케이블 보호를 강화하는 추세이다. 또한 해저케이블 보호 기법으로는 해저지형에 맞도록 특수케이블을 제작하여 포설하며, 어로활동에 대비하여 매설 기법을 달리 하고 있다.

4.6.1 해저케이블 보호 법률

4.6.1.1 해외 입법 사례

미국의 경우, Federal Submarine Cable Act에서 해저케이블을 손상하는 행위에 대해 고의 또는 중과실의 경우 5,000달러 이하 벌금 또는 2년 이하의 징역, 경과실은 500달러 이하의 벌금 또는 3개월 이하의 징역을 규정하고 있고, 모든 선박은 해저케이블 수리선박에서 1마일, 해저케이블 부표로부터 0.5마일 거리를 유지하는 보호구역을 설정하고 있다.

일본의 경우, 미국과 동일하게 케이블 법률로서 해저케이블을 보호하고 있으며, 선로로부터 1km 이내, 하천법 적용구역은 50m 이내에 보호구역을 설정(보호 구역을 육양표시판으로 표시)하여 보호구역 내에서 선박 정박, 저인망 어업 행위 및 토사 채굴 등을 금지하고 있으며 행위위반 시에는 10만엔 이하의 벌금을 부과한다.

호주의 경우, Submarine and Pipelines Protection Act에서 해저전신, 전화케이블, 해저 파이프, 해저 고압전선 등 해저 시설의 고의적 손괴 행위에 대해서는 1,000달러 이하 벌금 또는 징역 12월과 과실손괴행위에 대해서는 1,000 달러 이하 벌금 또는 징역 3월을 부과하여 해저케이블을 보호하고 있고 선주가 케이블 손상을 피하기 위해 어업기구를 포기한 경우 그 손실 비용을 케이블 소유자에게 청구가 가능하도록 하는 적극적인 해저케이블 보호를 규정하고 있다.

뉴질랜드의 경우, 1996년 의회를 통과한 해저케이블 및 파이프라인 보호법에 의해 해저 고압전선 및 해저 통신용 광케이블을 보호 대상으로, 해저 시설의 고의 또는 과실에 의한 손괴의 경우 250,000달러 이하 또는 선박압수, 보호구역내 어로, 닻 내림의 경우 100,000달러 이하 또는 선박압수 등의 금지행위 및 처벌을 규정하고 있다.

4.6.1.2 국내 입법 사례

한국은 전기통신사업법 제50조(전기통신설비의 보호), 제69조(벌칙) 및 시행령 52조(해저케이블 경계구역의 지정 등)의 규정이 마련되어 있으나, 경계구역 안의 특정 행위 금지를 구체적으로 규정하고 있지 않다.

이는 해저케이블 주변에서 자유로운 어로활동을 가능케 함에 따라 어로 활동에 의한 고장이 국제 평균치보다 20% 이상 높게 발생되고 있다. 따라서 해저케이블의 보호를 위해 선진국의 사례처럼 법에 의해 구체적으로 규정할 필요가 있다.

전기통신사업법

제50조(전기통신설비의 보호)

① 누구든지 전기통신설비를 손괴하여서는 아니되며, 이에 대한 물건의 접촉 기타의 방법으로 전기통신설비의 기능에 장해를 주어 전기통신의 소통을 방해하는 행위를 하여서는 아니된다.

② 누구든지 전기통신설비에 물건을 던지거나, 이에 동물·배 또는 뗏목 따위를 매는 등의 방법으로 전기통신설비를 오손하거나 전기통신설비의 측량표를 훼손하여서는 아니된다.

③ 기간통신사업자는 해저에 설치한 통신용 케이블 및 그 부속설비(이하 "해저케이블"이라 한다)를 보호하기 위하여 필요한 경우에는 해저케이블 경계구역의 지정을 방송통신위원회에 신청할 수 있다.

④ 방송통신위원회는 제3항에 따른 신청을 받은 때에는 그 지정의 필요성 등을 검토하고, 관계 중앙행정기관의 장과의 협의를 거쳐 해저케이블 경계구역을 지정·고시할 수 있다.

⑤ 해저케이블 경계구역의 지정신청, 지정·고시의 방법·절차, 경계구역 표시의 방법 등에 관한 사항은 대통령령으로 정한다.

제69조(벌칙)

다음 각호의 1에 해당하는 자는 5년 이하의 징역 또는 2억원 이하의 벌금에 처한다.

1. 제5조제1항의 규정에 의한 허가를 받지 아니하고 기간통신사업을 경영한 자
2. 제50조제1항의 규정에 위반하여 전기통신설비를 손괴하거나 이에 대한 물건의 접촉 기타의 방법으로 전기통신설비의 기능에 장해를 주어 전기통신의 소통을 방해한 자
3. 제54조제2항의 규정에 위반하여 재직중에 통신에 관하여 알게 된 타인의 비밀을 누설한 자
4. 제54조제3항의 규정에 위반하여 통신자료제공을 한 자 및 그 제공을 받은 자

시행령 제52조

제52조(해저케이블의 경계구역의 지정 등)

① 기간통신사업자가 법 제50조제3항에 따라 해저케이블 경계구역의 지정을 신청하는 경우에는 다음 각 호의 자료를 방송통신위원회에 제출하여야 한다.

1. 경계구역 지정의 필요성
2. 경계구역의 구간과 폭(위도와 경도를 나타내는 좌표로 기재한 것을 말한다)

② 방송통신위원회는 해저케이블 경계구역의 지정에 필요한 경우 그 지정을 신청한 기간통신사업자에게 제1항 각 호의 제출서류 외의 추가적인 자료 제출을 요구할 수 있다.

③ 방송통신위원회는 제1항과 제2항에 따라 제출된 자료를 법 제50조제4항에 따른 관계 중앙행정기관의 장에게 송부하여 그 의견을 들어야 한다.

④ 방송통신위원회는 특별한 사정이 없으면 해저케이블 경계구역의 지정 신청일부터 60일 이내에 그 지정을 신청한 기간통신사업자에게 지정여부를 통보하고, 해저케이블 경계구역으로 지정한 경우 이를 지체 없이 고시하여야 한다.

⑤ 방송통신위원회가 제4항에 따라 해저케이블 경계구역을 지정·고시하면 이를 신청한 기간통신사업자는 경계구역의 위치를 자신의 인터넷 홈페이지 등에 공시하여야 하며, 지정된 구역에 부표 등 구역표시물을 설치할 수 있다

4.6.2 해저케이블 포설 및 매설

수심, 기울기, 퇴적물, 장애물 등 경로 조사(Route Survey)를 실시하고, 어민 상담을 통해 어장을 확인하여 가급적 어장을 피하여 해저케이블을 포설해야 한다. 또한 암반 지역 및 해저 지진 발생 가능지역을 최대한 피해서 포설해야 한다. 해저케이블을 매설하는 경우에 연질의 해저면에서는 주로 1.5m 깊이로 매설하고 있으나 케이블 보호를 위해서는 고장수리 장비의 발달과 더불어 좀더 깊이 매설하는 추세이다.

표 4.12 닻 중량에 의한 해저면 관입도

닻 중량	경질 ←———— 해저면 ————→ 연질
0.2 t	0.2 ~ 0.6 m
1.0 t	0.3 ~ 1.2 m
5.0 t	0.4 ~ 1.5 m

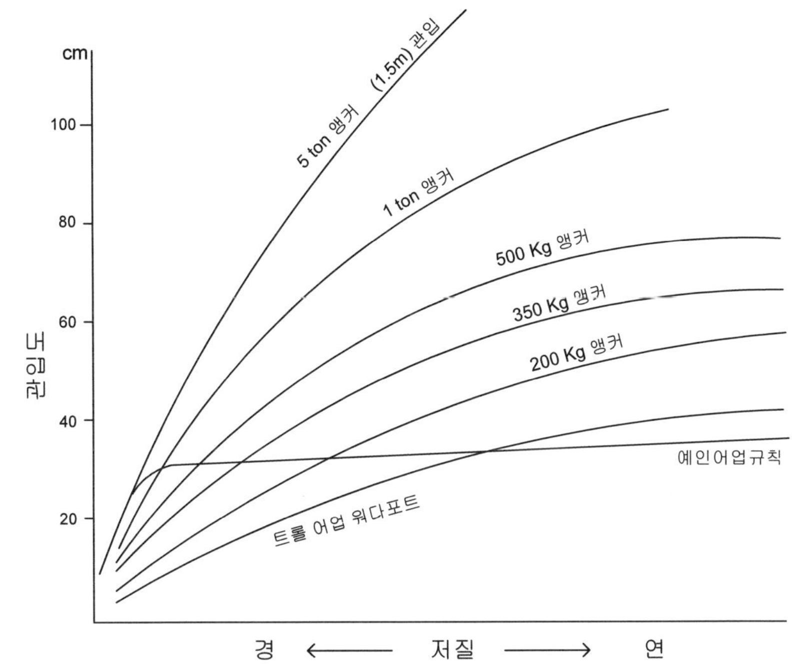

| 그림 4.49 | 해저 지질에 따른 앵커 관입도

제 5 장

해저케이블 건설

05 해저케이블 건설

5.1 해저 케이블 건설 개요

국제 해저케이블은 각 국가의 국영 통신 사업자(기간통신사업자)에 의해 계획되는 것이 일반적이었으나, 규제 완화 정책의 결과로 신흥 사업자들이 국제 해저케이블 프로젝트에 참여하기 시작하였고, 이러한 프로젝트는 컨소시엄에 의해 착수되는 것이 일반적이다. 컨소시엄에서는 양해각서(MOU, Memorandum Of Understanding) 서명, 건설 및 유지보수 계약(C&MA, Construction and Maintenance Agreement) 서명 이후에 관리 위원회(MC, Management Committee)가 발족된다. 관리 위원회는 참가 사업자의 대표들로 구성된 조직으로서 최종 의사결정에 관한 책임을 진다.

한편, 사설 케이블 사업자들이 생겨나 사설 프로젝트를 설립하고 해저케이블을 건설하여 대용량 도매 사업자 및 일반 회사를 대상으로 용량을 판매하고 있다. 이 장에서는 주로 컨소시엄 프로젝트에 의한 해저케이블 건설 계획에 대하여 설명하는 것에 초점을 맞추기로 한다.

5.1.1 계획 초기 단계

사업자는 소유하고 있는 국제통신 회선용량이 향후 트래픽 성장 속도에 대처하지 못할 것이라 판단되는 경우, 신규 해저케이블 건설 계획에 착수하게 된다. 이러한 해저케이블 건설은 대부분 동일한 목적을 가진 다른 사업자들과 비용을 공동 부담함으로써 재정적인 짐을 덜고자 한다.

우선 사업자는 현재 보유하고 있는 해저케이블 용량으로는 앞으로 부족하게 될 것임을 증명하기 위해 기초 트래픽 데이터를 제시한다. 이어서 기본 계획을 내용으로 하는 성명서를 준비하고, 이를 관심 있는 사업자들에게 제출하여 프로젝트에 참여할 것을 요청한 후 대규모의 해저케이블 프로젝트를 진행할 수 있는 핵심 사업자들을 모집한다. 성명서에는 건설비용, 자금 계획, 육양국, 네트워크 형태, 설계 용량, 서비스 개시(RFS, Ready For Service) 일자 등 기본 계획이 담겨 있다. 제안 대상에는 육양국 후보 대상 사업자는 물론 해저케이블을 필요로 하는 사업자도 포함된다. 많은 사업자가 프로젝트에 참가할수록 각 사업자가 부담해야 하는 비용은 감소하고 프로젝트의 신용도는 상승하게 된다.

5.1.2 프로젝트의 진행

[표 5.1]은 해저케이블 프로젝트가 진행되는 과정을 나타낸 것이다. 핵심 사업자들은 최초 당사자로서 MOU에 서명하고, 임시 컨소시엄을 설립하며, 기본 계획을 연구하기 위한 업무 그룹을 조직한다. 이와 같은 MOU 기간은 약 6개월에 걸쳐 지속된다. 이 단계에서 사업자들은 탁상 조사(DTS, Desk Top Study)를 실시하고, 후보 공급업자에게 제안 요청서(RFP, Request For Proposal) 제출을 요청하여 후보 공급업자의 역량과 제시 가격을 평가하며, 모든 사업자를 초대하여 기본 계획을 발표함과 더불어 공동 출자를 요청하는 데이터 수집 회의(DGM, Data Gathering Meeting) 또는 후보 투자자 회의(PIM, Potential Investor's Meeting)에 후보 공급업자들을 불러모아 자금 모집 가능성을 확인한다. 또한 용량 배분 방법과 같은 상세한 프로젝트의 시행 계획을 연구한다. 마지막으로 핵심 사업자들을 포함하여 프로젝트에 투자하기로 한 사업자들은 모두 C&MA에 서명하고 건설 작업에 착수한다. C&MA는 케이블 수명이 다 할 때까지 계속 유지되므로 해저케이블 프로젝트의 바이블과 같이 여겨지는 것이다. 하나의 국제 해저케이블이 완공하는 데는 대략 2년 정도 소요된다.

5.1.3 설계 용량

해저케이블을 계획함에 있어 초기 설계 용량 및 최대 설계 용량은 사전에 결정된다. 예를 들면, EAC 해저케이블 네트워크는 초기 설계 용량은 80Gbps, 최대 설계 용량은 2.56Tbps를 실현할 수 있도록 설계하였다.

고밀도파장분할다중화(DWDM) 기술은 서비스 개시 시점의 용량을 먼저 공급하고 추후 트래픽이 증가할 때 단계적으로 용량을 증가시킬 수 있도록 한다. 즉, 해저케이블, 광중계기와 같은 해저설비를 변경하지 않고 해저회선종단 장치(SLTE, Submarine Line Terminating Equipment)와 같은 육상에 설치된 전송 설비만을 증설하는 방법으로 트래픽 증가를 충족시킬 수 있기 때문이다.

▌표 5.1▐ 프로젝트 진행 과정

<table>
<tr><th>단계</th><th colspan="4">MOU 서명　　　C&MA 서명　　　RFS</th></tr>
<tr><td>참가자</td><td>계획 사업자</td><td>최초 참여자</td><td colspan="2">최초 참여자, 추가 참여자</td></tr>
<tr><td>기 간</td><td>경우에 따라 다름</td><td>6개월</td><td>2년</td><td>25년</td></tr>
<tr><td>진행내역</td><td>수요 예측
기본 계획
용량 배분
육양국
네트워크 형태
설계 용량
RFS 일자
MOU 초안 작성</td><td>DGM 또는 PIM
탁상 조사
비용 평가
C&MA 초안 작성
입찰
공급업자 지정
공급 계약</td><td>허가
어업권 협상
해저 탐사
건설 작업
진행사항 확인</td><td>경로 신설
운용
유지보수</td></tr>
</table>

5.1.4 용량 배분

사업자들이 해저케이블에 투자하는 이유는 국제간 통신 서비스를 공급하는 데 필수적인 전송 용량을 소유하기 위해서이며, 소유 용량은 투자 비율에 비례한다. 각 해저케이블에는 최소 투자 단위(MIU, Minimum Investment Unit)를 사용하며, MIU 미만의 용량은 취급되지 않는다. 과거에는 MIU가 E1(2Mbps) 단위였으나, 최근 프로젝트에서는 STM-1(155Mbps)으로 증가 되었으며, DWDM 파장 또는 광섬유 자체도 MIU로 사용될 정도로 점차 증가하고 있는 추세이다.

해저케이블의 설계 용량은 배분 용량과 공동 예비 용량으로 구성된다. 배분 용량은 사업자별로 투자 비율에 따라 공급되며, 공동 예비 용량은 배분되지 않고 프로젝트에서 보유하였다가 이후에 영구 사용권(IRU, Indefeasible Right of Use)으로 판매되거나, 다른 해저케이블의 복구용으로 사용되기도 한다. 최근에는 공동 예비 용량을 보유하지 않고 참가 사업자들에게 배분되는 추세이다.

C&MA의 서명 기간이 끝난 이후 서명하지 않은 사업자가 사용권을 취득하기 위해서는 IRU로서 용량을 구매할 수 있다. IRU는 소유권 대상 용량에 비해 가격은 더 높은 반면에 해저케이블 건설 중에 사업자가 지는 위험 부담이 적다. 또한 사업자는 용량의 소유권을 가진 다른 사업자로부터 MIU 미만의 IRU 용량을 구매할 수도 있다.

5.2 해저케이블 건설 계획

해저케이블 시스템은 구성 및 공사방법, 국내용 및 국제용에 따라 건설 계획, 절차 등에 있어 많은 차이점이 있으며 일반 전송시스템 건설에 비해 매우 복잡한 건설 방식이 적용되고 있다.

일반적으로 건설 기간은 시스템 계획단계, 시스템 준비단계, 시스템 설치단계의 세 단계로 구분될 수 있으며, 일반적인 작업 절차는 [그림 5.1]의 해저케이블 건설 흐름도와 같다.

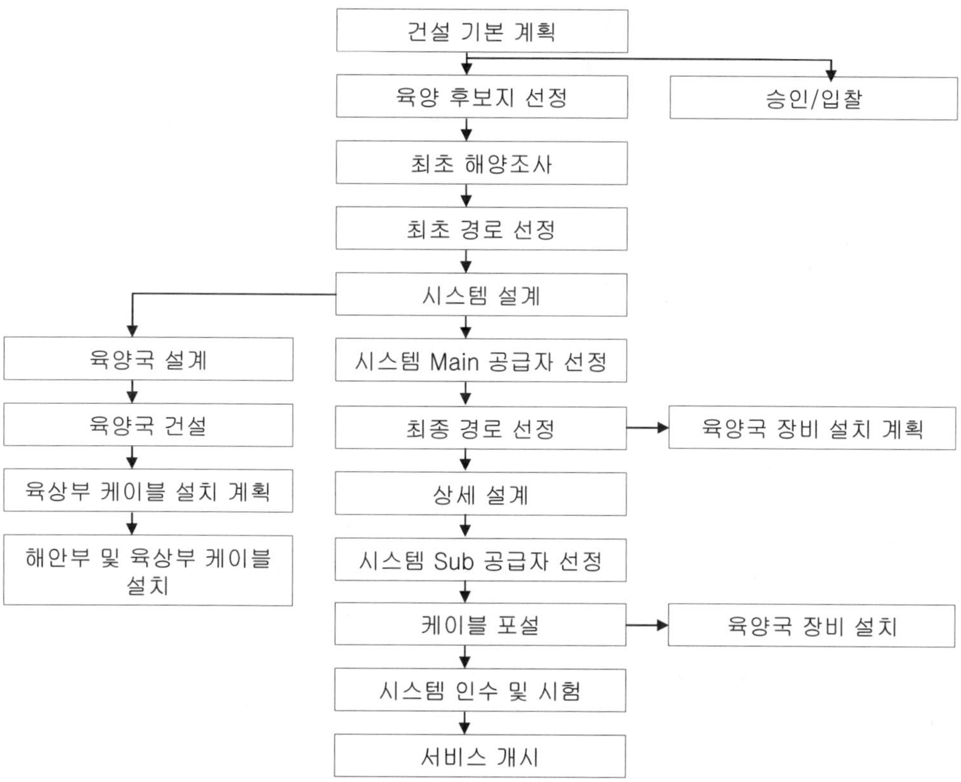

| 그림 5.1 | 해저케이블 건설 흐름도

각 단계별 주요 작업내역을 살펴보면 다음과 같다.

(1) 해저케이블 건설 계획 단계

– 케이블 육양 후보지 선정을 위한 현지 실사

- 해저케이블 루트선정을 위한 해양조사
- 시스템 설계
- 구매 규격서 작성 및 입찰 공고
- 케이블 공사를 위한 각종 인허가 취득 및 어민 협상(지방자치단체, 어민, 부지 소유자), 환경 영향 평가

(2) 해저케이블 건설 준비 단계
- 육양국사 건축
- 입찰 제안서 평가 및 낙찰자 선정
- 장치 및 설비 생산, 검사, 승인
- 해안부 루트조사 및 설비 설치 계획

(3) 해저케이블 건설 설치 단계
- 해안부 및 육상부 케이블 설치 작업(케이블 관로, 육양표지판 설치, 해안 접지공사, 케이블 트렌치 시공 등)
- 터미널 장치 설치
- 케이블 육양 및 천해부 케이블 포설
- 케이블 포설 및 매설
- 시스템 인수시험 및 승인

5.2.1 육양 후보지 선정

육양국은 해저케이블이 육양되며, 터미널 장비가 설치될 뿐 아니라 해저 네트워크에 대한 접근 지점이므로 해저케이블 건설을 계획할 때, 케이블 육양 지점 선택이 매우 중요하다. 국제 트래픽이 많은 도시 지역 근처에 케이블이 육양되면 비용 면에서 국내 네트워크와 연결이 효과적이며, 새로운 육양국 부지는 해양 구간 및 국내 구간의 요구조건을 충족해야 하며 요구 조건은 다음과 같다.

(1) 해양 구간
- 케이블 매설이 쉽도록 해저가 모래로 된 지역
- 양쪽 육양점 사이의 거리가 최소가 되는 곳
- 해저 지형이 25도 이상의 가파른 경사지역이 없는 곳

- 케이블에 손상을 입힐 가능성이 있는 트롤 및 안강망 어선의 어업활동이 적은 지역
- 선박의 닻(Anchor) 투묘가 적은 지역
- 양식장 및 어업권 설정이 되어 있지 않은 곳
- 정부로부터 케이블 설치 승인을 받는 데 어려움이 없는 지역
- 지진 등 자연재해 발생이 낮은 지역
- 해안 매립 및 항만 계획이 없는 곳

(2) 육상 구간

- 지진 및 해일 발생 위험도가 낮은 지역
- 육양국을 건설하기에 충분히 넓은 부지가 확보된 지역
- 굴착이 쉬운 지역
- 지하 케이블 설치를 위한 도로 굴착 허가를 받기 쉬운 지역
- 기존 국내망과 연결이 용이한 지역

5.2.2 해양조사

5.2.2.1 탁상조사(DTS, Desk Top Study)

해저케이블의 해양 경로를 선택하는 과정은 DTS에서부터 시작된다. 탁상 조사 없이 경로가 선정되면 해양 조사에 대한 시간과 비용이 증가하므로 기본 설계를 위한 탁상조사는 능률적이고 경제적으로 최적의 경로를 선택하는데 꼭 필요한 과정이다. 즉, 탁상조사를 통해 허가, 어업 활동, 산사태와 같은 자연 조건 등에 관한 정보를 수집하며, 조사 결과는 프로젝트의 실행 가능성을 평가하는 데 사용된다.

탁상조사에 포함된 항목은 다음과 같다.

(1) 자료 수집

- 자연 환경에 대한 정보로 해도, 해저 지형도, 해저 지질 구조도, 연안지역 지형도 및 연안지역 육상 지도 등
- 어업 정보로 어민협회 목록, 어업권 지도, 해저 어초의 위치 및 고정 그물의 위치를 나타낸 지도, 어로 장비와 방법 등
- 정부의 대외 정보로 영해 지도, 항구 계획, 해안보호를 위한 건설 계획, 연안 보호 지역들, 도시 개발 계획, 리조트 개발 계획 등

(2) 수집된 자료와 정보의 분석과 평가

(3) 자료와 정보의 매핑

(4) 케이블이 안전한 지역에 설치될 수 있도록 필요한 검토 사항

- 케이블 매설이 가능한 지역
  - · 트롤 어업지역, 투묘 및 마찰에 대한 보호
  - · 케이블 매설을 위한 퇴적층의 두께 조사
  - · 바위가 많은 지역들의 위치 조사
  - · 케이블 유형 결정
- 수심이 깊은 지역
  - · 어로 활동과 인간 접촉으로부터 보호
  - · 케이블 매설 여부를 위한 수심 조사
  - · 어업 지역과 상어 밀집 지역
- 해저면이 평탄한 지역
  - · 케이블 마찰이 예상되는 위치 조사
  - · ROV를 이용하여 매설이 가능한 지역 선택
  - · 매설할 수 없는 심해지역에서 노출부분을 위한 안전한 경로선택
- 해저면이 완만한 지역
  - · 케이블 마찰로부터 보호
  - · 수심측량 등고선을 토대로 해저 경사도 및 수심 조사
  - · 케이블 매설이 어려운 경사지역을 피한 경로 선정
  - · 해저 산사태로 인한 케이블 손상 방지
  - · 암반 지역을 피하여 효율적인 케이블 매설
- 해저면이 암반이 아닌 지역
  - · 케이블 마찰로부터 보호
  - · 매설이 어려운 해저지역 및 해저 상태 조사
  - · 암반지역을 피하여 경로선정, 매설이 어려운 심해지역에서 케이블 유형 선정
- 비교적 해저면이 평탄한 지역
  - · 케이블이 해저면으로부터 떠있는 상태의 방지

· 어로활동으로부터 보호
· 수심측량 등고선을 토대로 해저 수심과 해저면의 상태 조사
· 케이블 노출을 피하기 위한 경로선정
· 케이블 노출을 피할 수 없는 지역의 케이블 유형 선정

– 지각 변동이 없는 지역
· 해저 단층과 화산 활동과 같은 자연 현상에 의해 손상되는 케이블 보호
· 해저 단층, 지진의 진앙지 및 화산들 위치 조사
· 지각의 움직임을 추적하여 단층, 화산 및 진앙지를 피하여 경로 선정
· 자연 현상으로부터 보호 가능한 케이블 유형 선정

– 조류가 느린 지역
· 케이블 마찰 보호
· 빠른 조류 지역 조사
· 조류가 느린 지역 경로 선정

– 선박이 정박하지 않는 지역
· 투묘에 의한 케이블 손상 보호
· 선박 닻(Anchor) 투묘 지역 조사
· 선박 닻 투묘 지역을 피하여 경로 선정
· 투묘 위험 지역의 케이블 유형 선정

– 어로 활동이 없는 지역으로 검토
· 어로 활동으로부터 보호
· 어선 협회에게 많은 보상비를 지불해야 하는 지역은 피할 것
· 육양지 근처의 어로 활동 위치 조사
· 어장 및 어업권 지역을 피한 경로 선정
· 어장지역을 피하기 어려운 지역의 케이블 유형 선정

– 상어가 없는 지역
· 상어 물림에 의한 피해 방지
· 상어 밀집 지역 조사
· 상어 밀집 지역에 따른 케이블 유형 선택

(5) 복수 육양지 및 케이블 경로의 선정

(6) 지형과 경제적 측면을 고려하여 육양지 및 케이블 경로 비교 평가
(7) 육양지 및 케이블 경로의 우선 순위 선정
(8) 각 육양지의 적합성 확인
(9) 사전 경로의 선정

사전 경로 선정은 다음 절차에 따라서 실질적으로 수행된다. 첫째, 해도 또는 매핑 시스템에 의해 산출된 그래프 차트는 해저케이블로 연결될 육양국을 설계하는데 기본 자료로 제공된다. 둘째, 탁상 조사를 통해 수집된 투묘지역, 어장지역, 고정어망 위치, 국립 공원의 보호영역과 같은 자료들은 차트에 기록되며, 해저 지형도로부터 얻은 15도 이상일 것으로 추정되는 경사 지역도 차트에 기입된다. 이외에, 이미 존재하거나 향후에 계획된 파이프라인, 케이블 및 지장을 초래하는 관련정보, 군사 훈련지역 등을 기입한다. 이 단계에서는 향후 수정에 대비하여 볼펜보다는 연필로 기입하는 것이 편리하다.

만약 엔지니어들이 여러 경로 지역을 선정한 경우, 각각의 장단점을 고려하여 특별한 테이블 양식에 기입한다. 이러한 절차 이후에 탁상조사 경로선정 보고서로 각각 경로에 대한 우선순위를 분류한다. 경로선정시 동반하는 작업으로 케이블 경로 조사를 수행하기 위한 시방서는 면밀히 검토되어야 하며, 다음 데이터들은 시방서를 위해 준비되는 것들이다.

- Route Position List(RPL)
- Straight Line Diagram(SLD)
- 경로 차트(Route Chart)
- 기타 요구사항

5.2.2.2 해양탐사

해양탐사는 해저케이블 건설을 위한 해저구간 최적 루트선정, 케이블 유형별 물량 및 케이블 보호공법 결정 등 시스템 기본설계에 필수적인 자료수집에 일차적인 목적이 있고, 시설물 운용 및 유지보수를 위한 자료 확보와 케이블 포설 작업 및 향후 유지보수를 위한 자료획득에 이차적인 목적이 있다.

해양 탐사에서는 아래와 같은 데이터가 수집된다.

(1) 연안해
- 수심 및 해저 경사
- 해저 토질 및 매설 가능 깊이
- 집어용 물체나 침몰선과 같은 장애물
- 루트 길이

(2) 근해 및 대양
- 수심 및 해저 지형
- 해저 퇴적물
- 해저 지층 탐사
- 자연재해 (예: 해저 화산)
- 해저 토양

수심이 얕은 곳은 어업 활동이 비교적 활발하며, 또한 어선이 닻을 내려 케이블에 손상을 줄 가능성이 높다. 따라서 해저케이블은 반드시 강철 외장으로 둘러싼 후 주철관을 설치하여 매설하는 것이 권고되고 있다. 신규 케이블을 기존 케이블에 교차하여 설치되는 경우가 있는데, 이때에는 기존 케이블 소유주로부터 교차 승인을 받아야 한다. 비록 근처에 육양국이 없더라도 해협을 통과하여 설치되는 경우, 케이블 루트는 신중하게 선택되어야 하므로 주의 깊은 조사가 수반되어야 한다.

I 표 5.2 I 해양 탐사 장비

구 분	사용장비
해저 지형 (수심)	Echo Sounder, Multi Narrow Beam Sounder, Bathymetry Mapping System
해저 표면	Side Scan Sonar, Camera
해저 저층부	Sonoprobe, SG sonar, Airgun, Sparker
해저 퇴적물 조사	Grab Sampler, Dredge, Piston Core Sampler, Vibro Corer
수온	XBT, Electric water thermometer
해류 및 조류	Andera current meter
매설 조사	Anchor towing, Plow towing, Cone Penetration Testing

5.2.2.3 매설탐사

매설탐사의 목적은 실제 케이블 매설 작업시 발생할지도 모르는 해저면 장애물이나 급경사, 암반구간 등으로 인하여 매설기의 작동이 불가능한 지역위치를 사전에 확인하고 필요시 매설 루트의 우회나 케이블의 외장을 보호하기 위함이다. 또한 매설구간의 적정 매설심도와 견인방식에 대한 자료를 얻기 위함이다. 매설탐사 방식에는 실제의 매설 경로를 따라 매설작업에 투입될 매설기를 케이블 없이 견인하는 방식과, 케이블이 없는 상태에서 매설 조사용으로 제작된 유사 매설조사기를 견인하는 방식, 또는 그라프넬 앵커와 같은 해저면 상태를 파악하는데 사용될 수 있는 기구를 시험 견인하는 방식 등이 있다. 실제 매설작업에 필요한 정보를 가장 근사하게 얻을 수 있으려면 매설작업에 동원될 매설기와 동일 혹은 유사한 매설기를 사용하여 조사하는 방식이 가장 효과적이나, 비용 경제적인 측면에서는 그라프넬 앵커를 시험 견인하는 방식이 유리하다.

매설탐사는 실제 매설작업에 들어가기 전에 필요한 정보를 제공함으로써 매설 작업을 효율적이고 안전하게 이루어지도록 다음과 같은 사항에 대해 조사하여야 한다.

- 매설작업 장애물 위치
- 암반 분포 지역
- 케이블 매설기의 경사도
- 해저지질에 따른 적정 매설 속도
- 매설속도에 따른 매설기의 예인 장력
- 매설 불가능 지역에서의 우회 경로
- 가능 매설 심도

5.2.3 해저케이블 경로 선정

케이블 경로 선정작업은 탁상조사, 해양탐사, 매설탐사 등 해양조사의 결과에 의해 최적의 케이블 경로를 선정한다. 해저케이블 거리, 국내망의 연결성, 경제성, 기술적 타당성 및 보호측면을 고려 하여 선정한다.

5.2.4 시스템 설계

시스템 설계는 기술자료를 수집 분석하여 설계를 하고, 해양조사 결과를 토대로 하여 설계의 핵심인 케이블 물량 산출, 케이블 보호방법 등을 확정한다. 주요 설계내용은 다음과 같다.

- 중계 방식 결정 : 무중계 방식, 중계 방식
- 네트워크 구조 결정 : 점대점, 분기형, 피쉬본형, 패스툰형, 환형 등
- 시스템 방식 선정 : 초기용량, 최대용량, 광 파장 등
- 광 심선 수 결정 : 4심, 8심, 12심, 16심 등
- 해저광케이블 소요량 산정 : 육상부, 해양부 각각 Km 산정
- 수심대별 케이블 유형 결정 : DA, SA, LWA, LW 등
- 매설 깊이 등

5.3 해저케이블 건설 준비

국제 해저케이블에 관한 장비를 조달하고자 하는 경우, 구매업자는 후보 입찰자에게 경쟁 입찰을 위한 요구 조건 및 명세서를 제시하고 이들의 입찰을 평가한 후 특정 입찰자를 구매 대상으로 선정한다. 최종 선정된 입찰자는 구매업자와 공급 계약서를 작성하고 건설 작업을 수행하여 "턴키(Turn Key)" 단계, 즉 해저 시스템 운용 준비를 마친 단계까지 완료한다. 계약은 구매업자의 관리위원회(MC)에서 해저케이블의 용량 배분 및 시스템 조달과 같은 사업 계획을 담당하며, 해저 시스템 조달에 있어서는 설계 계약 방식과 제안 요청서(RFP)에 기초한 경쟁 계약 방식이 있다. 이 중에서 경쟁계약 방식이 주로 선택되는데 이는 구매업자로 하여금 후보 입찰자가 제시하는 최신 기술을 최대한 활용할 수 있게 하는 방법이기 때문이다.

5.3.1 제안 요청서(RFP) 준비

기술 사항 및 계약 조건을 설명하는 입찰 서류가 포함된 RFP는 시스템 조달 능력 및 가격 평가를 목적으로 후보 공급업자에게 제출된다. 이어서 후보 공급업자는 입찰 서류에 준하여 제안서를 제출하여 답한다. 후보 공급업자가 요구조건을 충족시킬 수 있는지 확인하기 위해 설계 용량, 인터페이스, 시스템 구조, 건설비용, RFS 일자 등을 중심으로 검토가 이루어진다. 이때 케이블 선박 예약, 조사 장비, 해저케이블 제조에 관한 사항은 해저케이블 건설에 있어 중요한 요인으로 평가된다.

5.3.2 입찰 평가

일반적으로 국제 입찰은 국내의 최저가 낙찰제와는 달리 "Two Bid System"을 적용한다. 즉, 가격과 기술을 분리하는 방법이며, 이 제도의 목적은 최적시스템을 최저가격에 구매하는 데에 있다. 입찰자는 가격과 기술 각각의 입찰서를 제출하면 가격입찰서는 계약부서에서 밀봉 보관하고, 기술 입찰서는 수요부서에서 기술 검토 및 평가를 하는데, 기술검토 과정에서 입찰자가 규격에 비해 과대 또는 과소 제안된 기술사항은 질의, 응답 과정을 거쳐 각 입찰자의 기술 수준과 구매 규격에 만족하도록 조정한다.

입찰자의 기술제안이 수요부서의 요구에 최종적으로 조정되면 수요부서에서는 입찰자별 기술적인 면에서만 적합, 부적합 판정을 내려 그 결과를 계약부서로 통보한다.

5.3.3 시스템 공급자 선정

계약부서에서는 기술적 적합 판정을 받은 입찰자에 한해서 가격 입찰서를 공개적으로 개봉하여 최저가 순으로 낙찰자 우선 순위를 결정하고 세부적인 사항은 수요부서와 계약부서간 합동으로 계약 협상을 벌인다. 협상 대상은 여러 항목이 있겠으나 가격경쟁에서 제외되는 선택항목에 대한 가격협상이 주가 된다. 여기서 제1순위 낙찰자와 협상이 결렬될 우려가 있으면 낙찰 순위별로 계약협상을 벌여 입찰자 상호간 경쟁토록 한다. 보통은 제1순위 낙찰자와 계약체결이 된다.

5.3.4 육양국 건축

선택된 육양 지점 근처에 필요한 부지가 갖춰진 토지를 구입하여, 시스템 계획, 국내 전송 네트워크 시스템과의 연결성과 같은 향후 수요를 고려하여 지상 1~2층 규모로 대지면적 5,000~10,000m^2 정도에 육양국을 건설한다. 또한 해저 회선종단장치(SLTE), 해저시설 전원공급장비(PFE), 중계기의 감시 시스템, 망관리 시스템, 전력시설, 비상 발전기, 정류기/축전지 시스템 등 각 장치들을 설치하기 위한 충분한 공간이 필요하다. 이러한 장치의 내부 배열에 관해서는 지진 등으로 인한 전복을 피하기 위한 충분한 바닥 강도가 요구되며 국내 전송 시스템과의 연결을 위한 전송장비 설치 공간도 필요하다.

5.4 해저케이블 건설

5.4.1 해저케이블 건설 개요

해저케이블 건설 작업은 아래의 해저케이블 건설 작업의 절차와 같은 순서로 시행되며, 케이블 길이가 하나의 케이블 선박이 처리할 수 있는 용량을 초과하는 경우에는 두 대 또는 그 이상의 케이블 선박이 필요하다. 메인 케이블 포설 구간의 경우, 육양 작업과 천해 및 심해 구간에서의 작업이 서로 분리되기도 하며, 해양 조사와 케이블 포설 작업을 수행하기 위해서는 관계당국으로부터 허가/승인을 받는 것이 필요하며, 어업 관계자들과의 협상 역시 필요하다.

해저케이블 건설 작업 절차는 다음과 같다.

(1) 해저케이블/중계기/분기장치(BU)/단국 장비 제조

(2) 육양국 건설 및 보조 작업

(3) 시스템 조립

(4) 육양국 작업(Land 케이블 및 접지 시스템 설치)

(5) 케이블 육양 및 보호 작업

(6) 케이블 포설 및 매설(케이블 길이에 따라 수회에 걸쳐 수행됨)

- 케이블 선박, 케이블 생산 공장으로 이동
- 케이블 선적/시험
- 포설 현장으로 이동
- 매설 구간에서의 포설 전 그래프넬 작업(PLGR, Pre-Laying Grapnel Run)
- 케이블 접속
- 케이블 포설(매설기를 이용, 포설과 동시에 매설)
- 부표 설치 또는 최종 접속
- 케이블 선박, 케이블 공장 또는 대기 항구로 이동

(7) 포설 후 검사 및 매설(PLIB, Post-Laying Inspection and Burial)

(8) 시스템 시험(공급업자가 시행)

(9) 인수 시험(구매업자 확인)

(10) 시스템 납품(최종 작업보고서 포함)

실제의 대형 프로젝트에서는 해상 기상 변화 등의 요인을 고려하여 모든 작업을 효율적으로 시행함으로써 최대 효율, 최단 시간 내 작업을 끝낼 수 있도록 해야 하며, 총 케이블 길이, 매설 깊이 등의 조건에 따라 두 대 이상의 케이블 설치 선박이 필요하다. 한편, 파이프 라인과의 교차 구간, 관련 어민협회와 협의한 케이블 포설 기간, 시스템 조립 일정과 같은 요인들 역시 고려해야 할 필요가 있다.

5.4.2 육양국 건설

5.4.2.1 육양국 장비의 설치

해저케이블 육양국에 단말 장비 설치는 장비의 고정, 케이블 배선 및 장비 상호간 연결, 설치된 장비에 관한 다양한 시험 및 조정과 같은 작업들이 포함된다.

5.4.2.2 육양국 장비의 배열

일반적으로 장비는 지속 가능성, 전기적 성능, 향후 확장 계획을 고려하여 배열되어야 한다. 육양국에는 해저회선종단장비, 해저 중계기, 전원공급장치, 다양한 감시 장비가 설치되고, 각 장치들을 배치할 때 다음과 같은 문제들을 고려해야 한다.

(1) 해저케이블의 곡률 반경이 확보되어야 한다.

(2) 해저케이블과 직접 연결되어야 하는 시험장비는 해저회선종단장비 가까이에 배치되어야 한다.

(3) 해저 회선종단장비는 해저 중계기용 전원공급장치의 DC-DC 인버터가 방출하는 전자기파의 영향을 피하기 위해 전원공급장치와 분리하여 설치되어야 한다.

(4) 유지보수 및 수리작업시 편리성을 위하여 양쪽 열의 랙 전면부가 서로 마주보도록 설치한다.

(5) 해저케이블 시스템의 최종 용량과 관련하여 향후에 동종의 장비를 랙에 추가 설치하는 것이 가능하도록 랙을 배열한다.

(6) 측정 및 유지보수 작업을 용이하게 하기 위해 랙 열 사이는 충분한 공간이 확보되어야 한다. 해저케이블 단말장치와 국내 시스템 단말장치는 통신 경로의 트래픽이 흐르는 방향에 따라 차례대로 배치된다. 타합선 장치, 감시장비 및 측정장비는 유지보수 작업에 편리한 방식으로 배열된다.

5.4.2.3 추가 육양설비

해저케이블은 천해부에서 해안으로 육양되어 해변을 따라 육양국에 이르게 된다. 천해부 구간에서는 케이블이 종종 닻, 어업 활동, 운송 수단이나 기타 인공적인 위해 요소로 인해 손상되곤 한다. 이러한 손상 가능 요인으로부터 케이블을 보호하기 위해 천해부 구간은 이중 외장 케이블을 사용한다. 또한 좀더 확실하게 보호하기 위하여 케이블 보호관, 케이블 매설을 위한 트렌치 작업, 주철관 취부 작업이 활용된다.

케이블에 전력을 공급하기 위한 접지설비가 설치되고, 해저케이블이 설치된 구역 또는 경로임을 표시하는 육양표지판이 바다 쪽에서 인식할 수 있도록 세워진다. 보통 이러한 설비를 육양국의 추가설비라 칭한다. 그 대표적인 예는 [그림 5.2]와 같다.

5.4.2.3.1 케이블 보호관

케이블을 통과하는 보호관은 다음과 같은 조건에서 필요하다.

(1) 케이블을 트렌치에 매설시 보호가 불충분한 지형 환경

(2) 육양 해안과 육양국 사이에 차량의 통행이 많은 도로들이 있는 경우

(3) 트렌치 작업과 굴착 작업이 금지되는 지역의 횡단

일반적으로 하나의 시스템에는 세 개의 보호관이 설치되며, 하나는 주 해저케이블용, 하나는 예비용, 나머지 하나는 전원공급 케이블 또는 해중접지 케이블용이다.

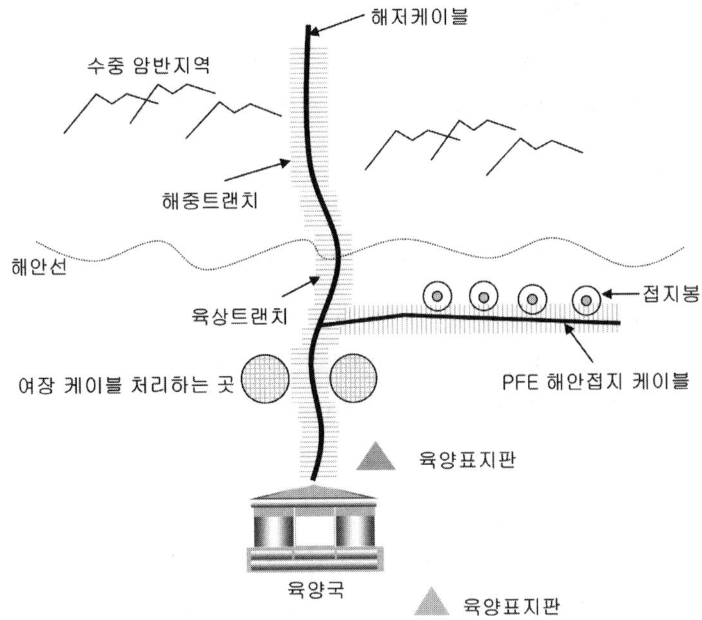

▌그림 5.2▌ 육양국 추가설비(예)

5.4.2.3.2 케이블 트렌치

육양된 케이블은 지상에 노출되지 않도록 트렌치에 매설되어야 한다. 이는 차량 통행이나 주차와 같은 외부 압력으로부터 케이블을 보호하기 위함이며 기온 변화에 대응하여 케이블 온도를 안정화하는 데에도 유용하다.

지상 트렌치의 기저 폭은 케이블 하나 당 50cm가 가장 좋으며 추가 케이블을 위한 확장 폭은 케이블 당 20~30cm로 하는 것이 적당하다. 또한 트렌치 깊이는 150 cm 이상이어야 한다. 반면 표면 폭은 토양 형태에 따라 일정하지 않다. 설치된 케이블은 U자형 콘크리트 덮개로 커버한다. 향후 재사용 또는 유지보수를 위해 트렌치 위에 육양표지판(Landmark)을 세운다. [그림 5.3]은 케이블 트렌치의 일례를 제시한 것이다.

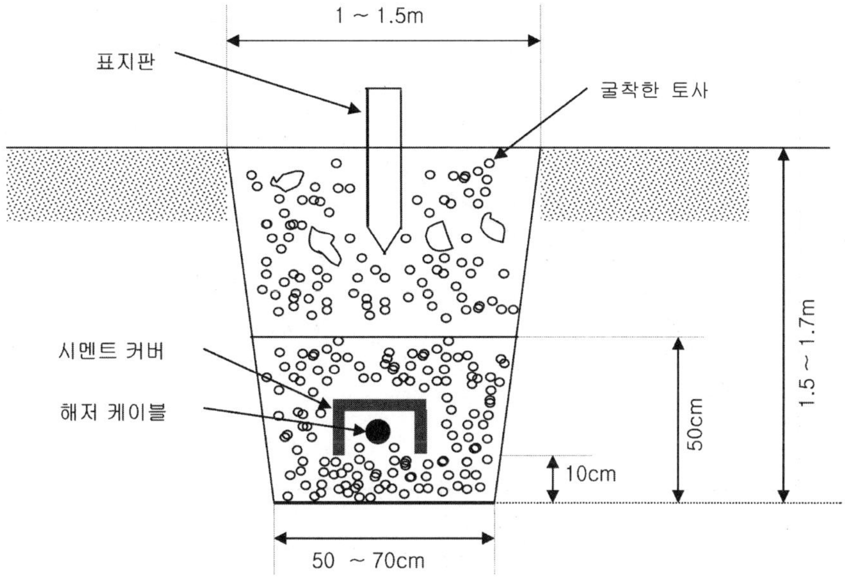

┃그림 5.3┃ 케이블 트렌치(예)

5.4.2.3.3 전원 공급용 접지 케이블

해저케이블 시스템에 전원을 공급하기 위해서는 저 저항의 안정적인 접지 시스템이 필요하며 바다 내에서 접지하는 해중접지 방식과 해안 구역에 매설하는 해안접지 방식이 있다. 해중접지 방식은 영국형 시스템에서 널리 채택되고 있으나 기계적인 측면에서 쉽게 손상되는 단점이 있다. 한편, 해안접지 방식은 저 저항 지역에 설치하면 1Ω 이하의 안정적인 접지 저항을 얻기 쉽고, 유지보수가 용이하기 때문에 전원 공급용 접지 방식으로 많이 채택된다. 해안접지의 저항 값은 3전극 방법을 사용하여 해당 부지 근처에서 미리 시험용 접지봉을 수본 설치한 후 각 접지봉 주변의 토양 비저항을 실측하여, 그 결과에 따라 접지봉의 수를 산출한다. [그림 5.4]는 대지 비저항과 전극수의 관계를 나타내었다.

최근 해안접지가 육양국 부지 내에 설치되는 경우가 있으며 [그림 5.5]는 EAC 해저케이블 시스템의 해안접지 방식의 예이다.

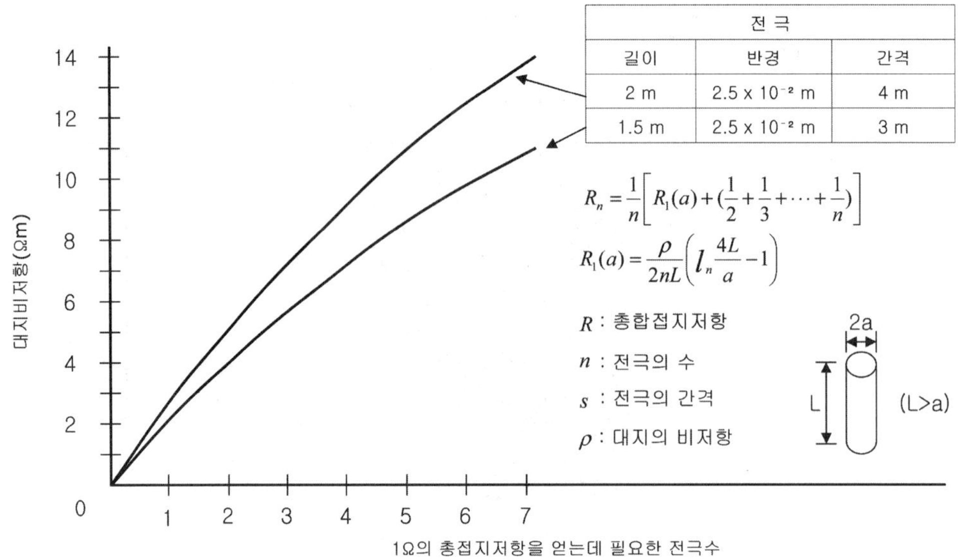

❙그림 5.4❙ 전극수와 대지비저항 관계

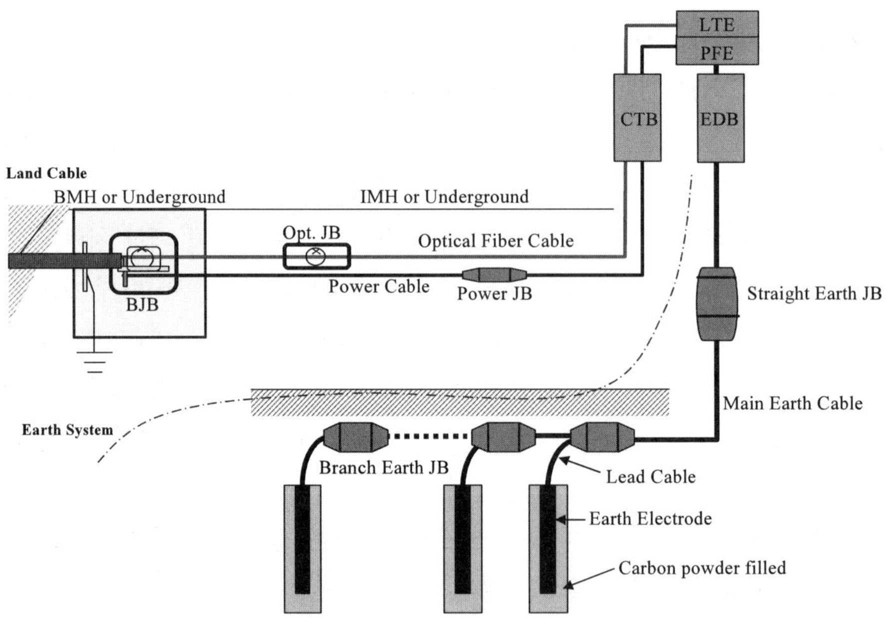

BMH : Beach Man Hole
JB : Joint Box
EDB : Earth Distribution Box
PFE : Power Feeding Equipment
IMH : Intermediate Man Hole
CTB : Cable Termination Box
LTE : Line Terminal Equipment

❙그림 5.5❙ 해안접지 방식

5.4.2.3.4 육양 표지판(Landmark)

해저케이블 고장은 대부분 수심 200m 이하의 깊이에서 발생하며 주로 어로 활동이나 닻 내림 등의 원인으로 발생한다. 해저케이블 고장을 방지하기 위해서는 케이블 루트에서 어로작업을 하는 선박이나 일반 선박 등에 대해 경계 역할을 할 수 있도록 육양 표지판을 설치한다.

[그림 5.6]에 나타난 것과 같이 육양 표지판 중 하나는 해안가에 설치되고 다른 하나는 해안가를 벗어난 육지측에 설치된다.

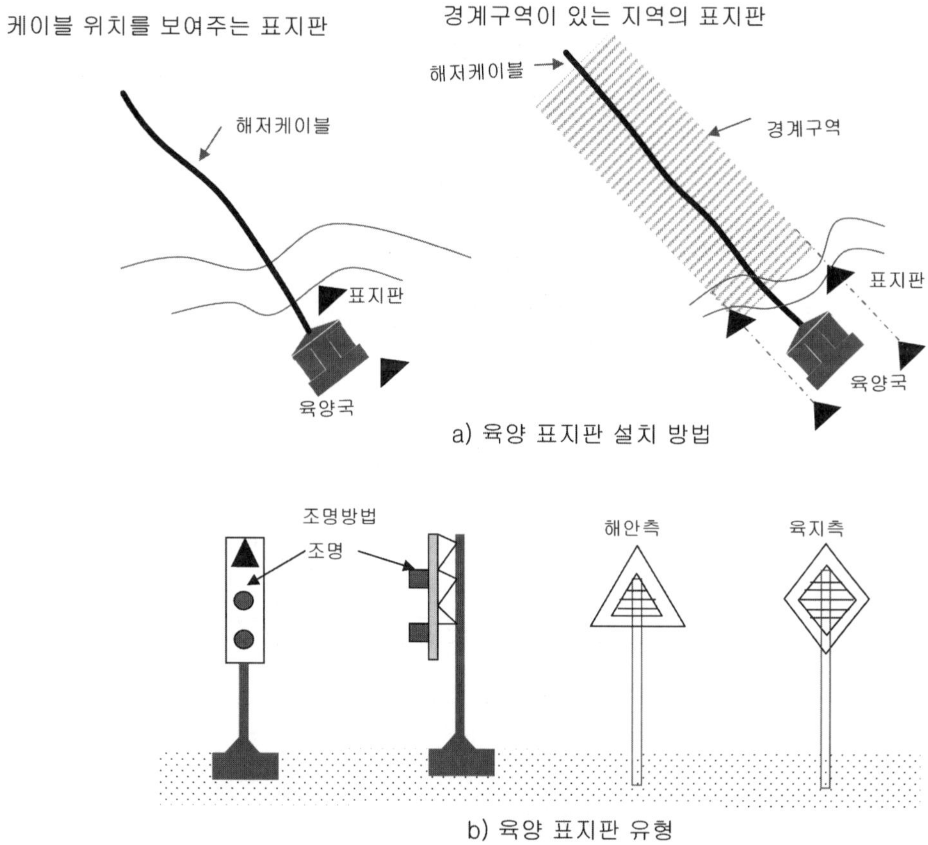

[그림 5.6] 육양 표지판 설치

5.4.2.4 케이블 보호 설비

수심이 50m 이내의 파도에 의한 영향을 받는 산호초 지역이나 암석 지역에 설치되는 해저케이블을 보호하기 위해 [그림 5.7]과 같이 수중 트렌치가 사용된다.

암초 지역이나 산호초 지역에 형성되는 천연 고랑은 잠수부들에 의한 트렌치 제작 비용을 절감하는 데 매우 유용하므로 계획 단계에서부터 그 구조를 염두에 두는 것이 좋다. 트렌치 제작이 어려운 경우에는 최소한 케이블을 보호할 수 있도록 [그림 5.8]과 같이 주철관을 설치하며, 파도나 조류로 인한 손상을 피하기 위해 암석 지형의 해저면에 설치되어야 한다.

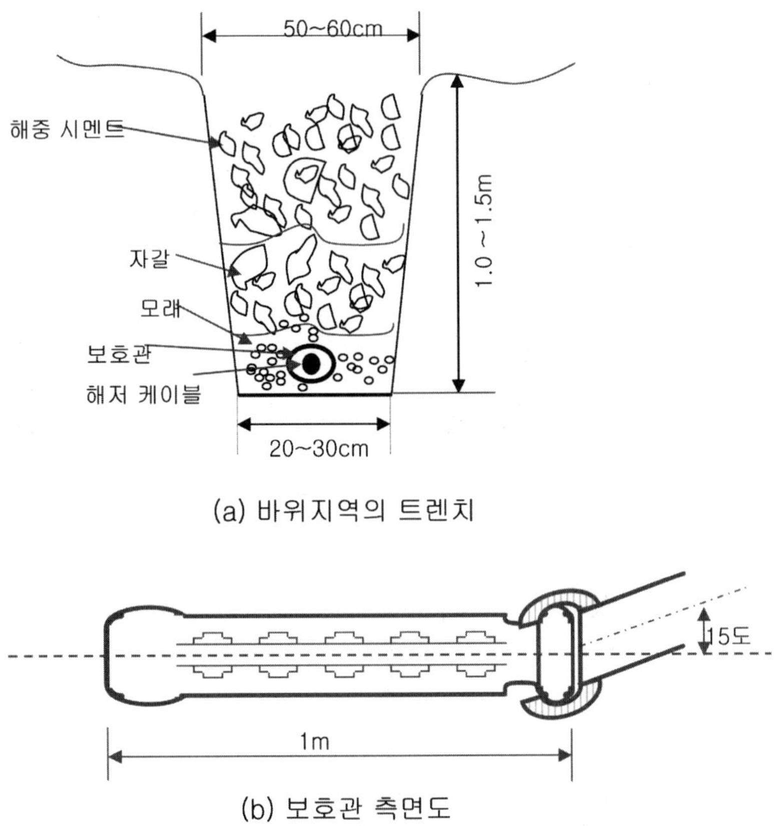

(b) 보호관 측면도

| 그림 5.7 | 천해에서의 케이블 보호

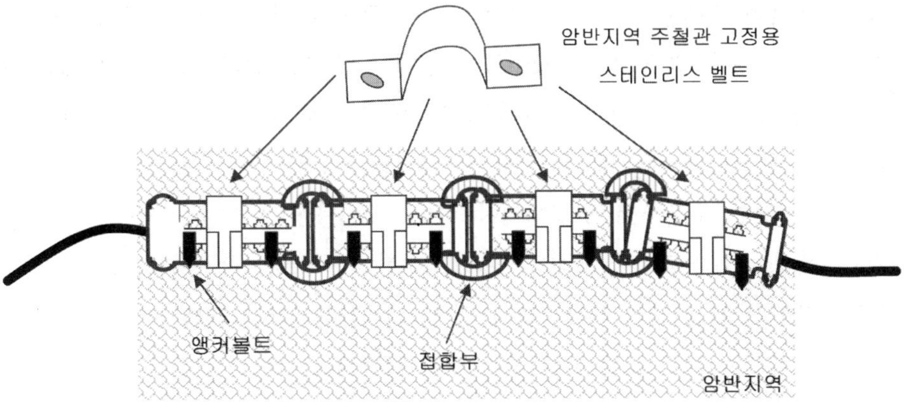

▌그림 5.8▐ 암반지역 주철관 설치

5.4.3 시스템 조립

해저 광케이블, 중계기, 분기 장치는 시스템 요구조건과 해양 조사로부터 얻은 데이터에 기초한 기술 자료에 따라 제조하며 해저광케이블은 전 부분에 대하여 절연시험을 실시한다. 이어서 해저 광케이블을 중계기와 연결하고, 접속부에 대한 평가시험을 실시한다. 케이블이 매우 길어 하나의 공장에서 제시간에 완성할 수 없는 경우, 2~3곳의 공장에서 제조될 수 있으며, 이때 작업현장으로 케이블을 운송하는 시간도 고려해야 한다.

공장으로부터 운송되기 전에 시스템은 전원공급장비에 연결하여 정상 여부 확인을 위해 시험을 실시하고 케이블 선박에 순서대로 선적 한다. 일정을 단축하기 위해 부분적인 시험이 실시되는 경우가 있는데, 주요 시험 항목은 광 스펙트럼(SNR), C-OTDR 측정, 전기적 특성 시험 등이다.

5.4.4 케이블 선적

케이블 선박 내에 케이블을 보관하기 위한 적재 계획을 수립하고 그 계획에 따라 케이블을 공장에서 선박으로 이동하여 선적하며 이때 시스템 성능을 지속적으로 관찰한다.

갑판에서 중계기 보관을 포함하여 케이블 선적 계획은 각 선박 탱크 내의 케이블이 균형을 이루어 파손되지 않도록 미리 세워야 하며 케이블 선적은 그 길이에 따라 좌우되나, 일반적으로 케이블 선적에 소요되는 기간을 단축하기 위해 두 개의 선적

라인을 사용하여 진행할 수 있다. 선적 속도는 공장 내의 탱크와 선박의 입구 사이의 라인 길이, 높이, 벤딩 정도, 케이블 유형에 따라 조정된다. 또한 불필요한 케이블 손상을 방지하기 위해 선적 라인에 장애물이 있는지 미리 점검하고, 중계기에 연결된 케이블이 선박에 선적될 때 선적 속도는 중계기가 과도한 충격이나 진동을 받지 않도록 적당한 수준으로 조정되어야 한다. 케이블이 선적된 이후에는 남아있는 접속을 수행하고 케이블의 전체적인 상태를 시험해야 한다. 항구에서 출발하기 전에 케이블은 항해 중에 선박의 흔들림으로 인해 무너지지 않도록 단단히 고정되어야 한다. 또한 중계기는 온도 조절이 필요한 것이 일반적이어서 케이블이 선적될 때까지 적정 온도에서 보관되어야 함에 따라 에어컨 시설을 갖춘 케이블 탱크에 보관되는 경우가 많다.

5.4.5 케이블 설치 및 매설

5.4.5.1 육양 작업

육양 작업이란 해저케이블의 끝을 육양하여 비치 맨홀(BM, Beach Manhole) 내 케이블에 접속하는 것을 말한다. 육양 작업 지점은 케이블 선박의 최대 흘수(Draft)를 고려하여 선박이 최대로 육양점에 접근 가능한 수심으로 결정한다. 포설선의 흘수는 약 8m이므로 안전율(D + 2m)을 고려하여 수심 10m 지점을 육양작업 지점으로 선정한다. 육양점은 해안에 가까운 천해이며 계절 변화에 따른 파도 및 해류의 영향으로 인해 케이블 선박이 해안에 접근하는 것은 불가능하다. 그러므로 케이블 선박은 바다 가운데 고정된 위치에 정박되며, 이 위치에서 케이블의 끝은 선수 또는 선미를 통해 끌어 내려져 육양된다.

육양 방법에는 여러 가지가 있으며 실제 프로젝트에서는 케이블이 육양될 해안의 다양한 조건 (수심, 해저 토질, 파도, 해류, 풍향, 지형, 기존 케이블 존재 여부, 매설 등의 보호 방법)과 케이블 육양 거리를 고려하여 최적의 방법이 채택된다.

[그림 5.9]는 케이블을 육양시키는 두 가지 전형적인 방법, 즉 케이블 선박 예인 방식과 해안 예인 방식을 나타낸 것이다. [그림 5.9(a)]의 케이블 선박 예인 방식은 주로 케이블 선박이 해안으로부터 수백 미터 떨어진 거리에 안전하게 접근할 수 있는 경우에 사용된다. 이는 선박이 고정된 이후 와이어 로프가 작업 보트에 의해 선미(船尾) 또는 선수(船首) 쪽에서 당겨지도록 한 후 그림에서 보는 바와 같이 해안의

도르래와 케이블 선박 사이를 연결하여 케이블이 육양될 수 있도록 케이블 선박측으로 로프를 감는 방법이다. 또한 케이블 손상을 방지하고자 육양된 케이블이 부양성을 갖도록 하기 위해 케이블에는 일정한 간격으로 부표를 설치한다. 케이블이 계획된 케이블 루트에 착저되면 부표는 제거되고 케이블은 해저로 가라앉게 된다.

[그림 5.9(b)]의 해안 예인 방식은 수심이 얕은 해안선 지역에서 육양 거리가 먼 경우에 사용된다. 이는 작업 보트에 의해 와이어로프를 당겨 케이블을 해안까지 끌어오고 해안에서 큰 도르래와 트랙터형 불도저를 사용하여 케이블을 육양한다. 이 방법은 해양 기상에 문제가 없는 한 육양 거리가 1,000m 이상이라 하더라도 안전하게 실행될 수 있다.

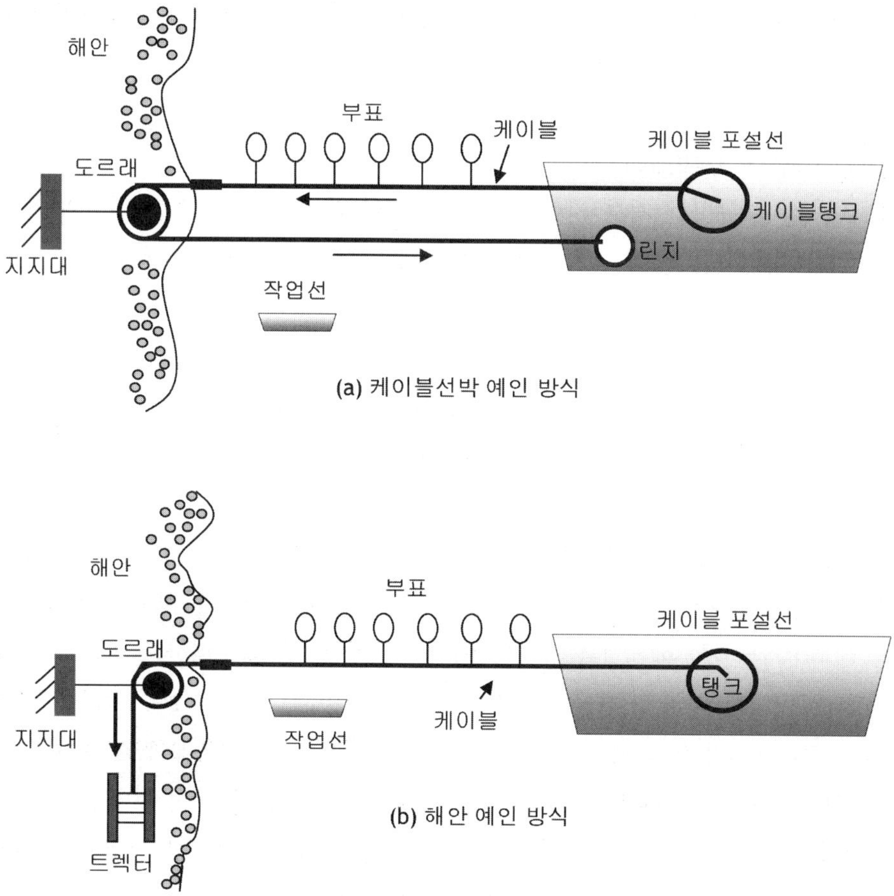

【그림 5.9】 해저케이블 육양 방법

보통 육양 구간의 해저케이블은 직접적인 육양을 시행하는 것과 더불어 케이블 말단에 부표를 부착하여 작은 크기의 선박에 의해 미리 설치될 수 있다. 그 이후 케이블 선박은 미리 설치되어 있던 케이블과 접속을 하고 메인 구간의 설치를 시작한다.

5.4.5.2 케이블 포설 작업

메인 케이블 포설은 육양된 케이블 종단과 접속이 끝난 이후 시작되며 보통 포설과 동시에 매설 작업이 이루어진다. 케이블 포설시 지나치게 케이블을 많이 풀어 생기는 비틀림 현상이나, 반대로 덜 풀어 생기는 과도한 장력이 발생하지 않도록 하여 해저에 착저시키는 것은 매우 중요하며, 케이블을 포설하는 동안 계획한 선박 속도 및 케이블 조출속도(cable-lay speed)를 엄격히 유지해야 하며, 해저수심이 예상치 못한 해저지형의 변화 또는 기타 사유로 예상보다 다를 경우 선박속도와 조출속도를 적절히 변경하는 것 또한 중요하다.

5.4.5.2.1 케이블 슬랙(Slack)

해저면에는 불규칙한 경사 지형이 있으므로, 두 지점 간에 적절한 길이의 케이블로 포설되어야 한다. 슬랙은 케이블 포설시 일반적으로 사용되는 용어이며 다음과 같이 정의한다.

$$slack(\text{슬랙}) = \frac{(\text{케이블 길이} - \text{두 지점 간의 거리})}{\text{두 지점 간의 거리}} \qquad (\text{식 } 5.1)$$

예를 들어, 일본과 미국 간 거리가 8,125km일 때 적정 케이블 포설 길이는 2% 슬랙을 적용한 8,288km이다. 총 슬랙은 포설과정에 따라 다양하며, 케이블 포설 후 매설이 이루어지는 경우에는 1% 정도의 케이블 슬랙을 두어 포설하고, 그 외의 경우에는 해저 지형이 평평한 지역을 기준으로 외장 케이블 구간은 2%, 비외장 케이블 구간은 2.5%의 여장을 둔다. 해저 지형이 거칠 경우, 최소 부력무게로 해저에 닿도록 케이블 슬랙을 조정하여야 한다. 케이블 포설 속도는 외장 케이블의 경우 2kt, 비외장 케이블의 경우 4~6kt 정도이다. 그러나 접속 함체와 중계기가 설치된 경우에는 케이블 포설 속도를 0.5~1kt 정도로 낮춰야 한다. 여기서 kt는 노트의 기호이며, 1시간에 1해리(1,852m)의 속력이 1노트이다.

5.4.5.2.2 케이블 포설이론

역학의 관점에서 케이블 형상을 연구해 보면, 케이블상에서 작용하는 힘은 [그림 5.10]과 같다. 수중에서 주된 힘은 케이블 단위 길이당 무게와 유체역학에 의한 케이블에 작용하는 일반적인 힘이다. 케이블 저항의 유체역학 계수는 케이블 모양 및 해수면 상태에 따라 다르다. 여기서 해저면의 케이블 장력을 0으로 가정하고, 경량케이블의 저항계수를 2.5로 할당시, 케이블의 방향에서 힘의 평형은 다음과 같다.

$$W \cdot \cos(\theta) = C(V_s \cdot \sin\theta)^2 d \cdot \frac{\rho}{2} \qquad \text{(식 5.2)}$$

여기서 W는 케이블 단위길이의 수중 무게, θ는 케이블 임계각, V_s는 선박 속도, d 는 케이블 직경 그리고 ρ는 해수밀도를 나타낸다. 케이블 임계각이 작다고 가정할 경우, $\cos\theta \fallingdotseq 1$, $\sin\theta \fallingdotseq \theta$ 의 근사가 성립하여 다음의 식이 얻어진다.

$$V_s \cdot \theta = \sqrt{\frac{2W}{C \cdot d \cdot \rho}} \qquad \text{(식 5.3)}$$

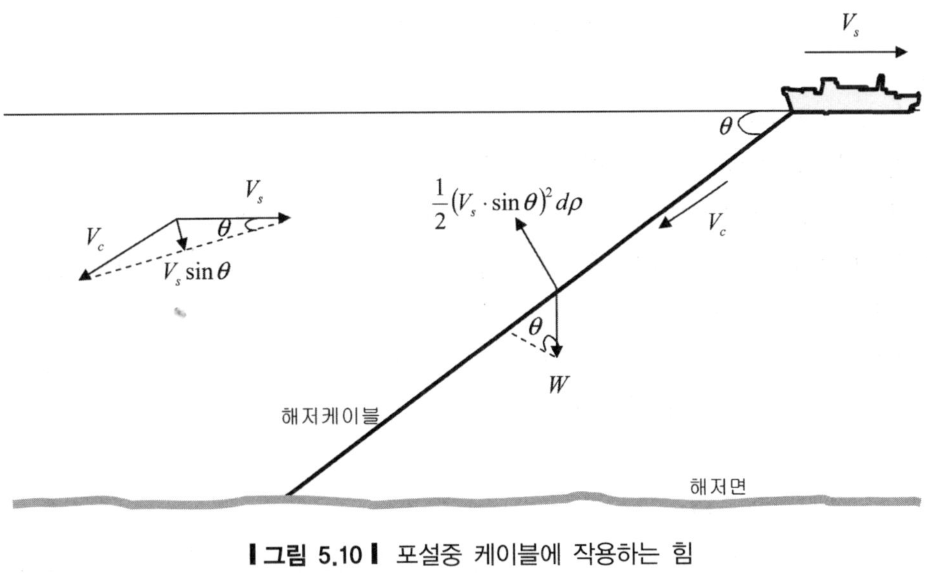

그림 5.10 포설중 케이블에 작용하는 힘

우변은 상수를 보여 주며 일반적으로 유체역학 정수라고 부르고 H로 표기된다.

$$V_s \cdot \theta = H \qquad (식\ 5.4)$$

케이블 경사각은 H/V_s로 결정되며 θ를 임계각이라 부르고, 해저에서 전형적인 케이블 형태를 보여주고 있다. 수중에서 케이블이 포설선으로부터 해저면까지 직선형태를 갖는 것이 이상적이라고 할 수 있다. 그러나, 만약 선속이 예정된 속도보다 빠르거나, 조출속도가 선속보다 늦어지면 착저점이 변하여 직선포설 때보다 포설선에서 멀어지게 된다. 이로 인해 케이블 장력이 증가하고 직선이 현수선이 되는 케이블 형태를 갖는 포설이 된다. 이 경우에 이미 해저면에 포설된 케이블이 다시 건져 올려지며, 이는 케이블상에 예상치 못한 슬랙의 원인이 되며, 계속적으로 잔여 장력이 존재하게 된다.

케이블이 해수면에 수직적으로 설정한 후에 케이블의 자유낙하를 고려하면, 힘의 평형상태로부터 다음 표현이 설정된다.

$$U = H \qquad (식\ 5.5)$$

여기서 U는 케이블이 횡으로 가라앉는 속도를 나타낸다.

5.4.5.2.3 천해부 포설

일반적으로 천해부에 포설되는 외장케이블은 해안부터 수심 500m 지역에까지 펼쳐진 비교적 경사가 완만한 대륙붕 지역에 설치된다. 얕은 바다에 포설된 해저케이블은 닻, 어구뿐만 아니라 자연재해로 인해 케이블이 손상되기 쉽다. 특히, 해풍사태는 경사면에 포설된 케이블에 손상을 입히므로, 천해부에 포설되는 케이블은 위험요소들에 대하여 적절한 보호공법을 적용하여야 한다. 일반적으로 대륙붕의 해저면 경사도는 작으므로 최대 1% 정도의 케이블 여장을 적용하면 된다.

5.4.5.2.4 심해부 포설

심해부는 대륙사면의 낮은 부분과 해저분지, 해저구릉, 해저산맥, 해저계곡 등으로 이루어져 있으며 어업활동이 활발하지 못하고 자연현상에 의한 피해가 적으므로 무외장 케이블의 사용이 가능하다. 심해부에서는 해저면의 예측할 수 없는 불규칙함뿐만 아니라 선박의 위치, 속도 및 수심의 측정시 발생하는 오류를 감안하여 구간별 적절한 여장률로 포설하여야 한다. 또한 감지된 경사도에 따라 요구되는 여장만큼 예측되지 않는 경사도에 대해서도 적용되어야 한다. 가파른 경사면에 대해 케이블을 포설하기 위해서는 선박속도를 줄이거나 일시적 여장으로 조출하는 것이 필요하다. 선박속도, 수심, 해저면 경사 및 케이블이 가라앉는 속도는 케이블 여장을 결정하는데 매우 중요한 요소이다. 그러나 해상에서 이들 요소들을 추정하는데 얼마간의 오류는 피할 수 없다. 이들 오류에 대한 영향을 보상하기 위해, 케이블 조출비 및 선박속도를 조정하여 충분한 여장을 줌으로써 케이블이 해저면에 안정한 상태로 포설되게 한다. 여기서 유의해야 할 점은, 심해지역에서 케이블이 과도하게 조출되면 뒤틀림이나 매달림 현상이 발생하여 케이블이 손상될 가능성이 있다.

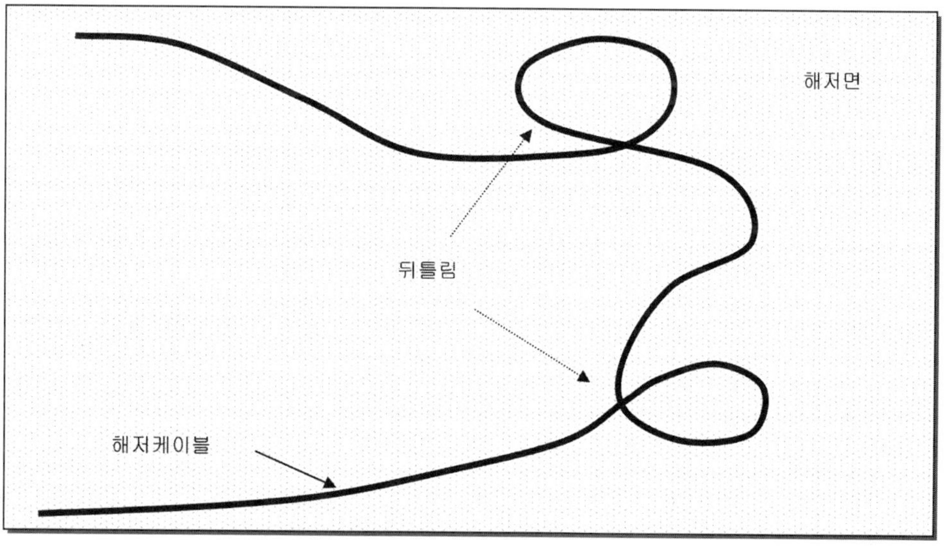

▌그림 5.11▐ 해저면에서 케이블 뒤틀림 현상

5.4.5.2.5 중계기가 포함된 케이블의 포설

포설선의 속도를 조절하지 않고 중계기를 포설하는 경우 여장이 주어지지 않는 부분이 생기게 된다. 이러한 부분이 울퉁불퉁한 해저면에 놓일 경우 마찰에 의해 손

상을 입기 쉽다. 그래서 중계기를 포함한 케이블을 포설하는 경우에는 중계기를 풀어주기 전에 포설선의 속도를 줄였다가 풀어줌과 동시에 포설선의 속도를 빠르게 하면 여장이 주어지지 않는 부분이 매우 짧아져 안전하게 중계기와 케이블을 포설할 수 있다.

5.4.5.2.6 해저분기장치 설치

해저분기장치(BU, Branching Unit)는 세 개의 케이블, 즉 한 쪽은 주 케이블에, 반대쪽은 2개의 분기 케이블에 연결된다. 이러한 BU를 설치하기 위하여, 분기 케이블에서 출발하여 BU, 주 케이블 순서로 설치하는 방법과 주 케이블에서 출발하여 BU, 분기 케이블 순서로 설치하는 방법이 있다.

[그림 5.12](a)는 분기 케이블에서 설치가 시작되는 방법으로 포설된 분기케이블 B의 끝단에 부표를 설치 완료 후, 분기 케이블 C를 설치하면서 부표로 이동한다. 부표에 연결된 분기 케이블 B의 끝단을 매달린 로프를 이용하여 선박으로 건져 올린다. 이후 선박 위에서 주케이블, 분기 케이블 B, 분기 케이블 C를 BU에 접속하고, 선미 또는 선수를 통해 해저로 내려보내는 방식이다. 이러한 방식은 한 대의 선박으로 모든 과정을 끝마칠 수 있다.

반면 (b)는 두 대의 선박이 필요하며, 이 방법은 1번 케이블 선박이 주 케이블을 설치하면서 분기점에 도착하고 2번 케이블 선박은 분기 케이블 C의 끝단을 선미 또는 선수를 통해 1번 케이블 선박으로 내보낸다. 이때 1번 케이블 선박에서 주케이블, 분기 케이블 B, 분기 케이블 C를 BU에 접속하여 선수나 선미를 통해 해저에 내려보내고, 1번 케이블 선박은 분기 케이블 B를 포설하고, 2번 케이블 선박은 분기 케이블 C를 포설해 가는 방식이다.

한 대의 케이블 선박 이용방법은 두 대의 케이블 선박 이용 방법에 비해 더 간단하고 경제적이기 때문에 사용되는 경우가 더 많다. 아울러 BU가 심해에 설치되는 경우에는 주 케이블의 장력이 증가하므로 이러한 높은 장력을 견딜 수 있는 케이블이 사용되어야 한다.

한편, 심해에서 BU 근처를 수리해야 하는 경우 BU와 분기 케이블 간의 허용 밴딩각과 분기 케이블의 허용 장력을 고려하여 BU는 주 케이블 쪽부터 건져 올려야 한다. BU가 2개의 분기 케이블 쪽부터 건져 올리면 BU의 무게, 해수에 대한 케이블의 저항, 해저면과 수직으로 되는 2개의 분기 케이블의 무게로 인해 허용 값을 초과하게 되므로 2개의 분기 케이블 중 하나를 해저에서 미리 절단한 후에 BU를 건져 올려야 한다.

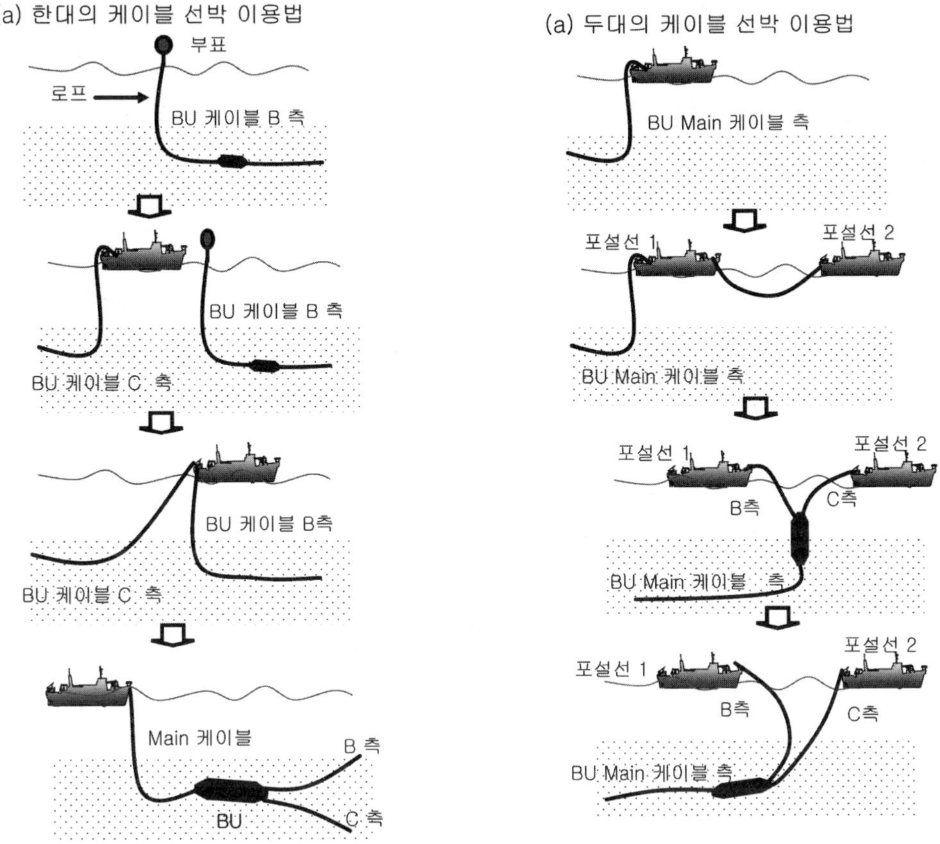

| 그림 5.12 | 해저분기장치 설치 방법

5.4.5.2.7 횡단 구간 케이블 포설

이미 설치된 해저케이블을 횡단할 수밖에 없을 때 횡단하는 구간의 올바른 각도는 90도로 하여야 한다. 만약 90도 횡단 각도가 기술적으로 실현이 어렵다면 적어도 45도 이상은 유지되어야 한다. 이는 해저케이블 유지보수 작업이 제대로 이루어질 수 있도록 하기 위해 필요한 각도이다. 또한 횡단하는 구간의 해저케이블 유형은 외장형(Armoured)과 경량형(LW, Light Weight)이 횡단하는 것을 피하여 두 케이블간 마찰에 의한 위험요소를 줄여야 한다. LW 케이블이 설치된 지역에 외장형 케이블이 설치되는 경우 보호막을 설치하거나, 특별한 횡단기법이 수행되어야 한다. 또한 외장형 케이블이 설치된 지역에 LW 케이블을 설치하는 경우에는 횡단하는 구간에서 LW 케이블측에 외장형 케이블을 삽입하거나 특별한 횡단기법이 수행되어야 한다. 한편 중계기가 설치된 지역에서의 해저케이블의 횡단은 수심의 3배 이상 떨어진 지점에서 횡단하도록 하여야 중계기의 유지보수 구역이 확보된다. 다만 최신형 항행장비와 포설 및 수리방법을 사용하는 경우, 두 횡단 지점이 중계기의 양측에 존재하지 않으면 수심의 2배 정도 떨어진 지점의 횡단도 가능하다.

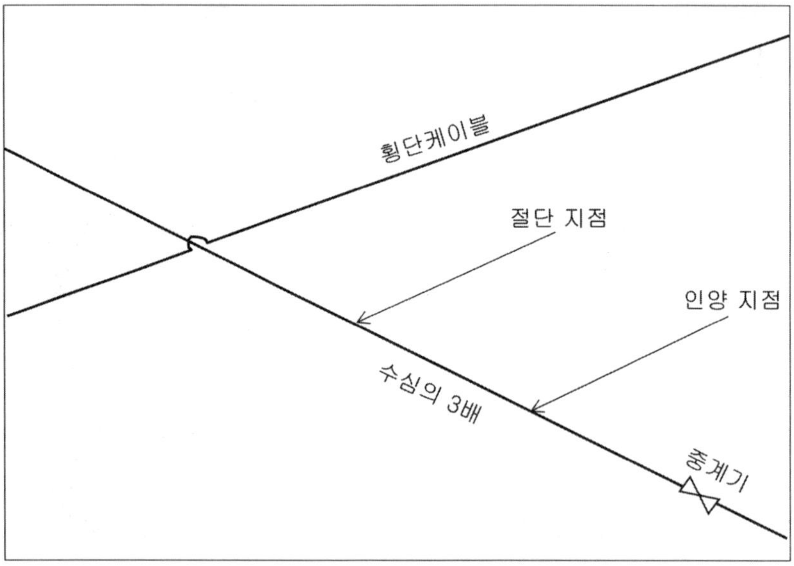

| 그림 5.13 | 중계기 근처의 횡단

해저분기장치 근처의 횡단은 중계기와 같이 주 케이블 측은 수심의 3배 정도 떨어진 지점으로 횡단하여야 하며, 분기 케이블 측은 수심의 4배 정도 떨어진 지점으로 횡단하여야 유지보수 구역이 확보된다.

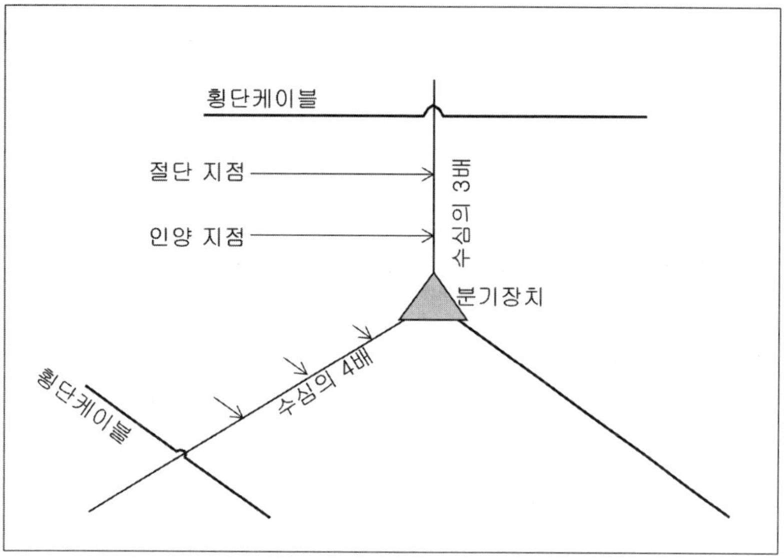

▌그림 5.14▐ 해저분기 장치 근처의 횡단

5.4.5.3 매설 작업

5.4.5.3.1 매설 작업 개요

케이블을 매설하는 목적은 선박의 닻이나 어구로부터 케이블을 보호하기 위함이다. 케이블은 어선의 닻에 의하여 고장이 발생될 가능성이 높은 수심 100m 정도의 지역에서는 깊게 매설하며, 수심이 1,000m에서 최대 2,000m까지 매설이 이루어지는 것이 일반적이다. 그러나 케이블이 너무 깊게 매설되는 경우 수리를 위해 케이블을 회수할 때 손상될 위험이 있으므로 특정 지역에서는 매설 깊이를 80cm 미만으로 정하는 경우도 있다. 이는 해저 지형의 견고성, 퇴적물, 어업활동과 같은 주위 상황을 고려하여 결정한다.

매설 방법은 보통 케이블 포설 작업과 병행하는 동시 매설 방식과 원격무인잠수정(ROV, Remotely Operated Vehicle), 해저 트랙터를 이용한 포설 후 매설 방식으로 분류된다. 해저 토질이 모래나 진흙과 같이 비교적 부드러운 지역에 케이블을 매설할 때에는 쟁기형 매설 장치가 사용되는데, 이는 가장 효율적이면서 장거리 작업에도 적합하다. 최신 괭이형 매설 장치는 최대 수심 3,000m 깊이에서 매설이 가능하며 포설할 케이블의 착지 지점이 매설 장치가 있는 지점으로부터 상당히 먼 거리에 위치하므로 주의 깊은 케이블 매설 제어가 요구된다. 케이블 착지 지점이 매설 장치에 가까운 경우에는 케이블이 부유하는 현상이 발생할 수 있다.

모래 구간에 설치되는 케이블을 매설하는 경우에는 케이블 부유가 발생할 가능성이 높으므로, 적정 수준의 케이블 슬랙을 갖추도록 케이블을 설치하고 케이블을 매설할 때에는 ROV와 같은 매설 장치를 사용하는 것이 위험을 덜 수 있다. 이는 케이블이 쟁이형 매설장치를 통과할 때 발생된 내부 마찰저항의 결과로 인하여 케이블이 매설 장치를 통과한 후에도 장력이 내재되어 있기 때문이다.

5.4.5.3.2 케이블 포설과 동시에 매설하는 방식

케이블을 포설하는 동시에 매설하는 방식은, 첫째 케이블 선박이나 기타 예인선을 이용하여 PLGR을 시행함으로써 케이블 경로를 따라 장애물을 제거하고, 둘째 케이블 선박에 선적된 케이블을 육양되어 있는 케이블의 해저측 끝단을 접속하여 쟁기형 매설 장치를 통과시킨다. 매설 장치는 해저에 설치되며 케이블 선박은 천천히 움직이기 시작하여 케이블이 매설되는 동안 매설 장치를 견인한다.

일반적으로 케이블 설치 및 매설 작업은 해저 지질에 따라 영향을 받으며 매설 장치는 0.5~1.0kt 정도의 속도로 예인된다. 이러한 경우 케이블 설치 속도와 선형 케이블 엔진의 케이블 장력은 선박에서부터 해저까지의 해저 중량에 기초해 정해진 계수를 곱한 제어값을 이용하여 조절된다. 그러나 수심이 더 깊어지거나 케이블 유형이 바뀌거나 중계기가 변경되는 경우에는 케이블의 해저 중량에 따라 제어값을 수정해야 한다.

만약 제어값이 수정되지 않는다면 케이블의 과도한 장력이나 불필요한 케이블 슬랙이 발생하여 케이블 손상 위험이 증가하는 결과를 낳게 될 것이다. 케이블 유형이 이중 외장형에서 단일 외장형으로 변경되는 경우 케이블의 해저 중량이 감소함에 따라 제어값 역시 줄여야 한다. 이 때 제어값이 감소되지 않는다면 과도한 장력이 발생하게 될 것이다. 반대로 케이블 유형이 단일 외장형에서 이중 외장형으로 변경되는 경우에는 제어값을 늘려야 한다. 제어값에 대한 수정 없이 케이블이 설치되면 해저 중량이 증가함에 따라 과도한 케이블 슬랙이 발생하여 케이블이 매설 장치 전면에서 서로 얽히게 될 것이다. 이와 같은 상황이 즉시 중단되지 않는다면 케이블이 결국 손상되는 것이다.

케이블이 매설된 위치를 확인하고 조정하기 위해 케이블 선박은 수중 음향 위치 탐색 장치에 의해 매설 장치의 위치를 확인하면서 해저케이블 경로를 따라 이동하는 방식으로 조정된다. 일반적으로 케이블 선박의 위치는 D-GPS(Differential-GPS)에 의해 정확하게 측정되므로, 선박 조정에 있어서는 선박의 방향, 수중 음향 위치 표시 장치(변환기)가 설치된 위치, 수중 음향 위치 표시 장치에서 확인되는 매설 장치의 방향, 수심 및 거리와 같은 데이터를 이용하여 컴퓨터가 연산을 통해 해도상에서 선박이 있는 위치를 정확히 찾아내는 동시에 매설 장치가 정해진 경로를 따라 이동하는 방식이다.

또한 케이블이 매설되어야 하는 거리가 수백 킬로미터 이상인 경우에는 쟁기형 장치의 끝이 마모됨에 따라 주기적으로 교체가 필요하며, 교체를 위해 매설 장치가 일시적으로 회수된 때에는 케이블이 일부 노출되지만 추후에 PLIB(Post Laying Inspection and Burial) 작업이 부분적으로 수행된 이후에 ROV의 사용을 통한 매설이 가능하다.

5.4.5.3.3 포설 후 매설 방식(예인형 매설)

포설 후 매설 방식의 경우 매설 장치가 해저에 포설된 케이블 뒤를 추적해야 함에 따라 케이블이 손상되기 쉬우므로 주의가 필요하다. 포설 후 매설을 시작하기 전에 케이블 상태를 점검해야 하며 꼬임이나 슬랙이 과도한 부분이 있으면 매설하기에 적합한 상태가 되도록 미리 케이블을 정리해야 한다. 이어서 예인형 매설 장치는 정해진 위치에 미리 고정되어 있던 주케이블 선박으로부터 해저로 내려져 매설 위치에 설치된다. 이때 잠수부는 케이블이 매설 장치의 케이블 통로를 통과하도록 케이블을 매설 장치 위에 설치한다.

매설 장치의 설치가 완료되면 주케이블 선박은 작업이 수행될 방향으로 예인용 닻을 수백 미터 정도 끌어당긴다. 해수가 펌프를 통해 매설 장치로 보내지면, 그 이후 주케이블 선박은 고정 상태에서 벗어나고 닻은 윈치를 사용하여 감아 올려진다. 이때 감는 속도는 매설 장치의 깊이와 매설 형태 등 매설 상태를 점검함으로써 적절하게 조정되어야 한다. 예인용 닻에 짧은 길이의 와이어만 남아 있는 경우에는 닻을 다시 앞쪽으로 당기도록 한다. 이러한 작업에 관하여는 [그림 5.15]를 참조한다.

이러한 매설 작업 후에 잠수부가 케이블의 접속 부분을 매설한다. 이 방법은 주로 육양 구간의 매설에서 사용된다.

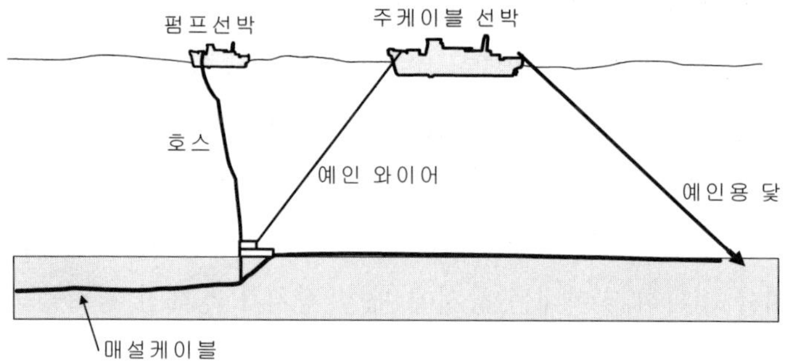

| 그림 5.15 | 포설 후 매설 방식

5.4.5.3.4 포설 후 검사 및 매설(PLIB)

PLIB의 경우 보통 케이블의 매설 부분, 매설 위치, 매설 깊이, 케이블이 매설되었는지 여부와 같은 현재 상황 등을 조사하기 위해 원격무인잠수정(ROV)이 사용된다. 만약 케이블이 매설되지 않은 구간이나 매설 깊이가 충분하지 않은 구간이 발견된 경우에는 ROV를 이용하여 케이블을 매설하고 매설상태를 확인한다. ROV는 주로 설치 시작 지점이나 케이블의 최종 접속 지점을 매설할 때 사용하며, 매설깊이 등 매설상태가 기록된다.

5.4.6 시스템 완성 및 승인

일반적으로 해저 광케이블 시스템/네트워크 건설에 관한 공급 계약서의 일부를 구성하는 기술 명세서에는 설계부터 시스템/네트워크 완성에 이르기까지 각 시험 단계별로 시험에 관한 일반 요구조건을 명시하는 승인에 관한 설명이 포함되어 있다.

5.4.6.1 일반사항

시스템 성능에 관한 일반 요구조건은 공급 계약서 서명 시에 명시된다. 따라서 시험 항목 별로 상세한 시험 절차 및 합격/불합격 기준을 구매업자와 공급업자 간의 계약을 통해 정함으로써 건설 계획 진행에 보조를 맞추도록 한다. 최근 케이블 네트워크에 있어서는 복잡성, 대용량 전송, 큰 규모로 인해 SDH에 기반을 둔 망 보호 장비(NPE), ADM, 디지털 크로스커넥션 장치(DXC), 즉 SDH/상호접속 장비(SIE)는 케이블 시스템/네트워크 건설에 포함되는 많은 육양국 간의 유기적인 상호 접속을 목적으로 각 육양국에 공급된다. SDH/상호 접속 장치가 공급되는 케이블 네트워크의 시험에 관하여 명시된 일반 시험 단계는 아래와 같다. 육양국에 설치되는 전원공급장비(PFE)나 회선종단장치(LTU)와 같은 장치를 여기에서는 "단국장비"라고 칭하기로 한다. 다음에 열거하는 시험 단계는 공급업자의 책임 하에 시행되는 것이다.

(1) 제품 설계 승인 시험
(2) 공장 시험
(3) 단국장비 및 SIE 육양국 내 시험
(4) 해저 설비 조립 시험
(5) 선적 및 포설 시험
(6) 전송 구간 시험
(7) 구매업자 측의 전송 구간 시험
(8) 전송 구간 신뢰도 시험
(9) 시스템/네트워크 통합 시험
(10) 구매업자 시스템/네트워크 통합 시험
(11) 시스템/네트워크 신뢰도 시험

5.4.6.2 제품 설계 승인 시험

광증폭 기술의 출현으로 보다 큰 전송 용량의 해저케이블 시스템/네트워크 기술이 빠르게 발전함에 따라 공급 계약서 서명 시점까지도 장치 설계 및 자격 획득이 완료되지 않거나 공급 계약서 서명 이후에 장치의 설계 변경이 이루어질 수 있으므로, 공급업자가 설계/자격을 증명하고 보증하도록 의무를 부여해야 한다. 본 시험 단계는 일반적으로 구매업자 또는 그 대리인이 설계/자격 시험 결과를 서류 감사 또는 설계/제조 현장에서 직접 감사를 수행한다. 새로 개발된 주요 기술과 복수의 공급업자 간에 상호 접속이 적용되는 경우에는 설계 감사와 더불어 기술 증명 또한 요구된다. 아울러 다른 계약상의 요구조건이 시험 단계로부터 분리됨에 따라 기술 실연이 실행되는 경우도 있음에 주의하도록 한다.

5.4.6.3 공장 시험

공장 시험은 이른바 케이블, 중계기, 분기 장치, LTE, PFE, MC, SIE 등 시스템/네트워크를 구성하는 모든 장치가 공장 출하에 앞서 명세서와 완전히 일치하는지 증명하는 시험 단계이다. 공장으로부터의 일반적인 운송 절차로서 서류 검토를 통해 또는 구매업자가 보는 앞에서의 시험 실연을 통해 시험 결과가 긍정적인 것으로 판단되면 공급업자와 구매업자의 대리인 간에 운송 원칙에 따라 공장출하증명서(FRC, Factory Release Certificate)의 서명이 이루어진다.

5.4.6.4 단국장비 및 SIE 육양국 내 시험

단국장비는 SIE를 제외한 LTE, PFE, MC를 총칭하는 용어로서 앞으로는 TSE (Terminal Station Equipment)로 표기하도록 한다. 본 시험 단계는 육양국 특유의 설치 요구조건에 따라 설치된 각 TSE 및 SIE가 본래의 성능 및 기능 수준을 유지하는지 실제로 확인하도록 계획된 것이다. 본 시험 단계에서는 MC와 LTE, PFE 간의 시험 또한 중요하다. TSE의 전부 또는 일부가 해저 설비의 설치 시에 시험용으로 사용되도록 계획된 경우, TSE 육양국 내 시험은 해저 설비 설치를 개시하기 전에 완료되어야 한다.

공급 계약서에 따라 전송 성능 및 자동 보호 절체(APS)에 초점을 맞춘 상호 접속 시험은 LTE와 SIE 사이에서 시행되는 것이 좋다. 본 시험 단계의 최종 시기에는 LTE 및 SIE에 대하여 각각 또는 상호 접속 형태로 일주일 동안 전송 성능이 시험되는 것이 일반적이다. 보통은 본 시험 단계의 일부로서 육양 지점까지 설치되어 있는 육양 케이블과 전력 공급 케이블에 대하여 시험이 이루어진다. 공급 계약서에 포함된 경우에는 접지 시스템(접지판/접지봉)을 갖춘 접지 케이블 또한 시험 대상이 된다.

5.4.6.5 해저설비 조립 시험

해저 설비는 일반적으로 케이블 공장 내의 현장에서 설치 원칙에 따라 조립된다. 이 과정을 보통 시스템 조립 시험(SAT, System Assembly & Testing)이라 한다. 조립된 해저 설비는 전체 시스템의 일부로서 중계기 감시와 같은 성능 및 기능 수준을 확인하고 실연하기 위해 현장에서 전기적·광학적으로 시험된다.

5.4.6.6 선적 및 포설 시험

본 시험은 위의 해저 설비 조립 시험에 수반되는 것으로서 설비가 기계적 진동이나 충격 등 환경 변화에 의한 영향을 받을 수 있는 선적 및 포설 기간 중에 설비의 정상상태를 전기적·광학적으로 보증하기 위해 수행된다. 본 시험을 위해서 설비에는 필요한 전원이 공급되어야 한다.

5.4.6.7 전송구간 시험

본 단계는 케이블 포설 중에 최종 접속이 완료된 후에 수행되는 시스템 시험이다. SIE는 보통 본 시험 단계에서 제외된다. 주요 시험 항목은 아래와 같다.

(1) 기본 특성 시험

케이블 포설 완료 후에 이어지는 기본 특성 시험에서는 해저 설비의 절연 저항, 정전용량, DC 저항(DC 전류/전압 특성)이 측정된다. 첫 번째 중계기 구간에서는 전통적인 OTDR을 이용하여 측정된다. 정전용량 측정은 해저 설비내의 오픈 고장의 가능성이 낮으므로 종종 생략할 수 있다.

이어서 시스템에 전원이 공급되며 광학적인 특성이 부여된다. 대부분의 경우 WDM 해저 광케이블 시스템은 신호 파장의 균일성을 통하여 최상의 전송 성능을 갖추기 위해 최적화 및 조정을 필요로 한다. 송신 및 수신 신호에 대한 각각의 신호 파장, 출력 레벨, 신호 대 잡음비(S/N)는 사전 강조(Pre-emphasis), 위상 변조(편광혼합기), 분산 보상, 수신기 임계점과 같은 파라미터에 관한 최적화 및 조정 후에 측정된다. 이 시험 단계의 모든 시험 항목은 시스템의 운용 및 유지보수에 관한 참조 데이터로 활용된다.

(2) 전원공급 운용

PFE의 운용에는 대향 PFE와의 조화 속에 안전성과 확실성이 요구된다. 본 시험 단계에서 수행되는 시험 항목은 상세한 PFE 운용 매뉴얼/절차, 정상 전원공급 on/off, 양방향 공급과 단방향 공급 간의 전환, 운용 장치와 예비 장치 간의 전환, Electroding 기능, 접지 복귀 경로용 스위칭에 기초를 두고 있다.

케이블 고장이 발생하였다는 가정 하에 시행되는 전원공급 재구성 시험은 전원공급 경로가 전환 가능한 해저 분기 장치를 갖춘 시스템/네트워크에 있어 중요한 의미를 갖는다.

(3) 경보 관련 시험

MC(Maintenance Controller)는 일반적으로 자체 육양국은 물론 상대 육양국에서 수집된 상태 표시나 경보 표시와 같은 많은 정보를 수집, 감시, 표시, 분석, 기록, 보관하는 기능을 확보하기 위해 제공된다. MC는 제어/감시 장치와 연계하여 시험하며 육양국 고유의 경보집중장치와 상호 호환되도록 한다.

(4) 중계기 감시 시험

두 가지 유형의 중계기 감시 방법이 사용되고 있으며, 하나는 명령 신호와 응답 신호에 의한 중계기 입력 광전력, 출력 광전력, 펌프 LD 전류를 감시하는 유형이며, 나머지 하나는 증폭기에 탑재된 광 루프백 회로와 조합하여 감시 신호를 루프백 이득으로 측정할 수 있도록 하는 유형이다. 시험 단계에서 얻은 모든 데이터는 시스템/네트워크의 운용 및 유지보수에 참조 데이터로 활용된다.

(5) 종단 간 전송 시험

종단 간 전송 시험은 단기 안정성 시험(수 시간 또는 1일)으로서 정상 전력 공급 전류±2%, 서비스 중 모드에서의 Electroding(전원 공급 전류에 대한 저주파수 AC 중첩), 서비스 모드에서의 중계기 감시, 클럭 신호 변동 등이 있을 때 전송 성능에 영향을 미치지 않을 것을 확인하는 시험이다.

(6) 기타

관련된 육양국 간의 타합선 및 데이터 통신 시험 등이 필요하다.

5.4.6.8 구매업자 전송 구간 시험

본 시험 단계는 구매업자의 입장에서 계획하고 수행되는 것으로서, 대개 공급업자에 의한 전송 구간 시험 이후 1~2주 동안 진행된다. 이는 공급 계약서에 구매업자의 권리로 명시되어 있으나 공급업자에 의한 전송 구간 시험이 다양한 시험 항목을 포함하고 있으므로 생략되는 경우가 많은 편이다.

5.4.6.9 전송 구간 신뢰도 시험

전송 구간 신뢰도 시험은 구간 승인에 관한 판단을 내림에 있어 상기한 전송 구간 시험과 더불어 가장 중요한 시험이라고 할 수 있다. 본 시험은 2~3주 기간 동안 지속적으로 디지털 전송 구간의 오류 성능을 감시하는 것이다. 오류 성능 요구조건은 ITU-T G.826 "디지털 전송 시스템-디지털 네트워크-품질 및 가용성 목표"에 측정 파라미터로 표준화되어 있는 SESR(Severely Errored Second Ratio)과 BBER(Background Block Error Ratio)을 참조하지만 실제로는 ITU-T 표준보다 더욱 엄격하도록 설정되는 경우가 많다.

5.4.6.10 시스템/네트워크 통합시험

본 시험 단계 이전에 LTE와 SIE 간의 통합 시험을 포함하는 TSE/SIE 육양국 내 시험과 전송 구간 시험이 좋은 결과를 얻어야 한다. 남은 것은 전송 구간을 SIE로 통합시키는 완벽한 구성에서 수행되는 전반적인 시험들이다. 본 시험 단계에서는 채택된 기술, 네트워크 구성, 장치 기능에 적합한 시험 항목과 합격/불합격 기준이 신중하게 고려되어야 한다. 일반적으로 시스템/네트워크 동기화, 자동/수동 보호 절체 등을 시험한다. 관련 육양국 간의 타합선, PBX 및 데이터 통신 회선 설치 및 복구 시험이 본 시험에 포함된다.

5.4.6.11 구매업자 시스템/네트워크 통합시험

구매업자의 견해에 기초하여 구매업자에 의해 계획·수행되며 공급업자에 의한 시스템/네트워크 통합 시험 이후 대개 1~2주 동안 진행된다. 본 시험 단계는 공급 계약서에 구매업자의 권리로 명시되어 있으나, 공급업자에 의한 전송 구간 시험이 다양한 시험 항목을 포함하고 있으므로 생략되는 경우가 많은 편이다.

5.4.6.12 시스템/네트워크 신뢰도 시험

완전한 시스템/네트워크에서 2~3주 동안 지속적으로 수행되는 오류 성능 시험에 해당한다. 오류 성능에 대한 요구조건 또한 ITU-T G.826 표준보다 더욱 엄격하게 설정된다.

예비 준공 증명서(PAC, Provisional Acceptance Certificate)는 공급 계약서에 따라 일반적으로 시스템/네트워크 신뢰도 시험을 성공적으로 마쳤음을 증명하기 위해 발행되며 시스템/네트워크의 권리가 구매업자에게 이관되고 운용 및 유지보수 업무는 구매업자가 수행하게 된다.

5.4.6.13 국내망 연동 시험

해저케이블 시스템과 백홀 장비를 포함하여 구매업자에 의해 수행되는 종합 시험으로 연결 확인, 에러 성능 등을 서비스 준비 완료일(RFS) 전에 시험한다.

5.5 해저시설간 이격거리

바다에는 해저케이블 이외에 풍력발전기, 송유관, 심층수관 및 전력케이블 등이 설치되어 있다. 이들 설비들 간에는 상호 유지보수를 할 수 있도록 이미 설치된 해저시설과 새로이 설치될 시설 간의 안전한 거리확보가 필요하다. 다음은 풍력발전기 근처에 해저케이블을 설치할 경우 안전거리가 얼마나 확보가 되어야 하는지를 보여준다. 즉, 수심 20m 지역에서는 풍력발전기의 안전구역 500m와 해저케이블 유지보수를 위해 확보되어야 하는 500m가 필요하여 총 1km의 거리가 확보되어야 한다. 해저케이블 유지보수 특성상 수심이 깊을수록 더 먼 이격거리가 확보되어야 하고, 40m 수심의 지역에서는 총 1.1km의 안전거리가 필요로 함을 알 수 있다.

표 5.3 해저케이블과 풍력발전기 간 이격거리

구분	수심별 이격 거리	
	20m 지역	40m 지역
안전 구역	500m	500m
케이블 선박 길이	150m	150m
그레프넬 해저 투입시 필요한 거리	150m	250m
그레프넬 운행에 필요로 한 거리	200m	200m
총 이격 거리	1Km	1.1Km

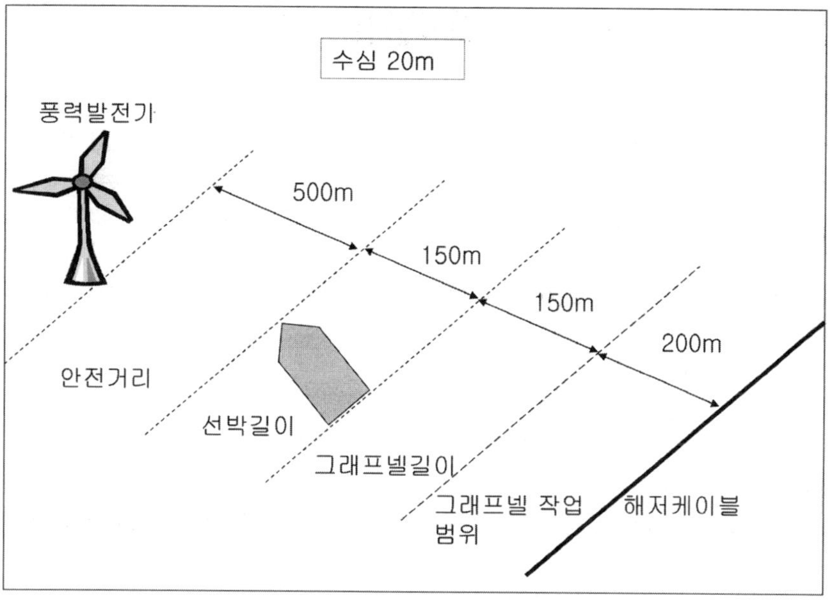

▌그림 5.16▐ 수심 20m에서 해저케이블과 풍력발전기 간 이격거리

참고문헌

[1] Shigeyuki Akiba 외 1, Submarine Cable Network Systems, NTT Quality Printing Service co, 2001.5.

[2] http://www.iscpc.org,ICPC Recommendation No. 2 Issue 11A, ICPC Recommendation No. 13 Issue 01A

[3] 유재덕 외4, 장거리 해저 광전송망 분산보상 설계 및 구현, (사)한국전자통신학회 논문지 제1권, 1호, 2006, 10

[4] 박홍태 외4, 해저광케이블 고장지점 탐지기법, (사)한국전자통신학회 논문지 제1권 1호, 2006.10

[5] 이영선 외2, 한국 연근해 국제해저광케이블 안정성을 위한 연구, (사)한국전자통신학회 논문지 제2권 1호, 2007.03

[6] 박홍태 외1, 장거리 해저 무중계 전송기술 연구, (사)한국전자통신학회 논문지 제2권 1호, 2007.03

[7] 정재진 외 2, 천해부에서 해저케이블 건설 연구, (사)한국전자통신학회 논문지 제2권 3호, 2007. 09

[8] 이병호, 강민호, "광대역 네트워크", ㈜교학사, 2003

[9] "SDH Poket Guide", Wandel & Goltermann

[10] http://telegeography.com/products/map_cable/index.php

[11] http://www.flagtelecom.com

[12] http://www.starhub.com

[13] http://www.c2ccable.com

[14] http://www.asianetcom.com

[15] http://www.reach.com

[16] http://www.smw3.com

[17] http://www.ktsubmarine.co.kr

[18] KDD, Type-A Training Manual for EAC cable system, 2001.06

[19] NEC, EAC1 Qingdao Landing Extension Type B Training Handbook for EMS, 2006.06

[20] NEC, EAC1 Qingdao Landing Extension Type B Training Handbook for SLTE, 2006.06

[21] Henry Zanger 외, Fiber Optics Communication and Other Applications, Macmillan Publishing Company, 1991.

[22] Mitsubishi Electric Corporation, Training Manual for TSE Type B, 2008. 2.

[23] http://www.kt.co.kr

부록

부록 1 세계의 해저케이블 시스템

1. 북해지역(North Sea Region)

케이블 시스템	육양 지점	시스템용량	서비스년도	케이블 길이
EDF1(INGRID)	Archirondel, Jersey - St. Remy des Landes, France	3-core	1984	27 km
UK-Ireland 1	Holyhead, UK - Portmarnock, Ireland	6x140 Mb/s	1988	126 km
Scotland-Northern Ireland 1	Portpatrick, Scotland - Donaghadee, Northern Ireland -	6x560 Mb/s.	1989	35 km
UK-Channel Isles 7	Dartmouth, UK-Lancresse Bay, Guernsey	2.5Gb/s	1989	124 km
UK-France 3	Brighton, UK-Dieppe, France	6x140 Mb/s	1989	155 km
UK-Isle of Man	Millom, UK - Douglas, Isle of Man	6x140 Mb/s	1990	155 km
Denmark-Germany 1	Maade, Denmark, Norden, Germany	2x565 Mb/s	1992	293 km
LANIS	Blackpool, Isle Of Man, N. Ireland,	6x565 Mb/s	1992	293 km
Scotland-Northern Ireland 2	Girvan, Scotland, Larne, NI	565 Mb/s	1993	83 km
UK-Channel Isles 8	Goonhilly, UK - St Ouens Bay, Jersey, Channel Isles	155 Mb/s	1994	237 km
Guernsey-Jersey 4	Saints Bay, Guernsey Greve de Lecq, Jersey	155 Mb/s	1994	37 km
CANTAT 3	Pennant Point, Canada - Europe	3x2.5 Gb/s	1994	6,450 km
Celtic	Sennen Cove, UK, Kilmore Quay, Ireland	2.5 Gb/s	1994	263 km
RIOJA (2B/3B)	Santander, Spain, Goonhilly, UK, Veurne, Belgium, Alkmaar, Netherlands	2x2.4 Gb/s	1995	1,737 km
ODIN	Alkmaar, Netherlands, Maade, Blaaberg, Denmark, Kristiansand, Norway, Lysekil, Sweden	2x2.5 Gb/s	1995	916 km
HER-1	(BMH-BMH)	2.5 Gb/s	1997	204 km
HER-2	(BMH-BMH)	100 Gb/s	1997	133 km

케이블 시스템	육양 지점	시스템용량	서비스년도	케이블 길이
AC-1	Brookhaven,US - Whitesands, UK, Beverwijk, Netherlands, Westerland, Germany	4x20 Gbs	1998	2,472 km
UK-Germany 6	Norden, Germany, Scarborough, UK	8X2.5 Gb/s	1998	557 km
FARLAND	Aldeburgh , UK, Domburg, Holland	10 Gb/s	1998	148 km
CIRCE North	Lowestoft, UK to Zandvoort, Netherlands	10 Gbit/s	1999	203km
ESAT 1	Whitesands, UK, Kilmore Quay, Ireland	2.5 Gb/s	1999	256 km
ESAT 2	Southport , UK, Dublin, Ireland	10 Gb/s	1999	237 km
CIRCE South	Pevensey Bay, UK to Cayeux-sur -Mer, France	10Gbit/s	1999	115km
Concerto #1	Sizewell, UK, - Zandvoort, Netherlands, - Zeebrugge, Belgium Thorpeness, UK London, Amsterdam and Brussels.	96 fibre cable (Dark fibre)	1999	550 km
SEA-ME-WE 3 (Segment 10)	Penmarc'h, France, - Goonhilly, UK, - Ostende, Belgium - Norden, Germany,	4x2.5Gb/s	1999	1,258km
EDF2 (INGRID)	Segment 1: Havelet Bay, Guernsey - Greve de Lecq, Jersey copper, 3-core XLPe with integral fibres, Double Armoured. Segment 2: Archirondel, Jersey - St. Remy des Landes, France	copper, 3-core XLPe with integral fibres,	2000	Segment1 : 37 km, Segment2: 27 km
Tangerine	Broadstairs, UK to Ostend, Belgium	4x48 fibres	2000	112km
Ingrid System (Nos 1-6)	Havelet Bay, Guernsey to Greve de Lecq, Jersey, Archirondel, Jersey to St Remy de Landes, France	3x24 fibres, 1x24 + 2x48 fibres	2000	37.1km,
Manx-Northern Ireland	Pee (Isle of Man)-Ballyhornan (Northern Ireland)	12x40 Gb/s	2000	59 km
TAT-14 Segments H, I, J, N & K1S	Mevagissey, UK , St. Valery en Caux, France; Katwijk, Netherlands; Norden, Germany; Blaabjerg, Denmark Total TAT	16x10 gbit/s	2001	15,428 km

케이블 시스템	육양 지점	시스템용량	서비스년도	케이블 길이
VSNL Northern Europe	Hunmanby, UK - Eemshaven, The Netherlands	3.84 Tb/s	2002	578km
FARICE-1	Seydisfjordur, Iceland - Funning-sfjordur, The Faroe Islands - Dunnet Bay, Scotland.	2x10 Gbit/s	2004	1,407 km

2. 발트해 지역(Baltic Region)

케이블 시스템	육양 지점	시스템용량	서비스년도	케이블 길이
Swedish Mainland - Gotland	Hornsudde, Sweden -- Fridtorp, Gotland	3x140 Mb/s	1988	92 km
Denmark-Sweden 15	Hillerod, Denmark -- Helsingborg, Sweden	2x2.5Gb/s	1989	5 km
Denmark-Sweden 16	Hillerod, Denmark -- Helsinborg, Sweden	2x2.5Gb/s	1991	15 km
Denmark-Poland 2	Gedebak Odde, Denmark Mielno, Poland	2,5 Gb/s	1991	110 km
EESF-2 Finland-Estonia 2	Helsinki, Finland -- Tallin, Estonia	1x622 Mb/s + 3x2.5 Gb/s + 1x10 Gb/s	1992	98 km
Denmark-Norway 5	Ajorring, Denmark -- Arendal, Norway	4x565 Mb/s	1992	130 km
Denmark-Norway 6	Phisted, Denmark -- Kristiansand, Norway Norway	3x565 Mb/s	1992	120 km
Denmark-Russia No. 1	Albertslund, Denmark -- Kingisepp, Russia	2x140 Mb/s	1993	1,250 km
Denmark-Germany 2	Gedser, Denmark -- Ribnitz-Damgarten, Germany	2.5 Gb/s	1993	45 km
Germany-Sweden 4	Burg, Germany -- Trelleborg, Sweden	3x622 Mb/s	1993	205 km
Germany-Sweden 5	Ribnitz-Damgarten, Germany -- Ystad, Sweden	3x622 Mb/s	1993	162 km
EESF-3 Finland--Estonia 3	Helsinki, Finland -- Meremsa, Estonia	1x622 Mb/s + 3x2.5 Gb/s + 1x10 Gb/s	1994	Sea 104 km Land 68 km

케이블 시스템	육양 지점	시스템용량	서비스년도	케이블 길이
SFL Sweden-Finland Link	Mariehamn, Sweden	2x2.5 Gb/s + WDM	1994	206km
LV-SE 1 Latvia-Sweden 1	Ventspils, Latvia -- Nynhamn, Sweden	622 Mb/s	1994	304 km
Botnia	UmeSweden--Vaasa,Finland	2x622 Mb/s 12 fibres	1994	93 km
ODIN Segment 2	Blaabjerg, Denmark-Kristiansand, Norway	2x2,5 Gb/s	1995	302 km
Estonia-Sweden 1	Kdla, Estonia-Stavsn, Sweden	2x2,5 Gb/s	1995	240 km
BCS East	Sventoji, Lithuania-Liepaja, Latvia	1x2,5 Gb/s	1995	97.8 km
DK-S18 Denmark-Sweden 18	Helsing, Denmark -- Helsingborg, Sweden	2x2,5 Gb/s	1996	5.2 km
BALTICA	Kolobrzeg,Poland--Dueodde,Bornholm (seg.1) Dueodde, Bornholm-Ystad,Sweden (seg.2) ; Dueodde, Bornholm--Gedser,Denmark (seg.3)	2x2,5 Gb/s	1997	105 km, 102 km, 230 km
BCS East-West Interlink	Sventoji,Lithuania-Sandviken,Sweden	2x2,5 Gb/s + 1x10Gb/s	1997	218 km
BCS North phase I	Stavsn, Sweden Mariehamn, Finland (Seg.1). Mariehamn, Finland Haradsholm, Finland (Seg.2) Haradsholm, Finland Hang Finland (Seg.3), Hang Finland Helsingfors, Finland (Seg.4)	48 fibres, 48 fibres, 98 fibers, 98 fibres	1998	1,513 Km.
Danica North	Barsebk,Sweden-Tuborg,Denmark	4x2,5 Gb/s	1998	25 km
Danica South	Sweden-Copenhagen,Denmark	4x2,5 Gb/s	1998	20 km
Store Bält	Kors,Denmark-Nyborg,Denmark	2x2,5 Gb/s	1999	30 km
Scandinavian Ring North (North)	Helsingborg, Sweden-Helsing, Denmark	2x2,5 Gb/s	2000	5 km
Scandinavian Ring North (South)	Helsingborg, Sweden -- Helsing, Denmark	2x2,5 Gb/s	2000	5.1 km
Scandinavian Ring South (North)	Brunkeflostrand, Sweden - Drag, Denmark	2x2,5 Gb/s	2000	16.2 km
Scandinavian Ring South (South)	Brunkeflostrand, Sweden - Drag, Denmark	2x2,5 Gb/s	2000	16.2 km
Fehmarn Bält	Puttgarden, Germany-Rbyhavn, Denmark	2x2,5 Gb/s	2000	20km

케이블 시스템	육양 지점	시스템용량	서비스년도	케이블 길이
BCS North phase II	Helsingfors, Finland Kotka, Finland (Seg. B3) Kotka, Finland Logi, Russia (Seg. B5)	96 fibres, 96 fibres	2000	Total length BCS North phase II, 280.4 Km
Gotland - Swedish Mainland	Ut Stockholm - Ar, Gotland	96 fibres	2002	135km
Ventspils - Gotland (BCF)	Ventspils, Latvia - Hultungs, Gotland, Sweden - t Used in conjunction with Gotland - Swedish Mainland System to link Ventspils with Stockholm.	2.5 Gb/s	2004	175 km

3. 지중해 & 흑해지역(Mediterranean & Red Sea Region)

케이블 시스템	육양 지점	시스템용량	서비스년도	케이블 길이
Italy-Sardinia (ROMSAR)	Pomezia-Golfo Aranci (Italy)	3x280 Mbit/s	1988	267 Km
Penbal 3	Cabrera de Mar, Spain - Molina, Spain	3x280 Mb	1989	297 Km
Sardinia-Sicily (SARSIC)	Golfo Aranci-Palermo (Italy)	3x280 Mbit/s	1989	508 Km
Genoa-Sardinia (SARGEN)	Golfo Aranci-Genova (Italy)	3x280 Mbit/s	1990	440 Km
Genova – Pisa	Genova – Pisa	6x565 Mbit/s	1990	143 Km
Lametia T. – Messina	Lametia T. – Messina	6x565 Mbit/s	1990	108 Km
Messina – S. Agata	Messina – S. Agata	6x565 Mbit/s	1990	112 Km
S. Agata – Palermo	S. Agata – Palermo	6x565 Mbit/s	1990	116 Km
Capri – Massalubrense	Capri – Massalubrense	6x565 Mbit/s	1990	15 Km
Cetara – Majori	Cetara – Majori	6x565 Mbit/s	1990	16 Km
Maiori – Vettica	Majori -Vettica	6x565 Mbit/s	1990	16 Km
Piombino - Isola D' Elba	Piombino – Isola D' Elba	6x565 Mbit/s	1990	11 Km
Procida - Bacoli	Procida - Bacoli	6x565 Mbit/s	1990	10 Km
EMOS 1	Palermo, Italy – Lechaina, Greeece – Marmaris, Turkey – Tel Aviv, Israel	1x280 Mbit/s	1990	2,880 Km
Almeria Melilla	Almeria, Spain - Melilla, Spain	4x140 Mb + 1x2.5 Gbit/s	1990	195 Km

케이블 시스템	육양 지점	시스템용량	서비스년도	케이블 길이
Almeria - Roquetas	Almeria, Spain -Roquetas, Spain	5x565 Mb	1990	23 Km
MAT 2	Palermo, Italy – Ses Covetes, Palma (Spain) – Estepona, Malaga (Spain)	1x565 Mbit/s	1991	1,995 Km
Corsica- Sardinia	Ajaccio, France – G. Aranci, Italy	3x565 Mbit/s +2x622 Mbit/s	1991	168 Km
Penbal 4	Valencia, Spain - Ibiza, Spain Mallorca, Spain	2x2.5 Gbit/s + 2x622 Mb + 2x140 Mb.	1991	317 Km
Praiano – Positano	Praiano – Positano	6x565 Mbit/s	1991	14 Km
Procida Ischia	Procida - Ischia	6x565 Mbit/s	1991	12 Km
Vietri –Cetara	Vietri - Cetara	6x565 Mbit/s	1991	8 Km
Pisa – Grosseto	Pisa - Grosseto	6x565 Mbit/s	1991	149 Km
Grosseto – Civitavecchia	Grosseto – Civitavecchia	6x565 Mbit/s	1991	129 Km
Civitavecchia – Pomezia	Civitavecchia – Pomezia	6x565 Mbit/s	1991	125 Km
Pomezia – Formia	Pomezia –Formia	6x565 Mbit/s	1991	142 Km
Formia – Naples	Formia – Naples	6x565 Mbit/s	1991	62 Km
Naples – Salerno	Naples – Salerno	6x565 Mbit/s	1991	140 Km
Scalea – Lametia T.	Scalea – Lametia	6x565 Mbit/s	1991	131 Km
R.Calabria - Gazzi 1	Genova – Pisa	3x565 Mbit/s	1991	13 Km
R.Calabria - Gazzi 2	Genova – Pisa	6x565 Mbit/s	1992	13 Km
Catania – R.Calabria	Catania – R. Calabria	6x565 Mbit/s	1993	108 Km
Catania – Locri	Catania – Locri	6x565 Mbit/s	1993	170 Km
Locri – Catanzaro	Locri – Catanzaro	6x565 Mbit/s	1993	127 Km
R.Calabria - Gazzi 3	Genova – Pisa	6x565 Mbit/s	1994	13 Km
Italy – Tunisia	Trapani, Italy - Kelibia, Tunisia	6x565 Mbit/s	1994	209 Km
Savona – Sardinia(GENSAR 2)	Savona – Sassari	3x565 Mbit/s	1994	463 Km
Sardinia – Sicily (SARSIC 2)	Cagliari – Palermo	3x565 Mbit/s	1994	440 Km

케이블 시스템	육양 지점	시스템용량	서비스년도	케이블 길이
COLUMBUS 2. Seg. C4	Palermo, Italy	1x565 Mbit/s	1994	3,015 Km
Italy- Croatia	Mestre, Italy - Umag, Croatia	1x565 Mbit/s	1994	230 Km
Estepona Tetu	Estepona, Spain -Tetu, Morocco	6x622 Mb	1994	113 Km
Italy – Monaco	Savona, Italy - Montecarlo, Monaco	1x565 Mbit/s	1995	157 Km
Italy - Malta	Catania, Italy - Malta, Malta	1x565 Mbit/s	1995	234 Km
Mallorca - Menorca	Cala Millor, Spain Mah, Spain.	1x2.5 Gbit/s + 1x622 Mb	1995	110 Km
Penbal 5	Gav, Spain, Ses Covetes, Spain	2x2.5 Gbit/s + 2x622 Mb	1995	309 Km
Italy – Sardinia (ROMSAR 2)	Civitavecchia – Sassari	6x565 Mbit/s	1996	380 Km
ITUR	Palermo, Italy – Istambul, Turkey – Novorossijsk, Russia, – Odessa, Ukraine	1x565 Mbit/s	1996	3,500 Km
Italy- Greece	Otranto, Italy - Corf Greece	3x565 Mbit/s	1997	163 Km
Barcelona - Savona	Cabrera de Mar, Spain Savona, Italy	at 2x2.5 Gbit/s	1997	760 Km
Palermo - Roma	Palermo – Pomezia	2x2.5 Gbit/s	1998	445 Km
Italy – Albania	Bari, Italy - Durres, Albania -	(1+1) 622 Mbit/s	1998	240 Km
Anacapri – Ischia	Anacapri – Ischia	2x2.5 Gbit/s	1998	34 Km
Mazara – Pantelleria	Mazara – Pantelleria	2x2.5 Gbit/s	1998	108 Km
Milazzo – Vulcano	Milazzo – Vulcano	2x2.5 Gbit/s	1998	37 Km
Roma – Sardinia	Torvaianica - Golfo Aranci	3x2.5 Gbit/s	1998	300 Km
Marsala Favignana	Marsala Favignana	3x2.5 Gbit/s	1999	16 Km
Marittimo Favignana	Marittimo Favignana	3x2.5 Gbit/s	1999	25 Km
LEV	Mazara, Italy - Yeroskipos, Cyprus - Tel Aviv, Israel	3x2.5 Gbit/s	1999	2,620 Km
SEA-ME-WE 3 Red Sea	Djibouti, Djibouti - Jeddah, Saudi Arabia - Suez, Egypt	2x10 Gbit/s	1999	2,700 Km

케이블 시스템	육양 지점	시스템용량	서비스년도	케이블 길이
SEA-ME-WE 3 Mediterranean Sea	Alessandria, Egypt - Marmaris, Turkey - Yeroskipos, Cyprus - Chaina, Greece - Mazara, Italy - Tetuan, Morocco - Sesimbra, Portugal	2x10 Gbit/s	1999	5,300 Km
Corf- Bar	Corf Greece - Bar, Montenegro	1x2.5 Gbit/s	1999	350 Km
COLUMBUS III, Seg. E1	Mazara, Italy BU 1	2x10 Gbit/s	1999	1,870 Km
Italy-Libya	Mazara, Italy - Tripoli, Libya	2x2.5 Gbit/s	2000	1,170 Km
ALPAL-2	Algiers - Majorca	4x2.5 Gbit/s	2002	313km
Med Cable	Marseille, France - Annaba, Algeria - Algiers, Algeria	2x10 Gbit/s	2005	Total 1,215km

4. 대서양 지역(Atlantic Region)

케이블 시스템	육양 지점	시스템용량	서비스년도	케이블 길이
PTAT-1 Private Transatlantic Telecommunications System No.1	Manasquan, New Jersey, U.S.A. -- Devonshire, Bermuda -- Ballinspittle, Eire, Ireland -- Brean, England	420 Mb/s	1989	7,552km
Pencan 4 C1	Conil, (Spain) B.U	3x280Gb/s	1990	1,345 km
Pencan 4 C2	B:U Altavista, (Gran Canaria) Candelaria (Tenerife)	2x280Gb/s	1990	84 km
Pencan 4 C3	B.U Candelaria (Tenerife) Altavista, (Gran Canaria)	2x280Gb/s	1990	41 km
CARAC Bermuda - Tortola 2	Devonshire, Bermuda -- Brewers Bay, Chalwell,	420 Mb/s	1990	1,694km
Transcan 2 S1	Agmes (Gran Canaria) Morrojable (Fuerteventura)	5x140Mb/s + 1x2.5 Gbit/s	1990	147 km
Transcan 2 S2	Pto Rosario (Fuerteventura) arrecife (Lanzarote)	91 km at 6x140Gb/s	1990	91 km
EURAFRICA	St. Hilaire, France -- Sesimbra, Portugal -- Funchal, Madeira Island, Portugal -- Casablanca, Morocco	2x560 Mb/s	1992	3,100km
SAT-2 South Atlantic 2	Melkbosstrand, South Africa -- El Medano, Tenerife Island, Spain -- Funchal, Madeira Island, Portugal	2x560 Mb/s	1993	9,500km

케이블 시스템	육양 지점	시스템용량	서비스년도	케이블 길이
Pencan 5	Chipiona,(Spain) -- Sardina, (Gran Canaria)	4x560Gb/s +2x2.5 Gbit/s	1993	1,560 km
CANTAT 3 Canada Transatlantic 3	Pennant Point, Nova Scotia, Canada -- Vestmannaeyjar, Iceland -- Tjornuvik, Faroe Islands -- Redcar, United Kingdom -- Blaabjerg, Denmark -- Sylt, Germany	2.5 Gb/s	1994	7,104km
COLUMBUS-II	Palermo, Sicily, Italy -- Funchal, Madeira Island, Portugal -- Sardina, Gran Canary Island, Spain -- St. Thomas, US Virgin Islands, USA -- West Palm Beach, Florida, USA -- Cancun, Mexico	2 x 2.5 Gb/s	1994	12,300km
CANUS 1 Canada - United States	Pennant Point, Nova Scotia, Canada -- Manasquan, New Jersey, U.S.A.	2.5 Gb/s	1995	1,360 km
TAT-12/13 TAT-12/13 Network	Green Hill, Rhode Island, U.S.A. -- Lands End, England -- Penmarch, France -- Shirley, New York, U.S.A.	3 x 5Gb/s	1996	6,321 km
BUS-1 Bermuda - US 1	St.David's, Bermuda - Tuckerton, NJ	2.5 Gb/s	1997	1,352 km
Gemini	Manasquan, NJ, U.S.A. -- Charlestown, RI, USA -- Oxwich Bay, UK -- Porthcurno,	60+55 Gb/s SDH Ring	1998	12,600 km
AC1	Brookhaven (UK)-Whitesands (UK)-Beverwyjk(Neth)-Sylt (Germ)-Brookhaven (US)	4x10 Gb/s	1998	14,000km
SEA-ME-WE-3 South-East Asia - Middle East - Western Europe 3	Segment S9: Penmarc'h, France -- Sesimbra, Portugal Segment S8: Sesimbra, Portugal -- Tetuan, Morocco -- Mazara, Italy -- Chania, Greece -- Marmaris, Turkey -- Yeroskipos, Cyprus -- Alexandria, Egypt	2x20 Gb/s, 2x20 Gb/s	1998	1,600 km, 5,300km
Candalta	Candeleria, Tenerife -- Altavista, Gran Canaria	2.5 Gb/s	1999	110 km

케이블 시스템	육양 지점	시스템용량	서비스년도	케이블 길이
ATLANTIS-2	Las Toninas, Argentina -- Rio de Janeiro, Brazil -- Fortaleza, Brazil -- Dakar, Senegal -- Praia, Cape Verde Islands -- El Medano, Canary Islands, Spain -- Funchal, Madeira Island, Portugal -- Conil, Spain -- Lisbon, Portugal	2x20 Gb/s	2000	13,000 km
COLUMBUS III	Holywood, Florida, USA -- Ponta Delgada, Azores Islands, Portugal -- Lisbon, Portugal -- Conil, Spain -- Mazara Del Vallo, Sicily, Italy	2x20 Gb/s	2000	9,900 Km
EURAFRICA	St. Hilaire, France -- Sesimbra, Portugal -- Funchal, Madeira Island, Portugal -- Casablanca, Morocco	2x560 Mb/s	1992	3,100km
SAT-2 South Atlantic 2	Melkbosstrand, South Africa -- El Medano, Tenerife Island, Spain -- Funchal, Madeira Island, Portugal	2x560 Mb/s	1993	9,500km
Pencan 5	Chipiona, (Spain) -- Sardina, (Gran Canaria)	4x560Gb/s +2x2.5 Gbit/s	1993	1,560 km
CANTAT 3 Canada Transatlantic 3	Pennant Point, Nova Scotia, Canada -- Vestmannaeyjar, Iceland -- Tjornuvik, Faroe Islands -- Redcar, United Kingdom -- Blaabjerg, Denmark -- Sylt, Germany	2.5 Gb/s	1994	7,104km
COLUMBUS-II	Palermo, Sicily, Italy -- Funchal, Madeira Island, Portugal -- Sardina, Gran Canary Island, Spain -- St. Thomas, US Virgin Islands, USA -- West Palm Beach, Florida, USA -- Cancun, Mexico	2 x 2.5 Gb/s	1994	12,300km
CANUS 1 Canada - United States	Pennant Point, Nova Scotia, Canada -- Manasquan, New Jersey, U.S.A.	2.5 Gb/s	1995	1,360 km
TAT-12/13 TAT-12/13 Network	Green Hill, Rhode Island, U.S.A. -- Lands End, England -- Penmarch, France -- Shirley, New York, U.S.A.	3 x 5Gb/s	1996	6,321 km

케이블 시스템	육양 지점	시스템용량	서비스년도	케이블 길이
SEA-ME-WE-3 South-East Asia - Middle East - Western Europe 3	Segment S9: Penmarc'h, France -- Sesimbra, Portugal Segment S8: Sesimbra, Portugal -- Tetuan, Morocco -- Mazara, Italy -- Chania, Greece -- Marmaris, Turkey -- Yeroskipos, Cyprus -- Alexandria, Egypt	2x20 Gb/s, 2x20 Gb/s	1998	1,600 km, 5,300km
Candalta	Candeleria, Tenerife -- Altavista, Gran Canaria	2.5 Gb/s	1999	110 km
ATLANTIS-2	Las Toninas, Argentina -- Rio de Janeiro, Brazil -- Fortaleza, Brazil -- Dakar, Senegal -- Praia, Cape Verde Islands -- El Medano, Canary Islands, Spain -- Funchal, Madeira Island, Portugal -- Conil, Spain -- Lisbon, Portugal	2x20 Gb/s	2000	13,000 km
COLUMBUS III	Holywood, Florida, USA -- Ponta Delgada, Azores Islands, Portugal -- Lisbon, Portugal -- Conil, Spain -- Mazara Del Vallo, Sicily, Italy	2x20 Gb/s	2000	9,900 Km
MAC	Brookhaven (US)-Hollywood, Florida (US)-St. Croix (USVI)	2x10 Gb/s	2000	7,500km
UK-Ireland	Whitesands Bay (UK)-Ballygrangans (Eire)Ballinesker (Eire)-Crooklets (UK)	2x40 Gb/s	2000	495 km
PAC	Grover Beach (US)-Tijuana (Mexico) -Mazatlan (Mexico)-Fort Amadour (Panama)-Puerto Viejo (Venezuela)	2x10 Gb/s	2000	9,500km
Yellow / (AC-2)	Bude, UK - Bellport, USA	640 Gb/s	2001	6,157km
SAT-3 South Atlantic 3	Melkbosstrand, South Africa -- Luanda, Angola -- Libreville, Gabon -- Douala, Cameroon -- Lagos, Nigeria -- Cotonou, Benin -- Accra, Ghana -- Abidjan, Ivory Coast -- Dakar, Senegal -- Alta Vista, Gran Canary Island -- Chipiona, Spain -- Sesimbra, Portugal	2x10 Gb/s	2002	13,000 Km
FA-1 FLAG Atlantic 1	London, Paris, New York	Dual multi-terabit cable	2001	14,500 km

케이블 시스템	육양 지점	시스템용량	서비스년도	케이블 길이
BUS-1 Bermuda - US 1	St.David's, Bermuda - Tuckerton, NJ	2.5 Gb/s	1997	1,352 km
Gemini	Manasquan, NJ, U.S.A. -- Charlestown, RI, USA -- Oxwich Bay, UK -- Porthcurno,	60+55 Gb/s SDH Ring	1998	12,600 km
AC1	Brookhaven (UK)-Whitesands (UK)-Beverwyjk(Neth)-Sylt (Germ)-Brookhaven (US)	4x10 Gb/s	1998	14,000km
VSNL Translantic	In-service: July 2001Ring system with a maximum capacity of 2.56 Tb/s. Segment 1 Avon, New Jersey USA – Brean Segment 2 Manasquan, New Jersey, USA - Saunton Sands, UK	2.56 Tb/s	2001	6,450km, 6,485km
VSNL Western Europe	Tb/s. Seg C1 - Brean, UK to Seixal, Portugal Seg C2 - Saunton Sands, UK to Sopelana, Spain	3.84 Tb/s	2002	2,265 km, 1,434 km
Apollo	Northern leg: Bude (UK) to Shirley, Long sland / Southern leg: Lannion (France) to Manasquan, New Jersey	3.2 Tb/s	2003	approx. 6,000 km/ approx. 6,315 km
MADEIRA - PORTO SANTO	Porto da Cruz, Madeira to Porto Santo	Unrepeatered system linking	2003	approx. 84 km
FARICE-1	Seydisfjordur, Iceland - Funningsfjordur, The Faroe Islands - Dunnet Bay, Scotland.	2x10 Gbit/s.	2004	1,407 km
TEGOPA Seg. 3 (TELAPA)	La Gaviota, La Palma -- El Socorro, Tenerife	2x10 Gbit/s	2004	130 km

5. 카리브해 지역(Carribbean Region)

케이블 시스템	육양 지점	시스템용량	서비스년도	케이블 길이
TAINO CARIB	Condado Beach, San Juan, Puerto Rico -- Isla Verde, Puerto Rico -- Magens Bay, St. Thomas, U.S.Virgin Islands -- Brewers Bay, Tortola	565Mb/s	1992	186km

케이블 시스템	육양 지점	시스템용량	서비스년도	케이블 길이
AMERICAS-1 NORTH	Vero Beach, Florida, U.S.A. -- Magens Bay, St. Thomas, U.S. Virgin Islands	2.5Gb/s	1994	2,102km
AMERICAS-1 SOUTH	Magens Bay, St. Thomas, U.S.V.I. -- Macqueripe, Trinidad- Camuri, Venezuela -- Fortaleza, Brazil	560Mb/s	1994	6014km
COLUMBUS-2 A	Cancun, Mexico -- West Palm Beach, Florida	560Mb/s	1994	1,121km
COLUMBUS-2 B	West Palm Beach, Florida -- Magens Bay, St. Thomas, U.S. Virgin Islands	2.5 Gb/s	1994	2,068km
COLUMBUS-2 C	Magens Bay, St. Thomas, U.S. Virgin Islands -- Sardinia, Gran Canary, Spain -- Funchal, Madeira, Portugal -- Palermo, Sicily, Italy	560Mb/s	1994	9,116km
UNISUR	Florianopolis, Brazil -- Las Toninas, Argentina -- Maldonado, Uruguay	560 Mb/s	1995	1,716 km
Antillas 1	Santo Domingo, DR -- Punta Cana DR -- Miramar PR -- Isla Verde PR	2.5 Gb/s	1997	650 km
BAHAMAS-2	Vero Beach, Florida, USA -- Eight Mile Rock, Grand Bahamas Is. -- Nassau, Bahamas	2.5 Gb/s	1997	470 km
C-1	Magens Bay, St. Thomas USVI -- Old Mill, St. Croix, USVI	24x2.5 Gb/s	1997	111 km
PANAM	Magens Bay, St. Thomas, USVI -- Old Mill, St. Croix, USVI -- Baby Beach, Aruba -- Punto Fijo, Venezuela -- Barranquilla, Colombia -- Colon, Panama	2. 5 Gb/s	1999	2,857 km
MAYA-1	Hollywood, Florida, USA -- Cancun, Mexico -- Puerto Cortes, Honduras -- Half-Moon Bay, Grand Cayman -- Puerto Limon, Costa Rica -- Maria Chiquita, Panama -- Tolu, Columbia	8x2.5Gb/s SDH	2000	4,323 km

6. 동태평양 지역(Eastern Pacific Region)

케이블 시스템	육양 지점	시스템용량	서비스년도	케이블 길이
QCC GEORGIA North & South	Qualicum Beach, Vancouver Island, British Columbia, Canada -- Locarno Beach, Vancouver, British Columbia, Canada (GEORGIA NORTH) & Lulu Island, Vancouver, British Columbia, Canada -- Cable Bay, Galiano Island, British Columbia, Canada -- Retreat Cove, Galiano Island, Canada -- Chemainus, Vancouver Island, British Columbia, Canada (GEORGIA SOUTH)	12fiber pair unrepeatered	1993	168km
Focus Fiber Optic Communications Undersea System	Pt. Mugu, California, USA -- San Nicholas Island, California, USA - 260km total length in 2 segments, point to point, unrepeatered system. Maintenance Authority: US Navy	unrepeatered system	1993	260km total
HICS Hawaii Inter-Island Cable System	Lihue Terminal, Wailua Point, Kauai, Hawaii, U.S.A. -- Ko Olina Terminal, Kahe Point, Oahu, Hawaii, U.S.A. & Koko Head Terminal, Sandy Beach, Oahu, Hawaii, U.S.A. -- Kihei Terminal, Mokapu, Maui, Hawaii, U.S.A. -- Kawaihae Terminal, Spencer Beach, Hawaii, U.S.A.	2.5 Gb/s/ 622 Mb/s	1994	479.081 km
TPC-5 Trans-Pacific Cable No. 5	San Luis Obispo, California, U.S.A. -- Keawaula, Hawaii, U.S.A. -- Tumon Bay, Guam, U.S.A. -- Miyazaki, Japan -- Ninomiya, Japan -- Bandon, Oregon, U.S.A. -- San Luis Obispo, California, U.S.A.	2x5 Gb/s	1996	24,593km
HIFN Hawaii Island Fibre Network	Lihue, Kauai, Hawaii, U.S.A. -- Makaha, Oahu, Hawaii, U.S.A. -- Keawaula, Oahu, Hawaii, U.S.A. -- Sandy Beach, Oahu, Hawaii, U.S.A. -- Kihei, Maui, Hawaii, U.S.A. -- Manele Bay, Lanai, Hawaii, U.S.A. -- Spencer Beach, Hawaii, U.S.A	2.5 Gb/s/ 622 Mb/s	1997	529 km

케이블 시스템	육양 지점	시스템용량	서비스년도	케이블 길이
AUFS Alaska United Cable System	Seattle, Washington, USA -- Juneau, Alaska, USA -- Whittier, Alaska, USA -- Valdez, Alaska	4x2.5 Gb/s	1999	3,751 km
NORTHSTAR	Nedonna Beach, Oregon, U.S.A. -- Branch Juneau, Alaska, U.S.A. -- Whittier, Alaska, USA -- Valdez, Alaska, USA	6x2.5 Gb/s	1999	3,352 km
PC1 Pacific Crossing 1	Grover Beach, CA (US) - Harbor Pointe, WA (US) - Ajigaura (Japan) - Shima (Japan)	4x20 Gb/s	1999	21,000 km
PAC	Grover Beach, CA (US) - Tijuana (Mexico) - Mazatl (Mexico) - Fort Amador (Panama) - Puerto Viejo (Venezuela) - St. Croix (USVI) 9,500km at 2x10 Gb/s	2x10 Gb/s	2000	9,500km
Japan-US Cable	The Japan-U.S. Cable Network consists of 9 segments connecting 3 landing points in the United States and 3 landing points in Japan	640Gbits/s	2000	21,000km
PAN AM (Pacific Segments)	Panama City, Panama -- Punta Carnero, Ecuador -- Lurin, Peru -- Arica, Chile -		2001	4,410 Km
C2C	Chikura -- Shima -- Pusan -- Nanhui -- Tanshui -- Fangshan -- Nasugbu -- Chung Hom Kok -- Changi	10 Gb/s x 96 w on 8 fibre pairs	2001	17,000 Km
VSNL Transpacific	Seg 1 - Emi, Japan to Nedonna Beach, Oregon, USA Seg 2 - Toyohashi, Japan to Piti, Guam Seg 5 - Hermosa Beach, California, USA to Twin Rocks, Oregon, USA Seg 6 - Toyohashi, Japan to Twin Rocks, Oregon, USA,	5.12 Tb/s Ring System	2002	8,338 km, 2,741 km, 2,064 km, 8,652 km
Alaska United Fiber System - West (AU-W)	Restoral cable for the AU-E cable system. Seward, Alaska to Warrenton, Oregon, USA with optional branch for future expansion. AU-W is combined with AU-E to form a physically diverse ring system.	.3 fibre pair, 32 channels at 10 Gb/s capacity	2004	2,483 km

7. 서태평양 및 동아시아 지역(Western Pacific & East Asia Region)

케이블 시스템	육양 지점	시스템용량	서비스년도	케이블 길이
India - UAE	Mumbai, India -- Fujairah, UAE	1380 channels	1987	1,964 km
Tainan-Peng Hu	Tainan, Taiwan -- Peng Hu Tao, Taiwan	4x420 Mb/s	1989	104 km
Hamada - Fukuoka	Hamada, Japan -- Fukuoka, Japan	3x1.8 Gb/s	1990	300 km
Miura - Chikura	Miura, Japan -- Chikura, Japan	6x140 Mb/s	1990	119 km
PK1 Taiwan Domestic	Pengfu, Taiwan -- Kinmen, Taiwan	140 Mb/s & 560 Mb/s	1991	149 km
Surabaya – Banjarmasin	Indonesia	280 Mb/s	1992	387 km
TASMAN 2	Sydney, Australia -- Auckland, New Zealand	3x560 Mb/s	1992	2,195 km
Kwajalein	Kwajalein Inter-Islands	6x2.4 Gb/s	1992	232 km
PacRimEast	Keawaula, Hawaii -- Takapuna, Auckland, New Zealand	560 Mb/s	1993	7,855 km
C-J FOSC China- Japan Fibre Optic Submarine Cable	Miyazaki, Japan -- Nanhui, China	560 Mb/s	1993	1,252 km
MT Malaysia -- Thailand (Segments B1 to B3)	Phetchaburi, Thailand -- Songkhla, Thailand -- Kuantan, Malaysia	560 Mb/s	1994	1,276 km
MT (Petchaburi - Sri Racha)	Petchaburi, Thailand - Sri Racha, Thailand	560 Mb/s	1994	102 km
RJK Russia-Japan-Korea	Nakhodka, Russia -- Naoetsu, Japan -- Pusan, Korea	2x560 Mb/s	1994	1,762 km
T-V-H Thailand - Vietnam - Hong Kong	Sri Racha, Thailand -- Vung Tau, Vietnam -- Deep Water Bay, Hong Kong	2x560 Mb/s	1995	3,354 km
TPC-5 Transpacific Cable No. 5	San Luis Obispo, California, USA -- Keawaula, Hawaii, USA -- Tumon Bay, Guam -- Miyazaki, Japan -- Ninomiya, Japan -- Bandon, Oregon, USA -- San Luis Obispo, California, USA	2x5 GB	1996	24,593km
JASURAUS	Indonesia -- Port Hedland, Australia	5 Gb/s	1997	2,795 km
HIFN Hawaiian Island FiberNet	Feb Keawaula, Hawaii -- Makaha, Hawaii -- Lihue, Mauii, Hawaii -- Lanai, Hawaii -- Molokai, Hawaii -- Sandy Beach, Oahu, Hawaii -- Kawaihae, Hawaii	2.5 Gb/s	1997	375 km

케이블 시스템	육양 지점	시스템용량	서비스년도	케이블 길이
FLAG (part)Fibre-optic Link Around the Globe	Segment Q4 (BU6-Ninomiya, Japan)Segment Q3 (BU6-Miura, Japan)Segment Q1/Q2 (BU6 - Koeje, Korea)Segment P2 (BU5 - Koeje, Korea)Segment P3 (BU5 - Nanhui, Shanghai, China) Segment P1 (BU5 - South Lantau, Hong Kong) Segment N (Songkhla, Thailand - South Lantau, Hong Kong)Segment X2 (Satun, Thailand - Songkhla, Thailand)Segment L (BU4 - Satun, Thailand)Segment M (BU4 - Penang, Malaysia)Segment K (Mumbai, India - BU4)	2x5 Gb/s	1997	11,500 km
MTC	Guam -- Rota, Marianas -- Tinian, Marianas -- Saipan, Marianas	6x622 Mb/s	1997	240 km
APCN Asia Pacific Cable Network	Pusan, Korea (BU1) Miyazaki, Japan (BU1) -- Toucheng, Taiwan (BU2) -- Batangas, Philippines (BU3) South Lantau, Hong Kong (BU4) -- Mersing, Malaysia (BU5) -- Changi, Singapore (BU5) Phetchaburi, Thailand (BU6) -- Ancol, Indonesia (BU7) Port Hedland, Australia(extn.) - [WDM Upgrade: on Segments: Japan- Taiwan; Hong Kong-Korea; Hong Kong-Malaysia; Japan-Korea]	5Gb/s x 1, 5Gb/s x 2	1997	12,083 km
G-P Guam-Philippines	Tanguisson Point, Guam -- Batangas, Philippines	equipped and operating at 1fpx2(x2.5 Gb/s(upgrad-able to 2fp x 4(x2.5 Gb/s)	1999	3,600 km

케이블 시스템	육양 지점	시스템용량	서비스년도	케이블 길이
SEA-ME-WE-3 South-East Asia - Middle East - Western Europe 3	Segment S2: Shantou, China -- Deep Water Bay, Hong Kong -- Taipa, Macau -- Batangas, Philippines -- Tungku, Brunei -- Danang, Vietnam -- Mersing, Malaysia -- Tuas, Singapore Segment S3: Tuas, Singapore -- Ancol, Jakarta, Indonesia -- Perth, West Australia Segment S1: Kojei, Korea (BU1) -- Okinawa, Japan (BU1) Nanhui, Shanghai, China (BU2) Toucheng, Taiwan (BU3) -- Fangshan, Taiwan (BU4) -- Shantou, China (BU5) -- Deep Water Bay, Hong Kong (BU5),	2fpx4(x2.5 Gb/s (upgrad-able to 2fp x 8x2.5 Gb/s), 2fpx4(x2.5 Gb/s (upgrad-able to 2fp x 8(x2.5 Gb/s), 2fpx4(x2.5 Gb/s (upgrad-able to 2fp x 8(x2.5 Gb/s)	1999	6,125 km, 4,757 km, 4,600 km
PC1 Pacific Crossing 1	North Ring ; November 2000 , South RingGrover Beach, CA (US) - Harbor Pointe, WA (US) - Ajigaura (Japan) - Shima (Japan)	4x20 Gb/s	1999, 2000	21,000 km
China-US Cable Network	San Luis Obispo, Calif, USA -- Tanguisson Point, Guam -- Okinawa -- Shantou, China -- Fangshan, Taiwan -- Chongming, China -- Pusan, Korea -- Chikura, Japan -- Bandon, Oregon, USA	4x20 Gb/s	2001	30,000 km
AJC Australia - Japan Cable	Paddington & Oxford Falls, Australia -- Tumon Bay & Tanguisson Point, Guam -- Shima & Maruyama, Japan	320 Gb/s + 320 Gb/s	2001	12,700 km
APCN 2 Asia Pacific Cable Network 2	Katong, Singapore Shantou, China -- BU3 -- Batangas, Philippines -- BU4 -- Tanshui, Taiwan -- Chikura, Japan -- Kitaibaraki, Japan -- BU2 --Pusan, Korea -- BU1 -- Chongming, China -- Lantau, Hong Kong --Kuantan, Malaysia	2fp x 8 x 10 Gb/s (expandable to 4fp x 64 x 10 Gb/s), SDH DWDM	2001	19,153 km
SAFE South Africa -- Far East	Cape Town, South Africa -- Durban, South Africa -- St. Paul, Reunion -- Baie Jacotet, Mauritius -- Cochin, India -- Penang, Malaysia	130 Gb/s	2002	11,428 km

케이블 시스템	육양 지점	시스템용량	서비스년도	케이블 길이
i2i	Tuas -- Chennai	10Gb/sx105 wl on 8 fibre pairs	2002	3,200 Km
VSNL Transpacific	Seg 1 - Emi, Japan to Nedonna Beach, Oregon, USA Seg 2 - Toyohashi, Japan to Piti, Guam Seg 5 - Hermosa Beach, California, USA to Twin Rocks, Oregon, USA Seg 6 - Toyohashi, Japan to Twin Rocks, Oregon, USA,	5.12 Tb/s Ring system	2002	8,338 km, 2,741 km, 2,064 km, 8,652 km
EAC(East Asia Crossing)	Ajiguara, Japan -- Shima, Japan -- Korea -- Taiwan -- China -- Hong Kong -- Singapore -- Philippines	80Gbit/s expandable to 2.56 Tbit/s DWDM	2000	18,740 km
DMCS(Dumai - Melaka)	Dumai, Indonesia -- Melaka, Malaysia	TBA Gb/s on TBA fibre pairs	2005	148.4 km
TPE(Trans Pacific Express)	China, Korea, Taiwan, and USA, West coast	2.56Tbps	2008	18,000km
KJCN	Korea, Japan	2.88Tbps	2002	500km

8. 오스트랄라시아 지역(Australasian Region)

케이블 시스템	육양 지점	시스템용량	서비스년도	케이블 길이
Cook Strait	Oteranga Bay -- Fighting Bay. Two fibre optic unrepeatered cables	Two fibre optic unrepeatered cables Cable contains 12 fibres and operates at 560Mb/s	1990	each 42 km
Cook Strait 4,5,6 (CKS 4,5,6)	Oteranga Bay -- Fighting Bay.	1400 sq. mm, 350kV DC Power Cable	1991	42km in length
Wellington Harbour	Point Halswell -- Eastborne.	Fibre Optic un-repeatered cable	1991	7 km

케이블 시스템	육양 지점	시스템용량	서비스년도	케이블 길이
TASMAN 2 - PacRimEast Tie cable	Scott Point -- Island Bay, Auckland	Unrepeatered fibre optic cable	1992	15 km in length
TASMAN 2	Sydney, Australia -- Auckland, New Zealand	2x560 Mb/s	1992	2,195 km
PacRimEast	Keawaula, Hawaii -- Takapuna, Auckland, New Zealand	560 Mb/s	1993	7,855km
JASURAUS	Ancol, Indonesia -- Port Hedland, Australia	5 Gb/s	1997	2,795 km
SEA-ME-WE-3 South-East Asia - Middle East - Western Europe 3	Segment S3: Tuas, Singapore -- Ancol, Jakarta, Indonesia -- Perth, West Australia	4x2.5Gb/s (up-gradable to 8 x 2.5 Gb/s)	1999	4,757 km
Levin - Nelson (Cook Strait) Cable	Levin, North Island -- Nelson, South Island	SDH DWDM technology. 24 fibre cable	2001	200 km length
AJC Australia - Japan Cable	Paddington & Oxford Falls, Australia -- Tumon Bay & Tanguisson Point, Guam - Shima & Maruyama, Japan -	320 Gb/s + 320 Gb/s	2001	12,700 km
Cook Strait Fibre Optic Cable 9,10	Oteranga Bay -- Fighting Bay.	Cable con- tains 48 fibres	2003	40km in length
Bass Strait 2	Inverloch, Victoria, Australia -- Stanley, Tasmania, Australia	2.5 Gb/s	2003	239 km
Basslink Victoria - Tasmania	McGaurans Beach, Victoria -- Four Mile Bluff, Tasmania.	bundled power cable (400kV), metallic return and fibre optic	2005	298km

9. 아라비아 및 서인도 지역(Arabian & West Indian Region)

케이블 시스템	육양 지점	시스템용량	서비스년도	케이블 길이
India - UAE	Mumbai, India -- Fujairah, UAE	1380 channels	1987	1964 km
FOG Fibre Optic Gulf	Fujairah, UAE -- Qatar -- Bahrain -- Kuwait	5Gb/s	1998	1,300 km

케이블 시스템	육양 지점	시스템용량	서비스년도	케이블 길이
SAT-3 South Atlantic 3	Melkbosstrand, South Africa -- Luanda, Angola -- Libreville, Gabon -- Douala, Cameroon -- Lagos, Nigeria -- Cotonou, Benin -- Accra, Ghana -- Abidjan, Ivory Coast -- Dakar, Senegal -- Alta Vista, Gran Canary Island -- Chipiona, Spain -- Sesimbra, Portugal	2x10 Gb/s	2001	13,000 Km
SAFE South Africa - Far East	Cape Town, South Africa -- Durban, South Africa -- St. Paul, Reunion -- Baie Jacotet, Mauritius -- Cochin, India -- Penang, Malaysia	130 Gb/s	2002	11,428 km

❙부록 2❙ 세계의 해저케이블 선박

Country of Registry	Cableship Name	Baseport	Purpose	Cable Capacity
Bahamas	Fu Lai	Shanghai, China	Repair / Lay	3,200 tons
Bahamas	Fu Hai	Shanghai, China	Repair / Lay	5,700tons/2,736m^3
Bahamas	Fu Xing	Shanghai, China	Shallow Water Cable Layer	706tons/587m^3
Bridgetown, Barbados	IT Intrepid	Halifax, Nova Scotia, Canada	Repair / Lay / Remedial	1,700tons
Denmark	Peter Faber	Worldwide	Lay / Repair	600tons
Denmark	Lodbrog	Keelung, Taiwan	Repair / Lay	5,000tons
Denmark	Maersk Defender	Vancouver, Canada	Repair / Lay	6,000tons
Denmark	Maersk Recorder	Tees Offshore Base	Installation and Trenching of Power and Optical Cables, Umbilicals and Flowlines and Survey Support.	4,613 tons
Finland	Telepaatti	Turku, Finland	Lay, Survey & Repair	250 cu metres or 260 tons
France	Ile de Batz	Worldwide	Lay / Repair	5,500 tons
France	Ile de Brehat	Brest, France	Repair / Lay	600 tons
France	Ile de Re	Noumea, New Caledonia	Repair / Lay	5,000 tons
France	Ile de Sein	Worldwide	Repair / Lay	5,500 tons
Mauritius	Chamerel	Cape Town, South Africa	Repair / Lay	4,000 tons
Kerguelen	Léon Thévenin	Brest, France	Repair/Lay	1,000 tons
Kerguelen	Raymond Croze	La Seyne sur Mer, France	Repair/Lay	1,300 tons

Country of Registry	Cableship Name	Baseport	Purpose	Cable Capacity
Kerguelen	René Descartes	La Seyne sur Mer, France	Lay/Repair	5,800 tons
Italy	Certamen	Catania, Italy	Repair / Lay / Survey	1,200 tons
Italy	Pertinacia	Naples, Italy	Repair / Lay	6,000 tons
Italy	Teliri	Catania, Italy	Repair / Lay	2,500 tons
Italy	Giulio Verne	Castellamare Di Stabia, Naples, Italy	Lay and Repair	8,000 Tons
United Kingdom	Wave Mercury	Worldwide	Installation/repair	2,300 Tons
Korea	Segero	Pusan/Geoje, Korea	Repair/Lay	4,200 tons
Japan	KDD Ocean Link	Yokohama, Japan	Lay/Repair	2,300 m^3
Japan	KDD Pacific Link	Moji Port, Kita-Kyushu, Japan	Lay/Repair	4,500 tons
Japan	Subaru	Yokohama, Japan	Repair/Lay	4,000 tons
Philippines	PLDT	Manila, Philippines	Repair/Lay	169 m^3
Panama	Networker	Batam, Indonesia	Installation and Maintenance	650 tons nominal
Russia	Kemj & Biriusa	Vladivostok, Russia	Repair	600 tons
Singapore	Asean Restorer	Singapore	Repair/Lay	2,100 tons
United Kingdom	Cable Retriever	Batangas, Philippines	Installation / Repair	2,475 Tons
Spain	Teneo	Valencia, Spain	Repair/Lay	1,000 tons
Sweden	Pleijel	Kalmar, Sweden	Repair/Lay	960 tons
United Arab Emirates	Etisalat	Abu Dhabi, United Arab Emirates	Cable Installation and Maintenance	660 tons
United Arab Emirates	Umm Al Anber	Abu Dhabi, United Arab Emirates	Cable Installation and Maintenance	4,500 tons
United Arab Emirates	Niwa	Abu Dhabi, United Arab Emirates	Cable Installation and Maintenance	6,098 tons
United Kingdom	Cable Innovator	World-wide	Lay	7,500 tons
United Kingdom	Oceanic Princess	Labuan, E. Malaysia	Lay / Repair	5,500 tons

Country of Registry	Cableship Name	Baseport	Purpose	Cable Capacity
United Kingdom	Wave Sentinel	World-wide	Installation	2,600 tons
United Kingdom	Wave Venture	Victoria, BC, Canada	Installation/Repair	2,300 tons
United Kingdom	Pacific Guardian	Curacao, Dutch Antilles	Repair	1,700 tons
United Kingdom	Sovereign	Portland, England	Repair	6,300 tons
United States	Global Sentinel	Portland, Oregon, USA	Lay/repair	6,098 tons
Marshall Islands	Tycom Reliance	Baltimore, MD, USA	Lay/Repair	5,466 MT
Marshall Islands	Tyco Decisive	Baltimore, MD, USA	Lay/Repair	5,466 MT
Marshall Islands	Tyco Resolute	Montevideo, Uraguay	Lay/Repair	5,466 MT
Marshall Islands	Tyco Responder	Curacao, Netherlands Antilles	Lay/Repair	5,466 MT
Marshall Islands	Tyco Dependable	Keelung, Taiwan	Lay/Repair	5,466 MT
Marshall Islands	Tyco Durable	Portland, Oregon, USA	Lay/Repair	5,466 MT

부록 3 약어정리

[A]

ABC: Automatic Bias Controller
ACMA: Atlantic Cable Maintenance Agreement
ADM: Add Drop Multiplexer
AGC: Automatic Gain Control
AIS: Alarm Indication Signal
ALC: Automatic Level Control
AMS: Alternate Maintenance Signal
ANSI: American National Standards Institute
AON: Active Optical Network
APCN: Asia Pacific Cable Network
APCN2: Asia Pacific Cable Network 2
APS: Automatic Protection Switching
ASE: Amplified Spontaneous Emission
ASIC: Application Specific Integrated Circuit
ASK: Amplitude-Shift Keying
ASN: Alcatel Submarine Networks Ltd
ASON: Automatic Switch Optical Network
ASP: Application Service Provider
AU: Administrative Unit
ATM: Asynchronous Transfer Mode
ATM-PON: ATM-Possive Optical Network
AUV: Autonomous Underwater Vehicle
AWG: Array Wave-guide Grating
AWF: All Wave Fiber

[B]

BBER: Background Block Error Ratio
BCH: Bose Chaudhuri Hocquenghem
BER: Bit Error Rate
BGMP: Border Gateway Multicast Protocol
BIM: Byte Inter-leaved Multiplexing
BIP-8: Bit Interleaved Parity 8
BLSR: Bi-directional Line Switched Ring

BM: Billing Milestone
BM: Beach Manhole
BMH: Beach Manhole
BOL: Beginning of Life
BPF: Bandpass Filter
B-PON: Broadband- Passive Optical Network
BSHR: Bidirectional Self Healing Ring
BSHR/2: Bidirectional Self Healing Ring with 2 fibers
BSHR/4: Bidirectional Self Healing Ring with 4 fibers
BU: Branching Unit

[C]

CATV: CABLE TELEVISION
C&AWG: Commissioning and Accptance Working Group
C&MA: Construction and Maintenance Agreement
C-band: Conventional Band
C2C: City to City
CBL: Cable Breaking Load
CCF: Carbon-Coated Fiber
CCM: Contractors Coordination Meeting
CD: Chromatic Dispersion
CFU: Common Function Unit
CHT: Chunghwa Telecom
CLK DIST: Clock Distribution
CMRR: Common Mode Rejection Ratio
CNC: China Netcom
COM: Communication
COTDR: Coherent Optical Time Domain Reflector
CPP: Controllable Pitch Propeller
CS: Cable Station
CSMA/CD: Carrier Sense Multiple Access with Collision Detection
CS-RZ: Carrier-Suppressed RZ(Return to Zero)
CT: China Telecom
CTB: Cable Terminating Box
CU: China Unicon
CUCN: china-US Cable Network
CV: Contract Variation

CW: Continuous Wave
CWDM: Coarse Wavelength Division Multiplexing
CWG: Commercial Working Group

[D]

DA: Double Armored
DCC: Data Communications Channel
DCE: Drum Cable Engine
DCF: Dispersion Compensation Fiber
DCN: Data Communication Network
DFF: D-type Flip-Flop
DFB-LD: Distributed Feedback-Laser Diode
DGD: Differential Group Delay
DGM: Data Gathering Meeting
D-GPS: Differential Global Positioning System
DIST: clock Distributor
DIV: frequency Divider
DLS: Digital Line Section
DM: Dispersion-Managed
DMUX: Demultiplexer
DNS: Domain Name Server
DP(S): Dynamic Positioning (System)
DRA: Distributed Fiber Raman Amplification
DSB: Double Side Band
DSF: Dispersion Shifted Fiber
DSP: Digital Signal Processor
DTS: Desk Top Study
DWDM: Dense Wavelength Division Multiplexing
DXC: Digital Cross-Connect

[E]

EA: Electro-Absorption
EAC: East Asia Crossing
EDB: Earth Distribution Box
EDF: Erbium Doped Fiber
EDFA: Erbium Doped Fiber Amplifer
FEBE: Far End Block Error

EE-PDF: Effective area Enlarged - Positive Dispersion Fiber
FERF: Far End Receive Failure
EMS: Element Management System
ETDM: Electronic Time Division Multiplexing
EOL: End of Life
E-PON: Ethernet-Passive Optical Network
EQU: Equalization Unit
ESNR: Electrical Signal to Noise Ratio

[F]

FAS: Frame Alignment Signal
FAT: Factory Acceptance Test
FBG: Fiber Bragg Grating
FBL: Fiber Breaking Load
FCWC: Financial and Contractual Working Group
FDM; Frequency Division Multiplexing
FEC: Forward Error Correction
FEBE: Far End Block Error
FERF: Far End Receive Failure
FLAG: Fiber OpticLink Around the Globel
FIFO: First-In-First-Out
FLTS: Fault Localization Test Equipment
Fm: Fathom/Fathonms (unit of 6 feet)
FM: FREQUENCY MODULATION
FP: Fabry-Perot
f.p.: Fibre Pair (Usually preceded by a number e.g. 2FP)
FPP: Fixed Pitch Propeller
FR: Frame Relay
FRA: Fiber Raman Amplifier
FRC: Factory Release Certificate
FSA: NTT's Fiber Submarine transmission system name using optical Amplifier
FSAN: Full Service Access Network
FSK: Frequency Shifted Keying
FTTH: Fiber To The Home
FWHM: Full Width at Half Maximum
FWM: Four-Wave Mixing

[G]

GEQ: Gain Equalizer
GFP: Generic Framing Procedure
CIM: Graded-Index Multimode
GMPS: Generalized Multi-Protocol Lambda Switching
GMPLS: Generalized Multi-Protocal Lambda Switching
GMPLS: Generalized Multi-Protocol Label Switching
GPS: Global Positioning System
G-PON: Gigabit-Passive Optical Network
GE-PON: Gigabit Ethernet-PON
GS-EDFA: Gain-Shifted Erbium-Doped Fiber Amplifier
GS-TDFA: Gain Shifted thulium-Doped Fiber Amplifier
GVD: Group Velocity Dispersion

[H]

HDD: Horizontal Directional Drilling
HJK: Hongkong-Japan-Korea
HLLB: High Loss Loop Back
HOP: High Order Path
HRP: Hypothetical Reference Path
HS: High Speed
HS-APS: High Speed Automatic Protection Switching

[I]

ICMS: Integrated Cable Management System
ICPC: International Cable Protection Committee
ID: Identification
IM: Intensity Modulation
IMC: Interim Management Committee
I-MD: Intra-Mode Dispersion
IM-DD: Intensity Modulation Direct-Direction
IMH: Intermediate Man Hole
IP: Internet Protocol
IPG: Interim Procurement Group
IRU: Indefeasible Right of Use
ISI: Inter Symbol Interference
ISP: Internet Service Provider

[J]

JB: Joint Box
JIH: Japan Information Highway
JKC: Japan-Korea Cable

[K]

KJCN: Korea-Japan- Cable Network
KP: Kilo marker Post

[L]

LAN: Local Area Network
L-band: Long-Wavelength Band
LCD: Liquid Crystal Display
LCE: Linear Cable Engine
LCF: Large Core Fiber
LCS: Local Cable Station
LD: Laser Diode
LJB: Land Joint Box
LME: Line Monitoring Equipment
LMS: Line Monitoring System
LN: LiNbO3
LO: Lower Order
LO: Local Oscillator
LOA: Length Over All
LS: Low Speed
LS-APS: Low-Speed Automatic Protection Switching
LT: Load Transfer
LTE: Line Terminal Equipment
LTU: Line Terminating Unit
LW: Light Weight
LWPF: Low Water-Peak Fiber
LWS: Light Weight Screened

[M]

M sequence: Maximum Length sequence
MA: Maintenance Authority
MAC: Media Access Control

MASC: Multicast Address Set Claim
MAWG: Marine Activity Working Group
MC: Management Committee
MC: Maintenance Controller
MCS: Master Cable Station
MD: Maintenance Document
MECMA: Mediterranean Cable Maintenance Agreement
MEMS: Micro-Electro-Mechanicla-Systems
MIU: Minimum Investment Unit
MLO: Maintenance Liaison Officer
MOP: Method of Procedure
MOU: Memorandum of Understanding
MPLS: Multi Protocol Label Switching
MPLS: Multi-Protocol Lambda Switching
MS: Multiplexer Section
MS-Spring: Multiplex Section Shared Protection Ring
MSDP: Multicast Source Discovery Protocol
MSOH: Multiplexer Section Overhead
MUX: Multiplexer
MWG: Maintenance Working Group
MZM: Mach-Zehnder Modulation

[N]

NA: Numberical Aperture
ND-FWM: Non-Degenerative Four-Wave Mixing
NDF: New Data Flag
NE: Network Element
NE-OpS: Network Element Operation System
NEOS: Network Element Operations System
NF: Noise Figure, Network Equipment
NME: Network Management Equipment
NMS: Network Management System
NNI: Network Node Interface
NOC: Network Operations Centre
NOD: No Observable Deflection
NOTS: Nominal Operating Tensile Strength
NPE: Network Protection Equipment

NPTS: Nominal Permanent Tensile Strength
NRZ: Non-Return to Zero
NSCMA: North Sea Cable Maintenance Agreement
NTTS: Nominal Transit Tensile Strength
NWOS: Network Management Operations System
NZ-DSF: Non-Zero Dispersion Shifted Fiber

[O]

OA: Opticla Amplifier
OADM: Optical Add/Drop Multiplexer
OA&M: Operation, Administration and Maintenance
OAM&P: Operations, Administration, Maintenance and Provisioning
OBC: Optical Branching Combiner
OBPF: Optical Band Pass Filter
OBS: Optical Burst Switch
OCh: Optical Channel
OCC: Optical Channel Carrier
OCCp: OCC payload
OCCo: OCC overhead
ODEMUX: Optical Wavelength Division Demultiplexer
ODU: Opticla channel Data Unit
O/E: Optical/Electrical
OFS: KDDI/NTT Unified System name of Optical Fiber Submarine Cable
OLT: Optical Line Terminal
O&MSC: Operation and Maintenance Sub-Committee
OMS: Optical Multiplex Section
OMUX: Optical Wavelength-Division Multiplexer
ONU: Optical Network Unit
OPS: Optical Packet Switching
OPU: Optical channel Payload Unit
OS: KDDI's Optical Fiber Submarine Cable System name using 3R functions
OSA: KDDI's Optical Fiber Submarine Cable System name using Optical Amplifiers
OS/OR: Optical Sender/Optical Receiver
OSC: Optical Signaling Controller
OSNR: Optical Signal to Noise Ratio
OSS: Optical Single Sideband
OOS: OTM overhead signal

OTDM: Optical Time-Division Multiplexing
OTDR: Optical Time-Domain Reflector
OTF: Optical Tunable Filter
OTN: Optical Transport Network
OTS: Optical Transmission Section
OTU: Optical channel Transport Unit
O/W: Order Wire
OXC: Optical Cross Connect

[P]

PAC: Provisional Acceptance Certificate
PAM: Pulse Amplitude Modulation
PBC: Polarization Beam Combiner
PBS: Polarizing Beam Splitter
PBX: Private Branch Exchange
PC: Project Change
PCG: Project Coordination Group
PD: Photodiode
PDF: Positive Dispersion Fiber
PDH: Plesiochronous Digital Hierarchy
PDM: Polarization Dispersion Management
PDG: Polarization Dependent Gain
PDL: Polarization Dependent Loss
2PDT: Double-Pole Double-Throw Contacts
PEU: Passive Equaling Unit
PFE: Power Feeding Equipment
PG: Procurement Group
PGU: Power Grounding Unit
PIM: Potential Investor's Meeting
PIOCMA: Pacific and Indian Ocean Cable Maintenance Agreement
PLC: Planar Light-wave Circuit
PLGR: Pre-Laying Grapnel Run
PLIB: Post Laying Inspection and Burial
PM: Power Monitor
PMD: Polarization Mode Dispersion
PMG: Project Management Group
PN: Pseudo-noise Sequence

PON: Passive Optical Network
POH: Path Overhead
POP: Point of Presence
POW: Plan of Work
PR: Power Regulator
PRZ: Partial Return-to-Zero
PSCF: Pure Silica Core Fiber
PSM: Power Safety Message
PSO: Power Safety Officer.
PSTN: Public Switched Telephone Network
PTE: Path Terminating Equipment
PTMP: Point to Multi-Point
PTP: Point to Point
P2MP: Point to Multi-Point
PWM: Pulse Width Modulation

[Q]

QAR: Quality Assurance Representative
QAWG: Quality Assurance Working Group

[R]

3R: Reshaping, Retiming, Regenerating
RDF: Reverse Dispersion Fiber
RDI: Remote Defect Indiation
REI: Remote Error Indication
RFP: Request for Proposal
RFS: Ready for Service
RJK: Russia-Japan-Korea
RLTU: Redundant Line Terminating Unit
ROADM: Reconfigurable Optical Add/Drop Multiplexer
ROV: Remotely operated Vehicle
RPL: Route Position List
RPO: Reference Performance Object
RSOH: Regenerator Section Overhead
RPU: Raman Pump Unit
RX: Receiver
RZ: Return to Zero

[S]

SAH: Single Armored Heavy
SAL: Single Armored Light
SAM: Single Armored Medium
S-band: Short-wavelength Band
SAT: Site Acceptance Test
SAT: System Assembly Testing
SBS: Stimulated Brillouin Scattering
SCF: Slope compensating Fiber
SCFL: Source-Coupled FET Logic
SDH: Synchronous Digital Hierarchy
SD-WDM: Super Dense WDM
SE: Spontaneous Emission
SEAIOCMA: South East Asia and Indian Ocean Cable Maintenance Agreement
SEL: Selector
SES: Severely Errored Seconds
SESR: Severely Errored Second Ratio
SF-R: Signal Fail-Ring
SF-S: Signal Fail-Span
SIE: System Interconnection Equipment
SIM: Step-Index Multimode
SLD: Straight Line Diagram
SLTE: Submarine Line Terminating Equipment
SMF: Single-mode Fiber
SMW-3: South East Asia-Middle East-Western Europe 3
SNR or S/N: Signal-to Noise Ratio
SOH: Section Over Head
SONET: Synchronous Optical NETwork
SPC: Special Purpose Company
SPM: Self-Phase Modulation
SPV: Special Purpose Vehicle
SRS: Stimulated Raman Scattering
SSE: Station Surveillance Equipment
STE: Section Terminating Equipment
STM: Synchronous Transport Module
STS: Shnchronous Transport signal
SV: Supervisory

SW: SWITCH

[T]

TAT: Trans Atlantic cable
TDFA: Thulium-Doped Fiber Amplifier
TDM: Time Division Multiplexing
TDMA: Time Division Multiplexing Access
TDMA-PON: Time Division Multiplexing Access-Passive Optical Network
TIM: Timing recovery
TL: Test Load
TMN: Telecommunications Management Network
TOWG: Technical and Operation Working Group
TP: TRIPLE POLE
TP: Transition Point
TPC: Trans Pacific Cable
TPE: Trans Pacific Express
TSA: Time Slot Assignment
TSE: Terminal Station Equipment
TWG: Technical Working Group
TU: Tributary Unit
TUG: Tributary Unite Group
TX: Transmitter

[U]

UJ/UC: Universal Jointing/Universal Coupling
UI: Unit Interval
UPSR: Unidirectional Path Switched Ring
USHR: Unidirectional Self Healing Ring
UTC PD: Uni-Traveling Carrier Photo Diode
UV: Ultra Violet

[V]

VAT: Variable Optical Attenuator
VC: Virtual Container
VSB: Vestigial Side Band

[W]

WD: Waveguide Dispersion

WDM: Wavelength Division Multiplexing

WDMA: Wavelength Division Multiplexing Access

WDM-PON: WDM- Passive Optical Network

WTU: Wavelength Terminating Unit

[X]

XPM : Cross-Phase Modulation

XRB: Extended Round Bottom Grapnel

[Z]

ZDW: Zero Dispersion Wavelength

▌저자소개 ▌

■ **이 영 선**

전남대학교 대학원 전자통신공학과
1986. 2 ~ 1992. 10 : KT
1993. 10 ~ 2001. 4 : LG데이콤
2001. 5 ~ 현재 : 데이콤크로싱

■ **유 재 덕**

전남대학교 대학원 전자통신공학과 졸업
2001. 5 ~ 2003. 8 : 기상청
1993. 9 ~ 2001. 4 : LG데이콤
2001. 5 ~ 현재 : 데이콤크로싱
2005. 11 : 정보통신 기술사

■ **정 재 진**

전남대학교 대학원 정보통신공학과
1992. 9 ~ 1993. 8 : KT
1993. 9 ~ 2001. 9 : LG데이콤
2001. 9 ~ 현재 : 데이콤크로싱

■ **박 홍 태**

전남대학교 대학원 전자통신공학과 졸업
2000. 4 ~ 2001. 9 : 드림라인
2001. 9 ~ 현재 : 데이콤크로싱

■ **김 건 우**

홍익대학교 대학원 전자공학과 졸업
2001. 9 ~ 현재 : 데이콤크로싱

해저 광통신 시스템

저 자 : 이영선 · 유재덕 · 정재진 · 박홍태 · 김건우
인 쇄 : 2008년 4월 19일
발 행 : 2008년 4월 23일
발행인 : 채 희 만
기 획 : 안 성 일
교 정 : 박 소 현
발행처 : INFINITYBOOKS
주 소 : 서울시 은평구 증산동 248번지 중앙하이츠APT상가 B101호
전 화 : (02) 302-8441
팩 스 : (02) 6085-0777
E-mail : infinitybook@naver.com
Homepage : www.infinitybooks.co.kr
ISBN : 978-89-92649-12-4
등록번호 : 제311-2006-26호

판매정가 : 28,000원